지식의
대융합

고즈윈은 좋은책을 읽는 독자를 섬깁니다.
당신을 닮은 좋은책—고즈윈

지식의 대융합

이인식 지음

1판 1쇄 발행 | 2008. 10. 20.
1판 6쇄 발행 | 2013. 1. 1.

발행처 | 고즈윈
발행인 | 고세규
신고번호 | 제313-2004-00095호
신고일자 | 2004. 4. 21.
(121-896) 서울특별시 마포구 동교로13길 34(서교동 474-13)
전화 02)325-5676 팩시밀리 02)333-5980
값은 표지에 있습니다.

ISBN 978-89-92975-16-2

고즈윈은 항상 책을 읽는 독자의 기쁨을 생각합니다.
고즈윈은 좋은책이 독자에게 행복을 전달한다고 믿습니다.

인문학과 과학기술은 지식의 어떻게 만나는가
대융합

이인식 지음

고즈윈
God'sWin

융합사회의
미래를 설계하는 젊은이들에게
이 책을 바칩니다.

망망대해에 한 점 조각배를 타고

학문 분야 전반에 걸쳐 융합 바람이 거세게 불고 있다. 서로 다른 학문 영역 사이의 경계를 넘나들며 새로운 연구 주제에 도전하는 융합 학문은 첨단지식 창조의 원동력이 되고 있다.

21세기 들어 학문 융합 현상이 시대적 흐름으로 자리 잡게 된 까닭은 상상력과 창조성을 극대화할 수 있는 지름길로 여겨지기 때문이다.

학문의 융합은 대학사회의 울타리를 벗어나 산업계 등 사회 전반의 관심사로 확산되는 추세이다. 이러한 분위기를 결정적으로 촉발시킨 것은 2001년 12월 미국 과학재단과 상무부가 융합 기술(convergent technology)에 관해 공동으로 작성한 정책문서이다. 이 문서는 나노기술, 생명공학 기술, 정보기술, 인지과학 등 4대 분야(NBIC)가 상호의존적으로 결합되는 것을 융합 기술이라고 정의하고, 기술 융합으로 르네상스 정신에 다시 불을 붙일 때가 되었다고 천명하였다. 르네상스의 가장 두드러진 특징은 학문이 전문 분야별로 쪼개지지 않고 가령 예술이건 기술이건 상당 부분 동일한 지적 원리에 기반을 두었다는 점이다. 이 정책문서의 표현을 빌리면 르네상스 시대에는 여러 분야를 공부한 창의적인 개인이 '오늘은 화가, 내일은 기술자, 모레는 작가'가 될 수 있었다. 이 문서는 기술 융합이 완벽하게 구현되는 2020년 전후로 인류가 새로운 르네상스를 맞게 되어 누구나 능력을 발휘하는 사회가 도래할 가능성이 높다고 장밋빛 전망을 피력했다.

한편 2006년부터 인문학의 위기가 한국사회의 쟁점이 되면서 인문학과 자연과학의 학제 간 연구가 인문학 위기 타개책의 하나로 거론되었다. 그즈음 〈조선일보〉의 '아침논단' 필진이었던 나는 '과학으로 무장한 인문주의자를 기다리며'라는 제목의 칼럼(2006. 10. 2.)에서 "과학기술을 인문학적 상상력 속에 녹여 현실 적합성이 높은 연구 활동을 전개하는 인문주의자들이 나타나서 인문학 위기 타개에 일조하게 될 것임에 틀림없다."고 주장한 바 있다.

이 책은 과학기술이 인문학과 어떻게 만나고 섞여서 어떠한 연구 분야를 만들어 내고 있는지 살펴본 지식 융합의 개론서이다. 융합 학문마다 핵심 개념을 요약하고 관련된 참고문헌을 함께 나열하여 길라잡이의 기능을 부여하려고 노력했다.

1부에는 인지과학과 지식 융합의 이모저모가 소개되어 있다. 인공지능을 놓고 여러 분야의 이론가들이 벌이는 논쟁(3장)에 많은 지면을 할애했으며 인지과학과 관련된 융합 학문(4장)도 일별했다.

2부는 뇌 과학의 발달에 따라 새롭게 출현한 학문을 집대성한 것이다. 2008년 4월 서울에서 열린 '월드사이언스 포럼'에서 '뇌 연구, 학문의 벽을 허문다'는 제목으로 특별 강연한 내용을 녹취하여 보완한 글이라 할 수 있다.

3부는 진화론이 사람 마음의 연구에 적용되면서 주목을 받게 된 융합 학문의 세계로 안내한다. 과학과 종교의 관계(3장)도 살펴보았다.

1부(인지과학), 2부(뇌 과학), 3부(진화심리학)가 마음의 연구에 관한 지식의 융합이라면 4부는 자연현상 연구와 관련된 내용이다. 4부에는 복잡성 과학과 융합 학문(2장)에 이어 인공생명(3장)이 비중 있게 다루어졌으며 창발지능(4장)도 빠뜨리지 않았다.

끝으로 5부에서는 기술 융합의 여러 측면을 두루 살펴보면서 환경과 에너지(5장)도 짚어 보았다. 특히 6장(바이오닉스)에는 사이보그 사회와 포스트휴먼 시대가 그려져 있다.

이 책을 읽는 이들이 지식 융합의 전모를 한눈에 파악하는 데 도움이 되게끔 '지식 융합 도표'를 별도로 그려 놓았다. 또한 국내에서 지식 융합을 위해 여러 분이 이룩해 놓은 성과를 기록으로 남기기 위해서 '에필로그'에 우리나라의 지식 융합 역사를 정리해 두었다. 에필로그에 제시된 시대 구분과 성격 규정은 학문적 접근보다는 저널리즘의 시각에서 독자적으로 시도한 것이므로 동의하지 않는 독자들이 적지 않을 것으로 여겨진다.

이 책을 집필하는 동안 비바람이 몰아치는 망망대해에서 한 점 조각배를 타고 물고기 떼의 뒤를 쫓는 늙은 어부의 막막한 심경을 헤아려 보곤 했다. 식견과 지혜가 모자란 사람이 거대한 지식의 바다에서 융합이라는 이름의 황금 물고기를 건져 올려 보겠다고 무모한 모험에 나선 것은 아닌가 싶어 얼굴이 화끈거리고 가슴이 답답하기도 했다. 못난 어부가 조각배에 싣고 돌아온 어획량이 성에 차지 않더라도 독자 여러분이 너그러운 마음으로 이해해 주기만을 바랄 따름이다.

　이 책은 고즈윈에서 『짝짓기의 심리학』(2008)에 이어 두 번째로 펴내는 작품이다. 이번에도 멋진 책을 만들어 준 고즈윈 편집진의 노고에 감사의 말씀을 드린다. 특히 양서 출판의 집념으로 똘똘 뭉친 고세규 사장에게 이 책이 행운을 듬뿍 안겨 주게 되길 바라는 마음 굴뚝같다.

　끝으로 나의 저술 활동을 무조건 성원하는 아내 안젤라와 원과 진 두 아들에게 고마움의 뜻을 전하고 싶다.

2008년 10월 1일
서울 역삼아이파크에서
이인식 李仁植

프롤로그
망망대해에 한 점 조각배를 타고 6

 마음의 연구와 지식 융합

1장 — 인지과학
  1인지과학의 뿌리 17   **2**인공지능의 역사 36   **3**인지과학의 본질 49

2장 — 시각의 계산 이론
  1데이비드 마의 계산 이론 54   **2**시지각 이론 논쟁 61

3장 — 인공지능 논쟁
  1튜링의 모방 게임 65   **2**컴퓨터가 할 수 없는 것 68   **3**괴델, 에셔, 바흐 72
  4중국어 방 83   **5**해석학과 인공지능 90   **6**황제의 새 마음 96
  7중국어 체육관 104

4장 — 인지과학과 융합 학문
  1인지인문학 108   **2**행동경제학 111

뇌 과학과 신생 학문

1장 — 신경과학
  ¹신경계와 뇌 119   ²뇌 지도와 의학 영상 128   ³인지신경과학 133
  ⁴정서신경과학 138

2장 — 의식의 과학
  ¹의식의 신경과학적 근거 142   ²의식과 양자역학 146

3장 — 뇌 연구와 인문학의 융합
  ¹사회신경과학 150   ²신경경제학 155   ³신경신학 160

4장 — 뇌 연구와 과학기술의 융합
  ¹계산신경과학 165   ²신경공학 168   ³신경윤리 171

진화론과 지식 융합

1장 — 자연선택과 지식 융합
  ¹자연선택 이론 177   ²진화심리학 180   ³진화경제학 193
  ⁴다윈의학 197

2장 — 성적 선택과 지식 융합
  ¹성적 선택 이론 200   ²짝짓기 심리학 205

3장 — 과학과 종교
  ¹진화론과 창조론 211   ²무신론과 종교 215

비선형세계의 신생 학문

1장 — 카오스와 프랙탈
[1] 카오스 이론 221　[2] 프랙탈 기하학 231

2장 — 복잡성 과학과 융합 학문
[1] 복잡성 과학 241　[2] 네트워크 과학 252　[3] 복잡계 경제학 257

3장 — 인공생명
[1] 세포자동자 263　[2] 인공생명 276

4장 — 창발지능
[1] 집단지능 290　[2] 떼 지능 299

21세기의 기술 융합

1장 — 정보기술
[1] 디지털 기술과 정보사회 305　[2] 웹2.0의 경제학 331
[3] 정보기술과 융합 기술 333

2장 — 생명공학 기술
[1] 생명공학 기술의 미래 337　[2] 본성 대 양육 347　[3] 생명 윤리 351
[4] 생명공학과 과학기술의 융합 355　[5] 유전학과 융합 학문 361

3장 — 나노기술
[1] 나노기술의 가능성 370　[2] 나노기술과 생명공학 기술의 융합 380

4장 — 로봇공학
  ¹미래의 로봇 383   ²사람과 로봇 387

5장 — 환경과 에너지
  ¹21세기의 환경 재앙 393   ²지구를 살리는 방안 403
  ³환경윤리와 환경주의 410   ⁴환경과 경제학 416

6장 — 바이오닉스
  ¹사이보그 사회 420   ²포스트휴먼 시대 432

지식 융합 도표 439

에필로그
지식 융합의 세 번째 물결 446

찾아보기(사람 이름) 454
찾아보기(일반 용어) 459
찾아보기(문헌 제목) 463

지은이의 주요 저술 활동 467

마음의 연구와 지식 융합

인지과학

1—인지과학의 뿌리

인지 육각형

물질과 생명의 본질에 관한 비밀은 이미 20세기 중반에 과학의 발전으로 대부분 밝혀지고 있었으나 세 번째의 비밀은 확실한 해결의 열쇠가 나타나지 않고 있었다. 그것은 인간의 마음에 관한 수수께끼이다. 그러나 1946년 최초의 디지털컴퓨터인 에니악(ENIAC)이 발명됨에 따라 다양한 학문의 학자들이 마음의 연구에 본격적으로 참여하기 시작하였다. 미국 육군이 수동으로 하던 탄도 계산 시간을 단축하기 위하여 펜실베이니아 대학 연구진들이 3년간 50만 달러를 투입하여 완성한 에니악은 18,000개의 진공관으로 구성되었으며, 그 무게가 30톤에 이르렀다. 컴퓨터가 출현하기 이전에는 마음을 인간의 몸과 분리시켜 실제로 존재하지 않는 것으로 보았기 때문에 마음은 과학의 연구 대상이 되지 못했다. 그러나 많은 과학자들은 컴퓨터라는 기계가 프로그램에 의하여 동작되는 것으로부터 두뇌라는 기계가 마음에 의하여 동작될지 모른다는 영감을 얻게 되었다. 컴퓨터를 인간의 뇌, 기호를 조작하는 프로그램을 인간의 마음으로 보게 된 것이다. 마음과 뇌의 관계를 프로그램과 컴퓨터의 관계처럼 보게 됨에 따라 비로소 마음에 대한 과학이 존재할 수 있게 되었다.

인간의 마음이 하는 일은 매우 다양하지만, 대개 인지(cognition), 정서 (emotion), 의욕(conation)의 세 가지 기능으로 요약될 수 있다. 사람이 생각하고, 느끼고, 바라는 까닭은 마음의 작용 때문이다. 이 중에서 과학자들이 가장 많은 관심을 가진 연구 대상은 인지기능이다. 인지의 개념은 그 다양성 때문에 정의하기가 쉽지 않지만 일반적으로 지식, 사고, 추리, 문

[그림 1] 인지과학 구성 학문의 상호관계

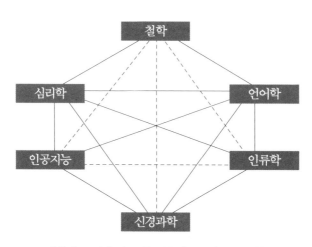

출처: Howard Gardner, *The Mind's New Science*, 1985

제 해결과 같은 지적인 정신과정을 비롯하여 지각, 언어, 기억, 학습까지 인지기능에 포함되고 있다. 요컨대 인간이 자극과 정보를 지각하고, 여러 가지 형식으로 부호화하여, 기억에 저장하고, 뒤에 이용할 때 상기해 내는 정신과정이 인지이다. 이와 같이 인지기능이 다양하기 때문에 마음을 연구하는 과학자들은 곧바로 두 가지의 중요한 사실을 깨닫게 되었다. 하나는 마음에 관하여 우리가 모르고 있는 것이 너무 많다는 것이며, 다른 하나는 어느 학문도 다른 학문과의 협조 없이 독자적으로 연구를 해서는 결코 마음의 작용에 관한 수수께끼를 성공적으로 풀어낼 수 없다는 것이었다.

이러한 상황에서 1950년대에 미국을 중심으로 새로이 형성된 학문이 다름 아닌 인지과학(cognitive science)이다. 인지과학은 인지 육각형이라 불리는 [그림 1]과 같이 심리학, 철학, 언어학, 인류학, 신경과학 그리고 인공지능 등 여섯 개 학문에 의하여 구성되어 있다. 인지과학은 그 역사가 매우 짧은 과학인 동시에 여섯 개의 학문에 깊은 뿌리를 두고 있으므로 어느 의미에서는 가장 긴 역사를 가진 과학의 하나라고 할 수 있다.

인지심리학의 출현

심리학이 하나의 독자적인 학문으로 성립된 것은 19세기 후반이다. 독일의 철학자인 빌헬름 분트(1832~1920)가 라이프치히 대학에 실험실을 설립하여 인간의 정신과정을 측정에 의하여 연구한 1879년부터 심리학이 하나의 과학적 학문이 된 것으로 보고 있다. 분트는 인간의 마음을 접근할 수 없는 신비한 현상으로 간주해 온 전통에 반기를 들고 과학적인 실험방법으로 연구를 함으로써 철학의 일개 분과에 불과하던 심리학을 독자적인 학문 영역으로 만드는 기틀을 마련하였다. 초창기의 심리학자들이 인간의 마음을 과학적으로 설명하기 위하여 채택한 방법은 내성법(內省法)이다. 고도로 훈련된 사람에게 세심하게 통제된 조건하에서 자신의 사고과정을 관찰시킨 다음에 그 내용을 가급적이면 객관적으로 보고하도록 하여 마음의 작용을 연구하는 방법이다. 따라서 내성주의(introspectionism)는 무의식 문제를 해결할 수 없는 본질적인 한계를 지니고 있었다. 이러한 한계로 말미암아 스스로 붕괴되었을는지 모르는 내성주의를 정작 무너뜨린 것은 행동주의(behaviorism)이다.

1913년, 미국의 존 왓슨(1878~1958)에 의하여 제창된 행동주의는 마음이 객관적으로 정의될 수 없는 막연한 개념이기 때문에 심리학은 연구 대상을 관찰과 측정이 가능한 행동에 국한시켜야 된다는 주장을 내세웠다. 생물의 모든 행동을 환경으로부터 자극(stimulus)에 대한 반응(response)으로 보는 논리이다. 다시 말해서 모든 행동을 자극→반응(S→R)의 공식으로 설명하였다. 따라서 행동주의에 의하여 심리학은 자연과학이 되었으며, 마음은 과학적 연구에 적절하지 못한 주제로 간주되어 심리학의 연구에서 완전히 배제되었다. 행동주의가 1940년대 말까지 40여 년 가까이 미국의 심리학계를 완전히 주도하게 됨에 따라 인간의 마음에 관한 용어 자체가 심리학자의 뇌리 속에서 완전히 추방되었다.

행동주의의 종언을 예고하는 결정적인 반론을 맨 처음 제기한 심리학자는 미국의 칼 래슐리(1890~1958)이다. 한때는 행동주의의 지지자였던 래슐리는 1948년에 개최된 한 심포지엄에서 행동주의에 치명적인 일격을 가하는 연설을 하였다. 래슐리의 강연 이후 심리학의 주도권은 인지심리학(cognitive psychology)으로 넘어가게 된다. 컴퓨터의 출현으로 새로이 등장한 인지심리학은 정보처리(information processing) 접근방법에 의하여 인간의 정신과정을 분석한다. 다시 말하자면, 인간의 마음이 정보를 지각하고 해석하여, 기억 속에 저장하고, 나중에 사용하는 과정을 연구한다. 1950년대 초반부터 고개를 내민 인지주의(cognitivism)가 공식적으로 모습을 드러낸 것은 미국의 심리학자 조지 밀러(1920~)가 1960년에 하버드 대학에 인지연구소를 설립하면서부터이다. 이를 계기로 심리학의 물줄기는 다시금 마음의 연구로 되돌려지게 되었다. 말하자면 마음의 연구가 공식적으로 복권된 셈이다.

인지주의에는 상반된 두 종류의 접근방법이 있다. 하나는 마음이 서로 분리된 여러 개의 정보처리 단위에 의하여 구성되어 있는 것으로 보는 단원성(modularity) 견해이다. 단원(module)은 하나의 과정을 독립적으로 이해될 수 있는 단위로 나누었을 때 그 단위를 가리키는 용어이다. 단원성 개념은 인지심리학의 대표적 인물인 미국의 제리 포더(1935~)에 의하여 체계화되었다. 단원성 개념에 따르면 인간의 마음은 정보를 그 내용에 따라 고유의 단원(모듈)에 의하여 개별적인 방식으로 처리한다. 예컨대 마음은 언어를 다루는 모듈과 시각 정보를 처리하는 모듈을 별도로 갖고 있다는 것이다. 인지주의의 다른 하나의 접근방법은 단원성 개념과 대조가 되는 중앙처리(central processing) 견해이다. 정보의 내용이 언어이건 시각 정보이건 상관없이 지각, 기억, 학습과 같은 인지기능이 동일하거나 또는 유사한 방식으로 작용하는 것으로 전제하는 접근방법이다.

단원성 개념이 수직적인 견해라고 하면, 중앙처리 개념은 수평적인 견해이다. 두 가지의 접근방법 중에서 단원성 개념이 훨씬 강력한 영향력을 발휘하고 있다. 그러나 만일 단원성 개념이 인지주의를 완전히 주도하게 되면 심리학에 일대 혼란이 야기될 가능성이 없지 않다. 왜냐하면 언어, 지각 등을 따로따로 연구하게 되어 마음을 종합적으로 연구하는 당위성이 없어질는지 모르기 때문이다.

인식론의 추

인지과학은 철학의 가장 오래된 분야의 하나인 인식론(epistemology)에 깊은 뿌리를 두고 있다. 인식론은 인간의 마음이 사물에 관하여 알고 있는 지식의 본질과 지식이 이루어지는 전제조건들을 탐구의 대상으로 하는 철학이다. 따라서 인식론의 진정한 창시자인 고대 그리스의 플라톤(B.C. 428~B.C. 347) 이래로 수많은 철학자들은 다음과 같은 근본적인 의문점들과 씨름했다. 지식이란 무엇인가. 우리가 사물에 관하여 평소에 안다고 생각하는 것들 중에서 사물의 객관적인 모습과 사실상 일치하는 참된 지식은 어느 정도인가. 지식을 제공할 수 있는 것은 이성인가 아니면 감각경험인가. 이러한 인식론의 문제는 대부분 주요한 철학적 문제의 출발점이 되고 있기 때문에 인식론은 서양철학의 여러 분야 중에서 가장 중요한 학문의 하나로 연구되어 왔다.

인지과학의 관점에서 볼 때 인식론의 역사에서 제일 먼저 언급되는 사람은 17세기의 프랑스 철학자인 르네 데카르트(1596~1650)이다. 데카르트는 그의 저서,『방법론 서설』(1637)에서 인간이 두 개의 독립된 상이한 실체, 즉 몸과 마음으로 구성되어 있다는 이원론을 제창하였다. 서양철학사에서 가장 극단적으로 보이는 이원론을 주장한 데카르트는 몸을 "연장적(延長的)인 본체", 즉 일종의 자동기계(automaton)로 묘사하고, 마음을 "사유하는 본체", 즉 이성에 의하여 사유하는 실체로 묘사하였다. 따라서 지식을 얻는 데 있어 이성의 역할을 강조하였다. 이와 같이 인식의 기원을 이성에서 구하는 이론을 합리론이라 한다. 데카르트의 합리론은 경험론의 도전을 받게 된다. 경험론은 지식을 얻는 데 있어 이성보다는 경험(감각)의 역할을 강조하는 인식론상의 이론이다. 말하자면 경험론은 합리론에 대한 하나의 반동이다. 최초의 경험론자는 영국의 존 로크(1632~1704)이다. 로크에서 비롯된 경험론은 17~18세기에 걸쳐 모두 영국 사람인 조지 버클리(1685~1753)와 데이비드 흄(1711~1776)에 의하여 계승되었다. 인식론에서 유럽 대륙(합리론)과 영국(경험론)이 서로 대치한 것으로 볼 수 있다.

르네 데카르트

17세기의 합리론과 영국 경험론의 결합을 시도한 인물은 18세기 말 독일의 위대한 철학자인 임마누엘 칸트(1724~1804)이다. 칸트는 흄을 비롯한 경험론자들과 마찬가지로 지식이 경험으로부터 만들어진다는 주장을 하면서도, 그들과는 달리 오로지 경험에 의해서만 지식이 획득되지 않는다는 이론을 내세웠다. 말하자면 감각경험은 지식이 이루어지기 위해서 필요하기는 하지만 충분하지는 않다는 것이다. 칸트는 경험에서 얻은 재료를 지식으로 전환시키는 조직원리 자체는 경험으로부터 획득할 수 없다고 주장함으로써 데카르트의 합리론과 맥락을 같이하였다. 그리고 1781년에 합리론과 경험론의 종합을 시도한 자신의 이론이 소개된 『순수이성 비판』을 출간하였다. 이른바 칸트의 비판철학은 19세기의 인식론을 주도하였다.

20세기로 접어들면서 칸트의 인식론은 거센 도전을 받게 되었다. 20세기 초반에 인식론에 가장 커다란 영향을 미친 사람은 영국의 버트란드 러셀(1872~1970)과 알프레드 화이트헤드(1861~1947)이다. 러셀은 독일의 논리학자인 고트롭 프레게(1848~1925)의 영향을 받았다. 프레게는 1879년에 기호논리학(symbolic logic)을 처음으로 완전히 체계화시킨 저서로 공인되고 있는『개념의 기호법 *Begriffsschrift*』을 출간하였다. 논리학을 사용하여 산술(arithmetic)의 법칙의 증명을 시도하는 과정에서 프레게는 곧바로 일상언어(ordinary language)가 논리적으로 불완전함을 깨달았다. 기원전 4세기에 논리학의 아버지로 불리는 아리스토텔레스에 의하여 조직적 학문으로 성립된 논리학은 일상언어의 문법에 의하여 강력한 영향을 받았기 때문이다. 따라서 프레게는 일상언어의 신뢰할 수 없는 자연성(naturalness)을 배제하고 자신의 추론과정을 보다 확실하게 표현해 줄 수 있는 언어를 발명하기로 하였다. 그가 만든 인공적인 언어, 즉 개념기호(concept notation)는 논리학을 일상언어의 자연성으로부터 단절시켰기 때문에『개념의 기호법』은 기호논리학을 최초로 체계화시킨 저서로 평가된다.

그리고 이어서 1884년에는 두 번째의 저서인『산술학의 기초 *Die Grundlagen der Arithmetik*』를 출간하였다. 이 책에서는 그가 만든 형식적 기호를 사용하여 수학을 보다 확고한 기초 위에 세우려고 시도하였다. 프레게는 논리학자였음에도 불구하고 적어도 말년에는 지독한 인종적 편견을 가진 독일인의 한 사람이었던 것으로 밝혀졌다. 사후에 발견된 그의 일기장에는 유대인들의 정치적 권리를 박탈함은 물론이고 독일 밖으로 추방해야 된다는 내용이 기록되어 있다.

프레게의 아이디어에 주목한 사람은 러셀이다. 그는 독자적으로 논리학이 반드시 일상언어의 자연성으로부터 단절되어야 한다는 생각을 갖고 있었다. 일상언어의 단순성 뒤에는 우리가 살고 있는 세계에 관한 지식의 거대한 덩어리가 숨겨져 있다는 것을 깨달았기 때문이다. 말하자면 일상언어 자체는 우리의 지식이라는 거대한 빙산의 일각에 불과할 따름이라는 아주 중요한 사실을 발견하였기 때문에 논리학은 인공적인 기호를 반드시 사용해야 된다고 생각한 것이다. 러셀은 그의 동료인 화이트헤드와 함께 인공적인 기호를 사용하여 단지 논리적 개념만을 포함하는 몇 개의 기본적인 법칙으로부터 모든 수학을 도출해 내는 시도를 하였다. 수학을 논리학에 환원(reduction)시키려고 시도한 두 사람의 이론이 집대성된 기념비적인 공동저작 『수학의 원리*Principia Mathematica*』(1910~1913)는 수학과 논리학을 더욱 밀접하게 묶어 줌으로써 두 학문 사이의 구분을 약화시킴에 따라 인식론에 끼친 영향은 가히 혁명적인 것이었다.

프레게, 러셀 그리고 화이트헤드에 의하여 기초가 확립된 기호논리학은 20세기로 접어들 무렵에 성장한 실증주의(positivism)와 결합되어 새로운 철학운동을 형성시켰다. 19세기 말엽부터 자연과학이 경이적인 성공을 거둠에 따라 자연과학의 방법론을 사회과학에 접목시키려는 시도가 전개되었다. 이러한 움직임을 정당화하기 위하여 제공된 다종다양한 주장들을 통틀어 실증주의라는 이름에 묶고 있다. 기호논리학과 실증주의의 발전 성과가 결합되어 탄생한 새로운 철학은 논리실증주의(logical positivism) 또는 논리경험주의(logical empiricism)라고 불린다.

논리실증주의는 1929년 오스트리아의 빈에서 루돌프 카르납(1891~1970)을 주축으로 시작되었으나 나치스의 탄압에 따라 중심인물들이 대부분 미국으로 망명하여 시카고에 뿌리를 내린 철학운동이다. 논리실증주의는 맨 먼저 실증주의를 표방하기 때문에 자연과학의 논리를 존중함과 동시에 모든 철학적 사변을 공허한 말의 나열로 간주하여 형이상학(metaphysics)을 경멸한다. 다시 말해서 우리가 경험을 통하지 않고서 알 수 있는 것은 아무것도 없다는 것이다. 이와 동시에 논리실증주의는 기호논리학을 수단으로 삼아 논리학적 분석을 지향하기 때문에, 인식론의 대립되는 원리인 경험론과 합리론을 단일의 방법원리로 형성하게 되었다. 카르납과 함께 논리실증주의를 대표하는 인물은 루드비히 비트겐슈타인 (1889~1951)이다. 오스트리아 태생으로 영국에 망명한 비트겐슈타인은 언어분석철학에 괄목할 만한 업적을 남긴 위대한 철학자의 한 사람으로 손꼽히고 있다.

　미국의 경우, 20세기 초반부터 논리실증주의를 편협하게 적용한 나머지 심리학에서 마음을 추방시킨 행동주의가 40년 가까이 풍미함에 따라 경험론이 상승세를 유지하였다. 그러나 컴퓨터의 등장으로 행동주의가 1950년대부터 퇴조하고 인지주의가 주도권을 잡게 되면서부터 인식론에 대한 새로운 접근방법이 나타난다. 컴퓨터가 나오기 전에는 사고가 오로지 인간에 의해서만 가능하다고 생각하였으나 우리가 사고라고 말하는 정신과정이 단순한 전자부품으로 조립된 컴퓨터의 기능적 조작에 의하여 수행될 가능성이 엿보임에 따라 새로운 방법으로 정신과정을 개념화할 필요가 생겼기 때문이다. 이러한 새로운 인식론적 접근방법을 기능주의(functionalism)라고 한다.

　힐러리 퍼트남(1926~)이 처음으로 소개한 기능주의는 마음을 실체로 보지 말고 형식으로 보자고 제안하면서, 이를 이해하는 가장 쉬운 방법은 마음을 컴퓨터의 프로그램에 비유하는 것이라고 설명하였다. 기능주의는 인간이건 기계이건 하드웨어(몸)가 아니라 소프트웨어(마음)에서 생각이 나온다고 보기 때문에 일부에서는 철학에서 가장 해묵은 딜레마의 하나인 마음과 몸의 문제(mind-body problem)를 다시 제기한 것으로 비판하고 있다. 이러한 비판에 대해서 퍼트남의 제자인 포더는 기능주의가 데카르트의 이원론과는 같지 않은 유심론(mentalism)임을 강조하고 있다. 물론 인지주의를 대표하고 있는 포더는 합리론을 존중하고 경험론을 배척한다. 인식론의 역사를 되돌아볼 때 합리론과 경험론은 마치 시계의 추처럼 왕복하면서 주도권을 다투어 왔다. 17세기 유럽 대륙의 합리론은 18세기에 영국 경험론의 도전을 받는다. 19세기에는 칸트에 의한 합리론과 경험론의 종합으로 문제가 해결된 것처럼 보였으나 20세기 초반의 행동주의 시대에는 경험론이 득세를 하였다. 그러나 20세기 후반부터 인지주의의 영향력 때문에 다시금 합리론이 강세를 보이고 있다.

촘스키의 언어학 혁명

현대의 언어학자로 간주되는 최초의 인물은 스위스 사람인 페르디낭 드 소쉬르(1857~1913)이다. 언어의 구조적인 특성에 주목한 소쉬르에 의하여 구조주의 언어학(structural linguistics)이 소개되었다. 구조주의 언어학은 레너드 블룸필드(1887~1949)에 의하여 미국에서 뿌리를 내렸으며 1960년대 초반까지 약 30년간 번성하였다. 행동주의에 경도된 블룸필드는 과학적 엄밀성을 추구하였기 때문에 인간의 마음을 언어학의 연구에서 제외시켰다. 따라서 구조주의 학자들은 애매하지 않은 단어들이 모인 하나의 문장이 여러 가지의 다른 의미를 갖는 경우를 설명하지 못하고 아예 무시하였다. 예컨대 "I like her cooking."과 같은 문장은 모호한 단어가 없고 표면적으로 아주 단순한 문법(명사-동사-소유대명사-명사)으로 이루어졌음에도 불구하고 중의성(ambiguity)이 무척 농후하다. 이를테면 "나는 그녀가 요리하는 것을 좋아한다.", "나는 그녀가 요리해 놓은 것을 좋아한다.", "나는 그녀가 요리한다는 사실을 좋아한다."와 같이 여러 가지의 뜻으로

노엄 촘스키

해석될 수 있다. 이와 같이 중의성이 단어에서 오는 것이 아니라 통사(統辭) 구조에서 오는 문장은 영어에서 일상적으로 사용되고 있는 형태이지만, 구조주의는 통사적으로 중의성이 나타나는 이유를 해명하지 못했다. 문장을 형성하기 위하여 단어가 결합되는 방식을 통사라고 한다.

미국을 풍미하던 구조주의 언어학과 행동주의 언어학에 대해 치명적인 타격을 가한 사람은 노엄 촘스키(1928~)이다. 촘스키는 29세가 되는 1957년에 박사학위 논문을 책으로 출판하였다. 아주 작은 출판사에서 발간된 그의 책에 대해서 관심을 갖는 사람은 수년간 아무도 없었다. 그러나 영향력이 있는 잡지에서 긍정적인 서평이 나온 뒤부터 그의 저서에 소개된 이론은 언어학을 포괄적으로 설명한 최초의 이론이라는 평가와 찬사를 받게 되었다. 촘스키의 이론은 1960년대부터 문자 그대로 언어학에 혁명을 일으켰다. 그 책의 이름은 언어학의 기념비적인 고전으로 거명되는 『통사구조론 Syntactic Structure』이다. 이 책에서 촘스키는 행동주의자와는 달리, 인간의 언어가 창조적인 것임을 강조하고 사람이 태어날 때부터 언어능력(linguistic competence)을 갖고 있는 것으로 보았다.

촘스키는 가장 영리한 원숭이가 말을 할 수 없지만 가장 우둔한 사람도 말을 할 수가 있고, 누구나 그 전에 들어 본 적이 없는 새로운 문장을 얼마든지 말하고 이해할 수 있는 까닭은 인간이면 누구에게나 유전적으로 결정되는 언어능력이 있기 때문이라고 설명하였다. 다시 말해서 인간만이 말의 기호를 명확한 순서로 결합하여 문법적으로 타당한 문장을 얼마든지 만들어 낼 수 있는 능력을 갖고 있으며, 이러한 능력은 의미 또는 음운(vocal sound)에 관계없이 단어를 조작할 수 있는 통사의 특성이 언어의 기본적인 수준에 잠재되어 있음을 말해 준다는 것이다. 따라서 촘스키의 이론에서는 언어능력과 언어수행(linguistic performance)이 확실하게 구분된다. 언어능력은 어떤 사람이 갖고 있는 언어에 대한 잠재적 지식을 의미하는 반면에 언어수행은 실제로 말을 할 때 자신의 언어능력을 사용하는 발화(發話: utterance) 행위를 가리킨다.

촘스키가 『통사구조론』에서 제안한 언어학 이론의 목표는 모든 사람이 갖고 있는 언어능력에 잠재한 보편문법(universal grammar)을 구축하는 것이었다. 인간이 문장을 형성하는 능력에 잠재하고 있는 보편문법을 설명하기 위하여 변형(transformation) 개념을 제안하였다. 미리 규정된 절차의 순서에 따라 한 통사구조의 요소들을 부가 또는 삭제하거나 변화시켜서 다른 통사구조를 생성시키는 조작을 변형이라 한다. 촘스키의 언어학 이론은 변형 개념을 도입하였기 때문에 변형문법 또는 변형생성문법(transformational generative grammar)이라 이른다. 변형문법 이론에 따르면, 유사한 의미를 내포하는 각기 다른 유형의 문장들은 그 저변에 유사한 기저구조(underlying structure)를 감추고 있으며, 이러한 기저구조에 변형이 적용되어 통사적으로 정확한 문장의 구조가 만들어진다. 촘스키는 변형이 적용되어 실제로 발화되는 문장의 구조를 표면구조(surface structure)라 하고, 표면구조에는 언제나 나타나지 않는 기저구조를 심층구조(deep structure)라고 명명하였다. 말하자면 심층구조에 변형이 적용되어 문장의 표면구조가 만들어진다.

심층구조의 아이디어는 인간의 마음속에 자신의 필요성과 의지에 따라 문장의 변형을 수행할 수 있는 수준이 존재하고 있음을 전제한 것이었기 때문에 언어학은 물론이고 인지과학에 충격을 주었다. 촘스키는 심층구조의 개념을 통해서 마음이 모듈(단원)로 조직되어 있는 것으로 보았을 뿐만 아니라 인간의 지식은 경험을 통하여 획득되지 않고 대부분 본유적인 것이라고 주장하였다. 따라서 촘스키의 접근방법은 구조주의 언어학에 대해서는 변혁적인 것이었으며 행동주의의 경험론에 대해서는 공격적인 것이었으므로 촘스키는 1960년대 초반부터 격렬한 논쟁의 과녁이 되었다. 지난 세대의 구조주의자와 행동주의자들은 젊은 그를 패배시키려고 안간힘을 썼으나 결과는 딴판이었다. 물론 촘스키의 이론이 탁월했기 때문이지만 그 밖에도 천성적으로 논쟁을 좋아하는 그의 끈질긴 전투적 성격이 상대방을 굴복시킨 일면이 없지 않았다. 어쨌든 촘스키는 언어학의 가장 중요한 인물임과 동시에, 인지과학에서 한 사람의 연구가 그만큼 혁신적이고 지대한 영향을 미친 예를 찾아보기 어려울 정도로 걸출한 이론가로 자리매김되었다.

인류학과 인지과학

인류학이 인지과학을 구성하는 학문의 하나로 포함되는 까닭은 인류학에서 가장 중요한 개념이 문화(culture)이기 때문이다. 19세기 말, 인류학 초창기의 대표적인 학자인 영국의 에드워드 타일러(1832~1917)는 1871년에 펴낸 저서『미개 문화 *Primitive Culture*』에서 문화를 "지식, 신앙, 예술, 도덕, 법률, 관습과 그 밖에 사회의 한 성원으로서 인간에 의하여 획득된 능력을 모두 포함하는 복합총체"라고 정의하였다. 이와 같이 인간은 '문화 때문에' 만들어진 동물이고, '문화에 의하여' 만들어진 동물이다. 인류학은 인간의 마음이 문화와의 상호작용으로 어떤 식으로 발전하게 되었으며, 인간의 마음속에 이미 스며들어 버린 문화를 어떻게 생각하고 이해해야 되는가를 과학적으로 탐구하는 학문이다.

현대의 대표적인 인류학자인 프랑스의 클로드 레비-스트로스(1908~)는 마음의 본질을 가능한 한 원래 그대로 발견하기 위해서 인류가 신화를 창조하고 이해하는 방법을 탐구하였다. 레비-스트로스는 신화 연구를 통해 모든 인간의 사고에 내재하고 있는 기본적인 논리구조는 고대의 신화와 현대의 과학에서 모두 똑같다는 결론을 얻었다. 신화에서이건 현대 과학에서이건 인간의 지적 사고과정의 본질은 결코 차이가 나지 않으며 단지 사고의 논리구조가 적용되는 대상에 따라 서로 차이가 날 뿐이라는 주장이다. 한편 1960년대에는 미국에서 민족학(ethnology)이 태동하였다. 민족학은 여러 민족집단이나 사회의 도덕, 법률 및 관습의 차이점을 비교하여 인간의 사고체계를 연구하는 인류학이다.

인지 문제를 인류학적 논의에 처음으로 포함시킨 레비-스트로스는 문화의 모든 문제를 광범위하게 다루었기 때문에 촘스키처럼 상당한 격찬을 받았으나, 촘스키와는 달리 그의 이론을 분석적인 방법으로 충분히 명료하게 설명하지 못했기 때문에 그의 이론을 승계하는 추종자보다는 단순히 흉내 내는 사람밖에 없었다. 한편 민족학은 비교적 정확한 분석이 가능했으나 연구의 범위를 도덕, 법률, 관습으로 제한함에 따라 포괄적이지 못한 약점이 있었다. 그러나 레비-스트로스와 민족학은 인지과학에 크게 도움이 되는 한 가지 연구 결과를 똑같이 내놓았다. 지각의 기본적인 양식은 어느 때, 어느 곳에서나 똑같다는 것이다. 단지 환경의 특수한 요인이 지각과정이 전개되는 방법에 영향을 줄 따름이라는 결론이었다.

마음의 생리적 기초

인지활동은 모두 뇌가 작용한 결과이다. 그러므로 신경과학(neuroscience)이 철학이나 언어학과 함께 인지과학의 울타리 안에 포함되는 이유는 자명하다. 신경과학은 마음의 생리적 기초를 이해하기 위하여 뇌의 구조와 기능을 둘러싼 신비를 밝혀내려는 학문이기 때문이다. 1940년대까지 뇌의 기능에 관하여 두 가지 상반된 견해가 날카롭게 대립되어 있었다. 하나는 뇌가 하나의 통일체로서 모든 인지활동을 수행하는 것으로 간주하는 전일론적(holistic)인 입장이고, 다른 하나는 뇌가 특정 부위에 국재화된 기능에 따라 작용하는 것으로 보는 환원론적(reductionistic)인 입장이다.

두 견해 사이의 극단적인 의견 대립이 지나치게 치열하였으므로 많은 신경과학자들은 이들을 화해시킬 방안을 모색하였다. 그중에서 가장 성공적으로 두 견해를 통합시킨 사람은 캐나다의 도널드 헤브(1904~1985)이다. 1949년에 펴낸 저서, 『행동의 체제*The Organization of Behavior*』에서 헤브는 두 견해를 모두 부분적으로 수용하는 타협적인 이론을 내놓았다. 사람이 어릴 적에는 간단한 지각기능이 뇌의 특정 세포로 국재화되지만, 시간이 경과함에 따라 점차적으로 뇌의 신경세포(neuron)가 서로 연결되면서 집합체를 형성하여, 뇌의 보다 복잡한 지각기능의 수행이 가능하게 된다는 이론이다. 헤브는 뉴런(신경세포)이 제멋대로 연결되지 않고 학습의 결과에 따라 특정 세포들끼리 서로 연결되어 〔그림 2〕처럼 신경망(neural

[그림 2] 뇌의 신경망(대뇌피질의 단면도)

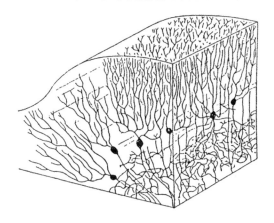

network)을 이루는 것이라고 주장하고, 뉴런이 서로 결합하는 방식을 설명한 학습 규칙을 제시하였다. 이른바 헤브의 법칙(Hebbian law)이다. 극단적인 두 견해는 헤브의 중립적인 이론에 의하여 그 타당성이 부분적으로 인정되었지만 그것으로 대립이 종료된 것은 아니었다. 1950년대 이후 오늘날까지 두 견해는 번갈아 가면서 신경과학의 주도권을 행사하였으나 어느 한쪽의 일방적인 승리로 끝날 성질의 논쟁이 아니다. 왜냐하면 두 이론의 상호보완이 없이 뇌의 기능은 설명될 수 없을 것으로 보이기 때문이다.

  1959년 두 명의 젊은 신경생리학자인 미국의 데이비드 허블(1926~)과 스웨덴의 토르스텐 비셀(1924~)은 고양이와 원숭이의 시각피질에서 세부특징 탐지기(feature detector)를 발견하였다. 그들의 획기적이고 놀라운 발견이 갖는 의미는 매우 중요하였다. 왜냐하면 특정 정보를 독립적으로 처리하는 특정 세포를 발견함에 따라 뇌의 기능이 고도로 국재화되어 있다는 확실한 증거를 보여 주었기 때문이다. 그들은 이 연구 업적으로 1981년 노벨상을 공동 수상했다. 그들과 함께 같은 해 같은 부문에서 노벨상을 받은 사람이 한 명 더 있다. 대뇌 반구의 기능에 관하여 획기적인 발견을 한 미국의 생리학자인 로저 스페리(1913~1994)이다. 사람의 뇌에 있어서 신피질은 뇌량(corpus callosum)에 의하여 구조적으로 다른 두 개의 대뇌 반구가 연결되어 있다. 뇌량은 두 반구를 잇는 신경섬유의 넓은 띠이다.

간질 환자의 경우, 뇌량을 외과적 수술로 잘라 내면 발작하는 정도가 크게 감소되어 정상인과 마찬가지의 활동을 한다. 스페리는 1950년대부터 이와 같이 두 반구의 연결이 절단된 이른바 분리된 뇌(split-brain)를 가진 환자를 대상으로 실험을 거듭하여 두 반구의 기능적 차이를 발견하였다. 스페리는 좌반구가 언어를 포함하여 개념적이고 분석적인 기능에 우세한 반면에 우반구는 지각을 포함하여 공간적이고 종합적인 처리를 전적으로 맡고 있음을 밝혀냈다. 물론 두 반구의 기능상 차이가 스페리의 연구로 완전히 밝혀진 것은 아니지만, 두 반구가 서로 다른 유형의 기능을 수행할 목적으로 전문화되어 있음을 밝혀낸 그의 업적은 신경과학에서 신기원을 이룬 이정표의 하나로 평가되고 있다.

1970년대에 들어서면서부터 뇌의 구조와 기능을 기술하는 다양한 모델이 제시되었다. 1973년 미국의 폴 매클린(1913~2007)은 〔그림 3〕과 같이 인간이 진화되는 과정에서 차례대로 발달된 세 개의 부위가 뇌를 구성하고 있다는 3부뇌(triune brain) 가설을 발표하였다. 같은 해에 러시아의 알렉산더 루리아(1902~1977)는 뇌의 구조가 제각기 다른 기능을 수행하는 세 개의 단위로 구성되어 있다는 모델을 제안하였다. 1976년 세상을 하직할 당시에 세계 최고의 신경외과 의사의 반열에 올라서 있던 윌더 펜필드(1891~1976)는 매클린의 3부뇌 가설과 상반됨과 동시에 루리아의 모델과 차별이 되는 이론을 내놓았다. 그는 매클린과 달리 뇌를 하나의 통일체로

[그림 3] 3부뇌

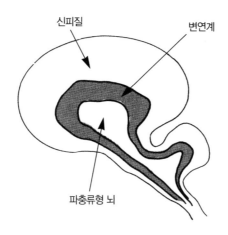

신피질

변연계

파충류형 뇌

파악했으며, 루리아와는 달리 뇌가 기능이 서로 다른 두 개의 메커니즘으로 구성되어 있는 것으로 보았다. 그의 뇌 이론은 사후에 발간된 저서 『마음의 신비The Mystery of the Mind』(1978)에 설명되어 있다.

그러나 뇌에 관한 각종 모델이 다양하게 제안되었음에도 불구하고 의식(consciousness)의 생리적 기초에 관한 수수께끼는 해결의 실마리가 나타나지 않고 있었다. 어떻게 1,000억 개의 뉴런이 상호작용하여 인간의 의식을 만들어 내는가. 의식은 21세기 과학이 풀어야 할 최대의 숙제로 남아 있다.

참고문헌
- The Mind's New Science: A History of the Cognitive Revolution, Howard Gardner, Basic Books, 1985
- The Computer and the Mind: An Introduction to Cognitive Science, Philip

Johnson-Laird, Harvard University Press, 1988 / 『컴퓨터와 마음: 인지과학이란 무엇인가』, 이정모 · 조혜자 공역, 민음사, 1991
- *Matter and Consciousness: A Contemporary Introduction to the Philosophy of Mind*, Paul Churchland, MIT Press, 1988 / 『물질과 의식: 현대 심리철학 입문』, 석봉래 역, 서광사, 1992
- 『인지과학: 마음, 언어, 계산』, 조명한 외, 민음사, 1989
- *An Invitation to Cognitive Science*, Justin Leiber, Basil Blackwell, 1991
- *The Embodied Mind: Cognitive Science and Human Experience*, Francisco Varela, Evan Thompson, Eleanor Rosch, MIT Press, 1991 / 『인지과학의 철학적 이해』, 석봉래 역, 옥토, 1997
- 『사람과 컴퓨터』, 이인식, 까치, 1992
- 『자연주의적 유신론』, 소흥렬, 서광사, 1992
- 『심리철학과 인지과학』, 김영정, 철학과현실사, 1996
- *Mind: A Brief Introduction*, John Searle, Oxford University Press, 2004 / 『마인드』, 정승현 역, 까치, 2007

2—인공지능의 역사

부울의 2치 논리학

인공지능의 역사는 겨우 50년이 넘을 정도로 일천하지만 기나긴 과거를 갖고 있다고 말할 수 있다. 인간의 사고를 기계화하는 아이디어는 기호논리학에 그 뿌리를 두고 있기 때문이다. 기호논리학의 개념은 17세기의 위대한 철학자인 독일의 고트프리드 빌헬름 라이프니츠(1646~1716)에서 찾아볼 수 있다. 미적분학을 독자적으로 발견하여 수학자로서까지 위대한 업적을 남긴 라이프니츠는 두뇌의 사고작용을 기호에 의한 논리적인 계산으로 풀 수 있다고 생각하였다. 라이프니츠 이후로 논리학자들은 인간의 연역추론 과정, 즉 보편적 원리를 기초로 해서 논리적 사고의 절차에 의하여 새로운 판단을 도출하고 언어로 표현해 내는 과정을 수행하는 기능을 가진 기계의 발명을 꿈꾸어 왔다.

그러나 아리스토텔레스의 3단논법(syllogism)과 같은 종래의 형식논리학(formal logic)은 일상언어를 사용함에 따라 같은 말이라도 경우에 따라 의미가 달리 해석되는 중의성을 모면할 방도가 없었다. 따라서 19세기 중반에 영국의 수학자인 조지 부울(1815~1864)은 일상언어의 중의성을 피하기 위해서 언어 대신에 기호를 사용하는 새로운 형태의 형식논리학을 생각해 냈다. 1854년 부울은 『사고의 법칙*The Laws of Thought*』을 출판하여 기호논리학의 탄생을 알렸다. 기호논리학은 추론으로부터 비논리적(심리적) 요소를 완전히 배제할 수 있을 뿐만 아니라 기호를 사용하여 추론의 규칙을 수학에서처럼 다룰 수 있기 때문에 순수하고 정밀한 형식논리학이라 할 수 있다.

현대적 기호논리학의 창시자로 평가되는 부울은 대수학에서 수의 가감으로 방정식이 조작되는 것과 똑같은 방식에 의해서 기호로 표시된 논리적 명제를 결합하거나 분리하여 새로운 개념이 형성되는 것을 보여 주었다. 이른바 부울 대수(Boolean algebra)를 발명한 부울은 그가 발명한 기호논리학이 인간의 사고를 지배하는 기본적 원칙을 연구하는 최선의 수단이라고 확신하였기 때문에 그의 책에 자못 과장된 제목을 붙였다. 컴퓨터 과학의 측면에서 볼 때 부울의 아이디어에서 가장 중요한 부분은 한 명제에 관하여 참이나 거짓의 두 가치 중에서 어느 하나만을 인정하는 2치 논리학(two-valued logic)을 주장한 대목이다. 아무리 복잡한 논리식일지라도 두 종류의 기호, 즉 참을 의미하는 '1'과 거짓을 의미하는 '0'으로 표현될 수 있기 때문이다.

이와 같이 인간의 추론이 예(1) 또는 아니요(0)의 연속체로 환원될 수 있다는 부울의 아이디어는 오늘날 컴퓨터 과학의 중추적인 개념으로 자리

잡았다. 부울 이후에 기호논리학은 프레게의 『개념의 기호법』(1879)에 의하여 체계화되었으며 러셀과 화이트헤드의 『수학의 원리』(1910~1913)에서 논리학이 수학과 결합하여 수리논리학(mathematical logic)이 됨으로써 마침내 완성을 보게 되었다.

튜링 기계

러셀과 화이트헤드에 이어 1930년대에 수리논리학을 획기적으로 발전시킨 사람은 영국의 앨런 튜링(1912~1954)이다. 24세가 되는 1936년에 튜링은 모든 추론의 기초가 되는 형식 기계의 개념을 최초로 정립한 자동자 이론(automaton theory)을 발표하였다. 오토마톤은 본래 자동기계를 의미하였다. 그러나 튜링이 인간의 두뇌를 흉내 낸 기계에서의 정보처리 구조를 오토마톤이라 부른 뒤부터 오늘날은 컴퓨터가 오토마톤의 원형으로 간주되었다.

튜링은 그의 자동자 이론에서, 인간이 수효가 유한하고 완전하게 명시된 규칙에 의하여 수행할 수 있는 계산(computation)은 무엇이든지 적합한 알고리즘(algorithm)을 가진 기계에 의하여 수행될 수 있음을 보여 주었다. 알고리즘은 기계가 수행해야 되는 동작을 지시하는 절차를 명백히 기술해 놓은 것이다. 오늘날 컴퓨터의 프로그램이 알고리즘의 대표적인 본보기이다. 알고리즘을 수행할 수 있는 기계를 형식 기계라고 부른다. 튜링이 제안한 형식 기계는 훗날 그의 이름을 따서 튜링 기계(Turing machine)라고 명명되었다. 튜링 기계는 〔그림 4〕와 같이 제어장치, 테이프, 입출력 헤드로 구성된다. 튜링 기계는 기호 조작에 있어서 사람이 할 수 있는 것은 무엇이든지 해낼 수 있기 때문에 오늘날 컴퓨터의 원형이 되었다.

[그림 4] 튜링 기계

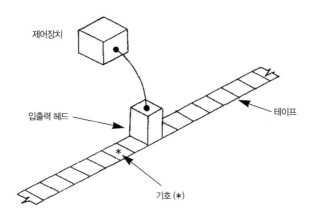

제어장치

입출력 헤드

테이프

*

기호 (*)

신경망 모델

1943년 미국의 신경생리학자인 워런 매컬럭(1898~1969)은 수학자인 월터 피츠(1923~1969)와 함께 신경망 모델의 효시가 되는 논문을 발표하였다. 이 논문은 논리적 단위로 동작하는 뉴런의 형식 모델을 제시함과 아울리, 수많은 뉴런으로 구성되는 신경망이 기호논리학의 모든 기본적인 조작을 수행할 수 있는 가능성을 보여 주었다. 그들의 신경망 모델은 비록 인간의 뇌 안에서 뉴런의 실제적인 활동을 복제해 내기에는 역부족이었지만, 인간의 뇌를 논리학의 원리에 따라 동작하는 것으로 모형화했기 때문에 선구적인 업적으로 평가되고 있다.

매컬럭과 피츠의 신경망 이론은 튜링의 자동자 이론과는 전혀 성격을 달리할 뿐만 아니라 그 파급효과 역시 천양지차이다. 튜링 기계는 곧바로 디지털컴퓨터의 설계로 연결되었지만 신경망 이론은 1980년대에 비로소 그 쓰임새가 재평가되었다.

컴퓨터 기술의 3대 이론

제2차 세계대전이 끝나고 존 폰 노이만(1903~1957), 노버트 위너(1894~1964), 클로드 샤논(1916~2001)에 의하여 컴퓨터 기술 발전에 주춧돌을 놓은 이론이 잇따라 발표되었다.

디지털컴퓨터의 이론적 모델을 창안한 인물이 튜링이라면, 오늘날 사용되고 있는 디지털컴퓨터의 논리적 구조를 확립한 장본인은 헝가리 출신의 수학자인 폰 노이만이다. 폰 노이만은 에니악 개발 소식에 자극을 받고 새로운 방식의 컴퓨터를 설계하였다. 에니악은 새로운 문제를 처리할 때마다 수천 개의 스위치를 며칠씩 걸려서 다시 설계하지 않으면 안 되는 구조였기 때문에 1945년 프로그램 내장식(stored program) 컴퓨터의 논리구조를 개발하였다. 이른바 폰 노이만식 컴퓨터 구조는 중앙처리장치, 기억장치, 프로그램, 데이터로 구성된다. 프로그램 내장방식이라고 부르는 까닭은 프로그램과 데이터를 모두 기억장치에 집어넣고 여기에서 프로그램과 데이터를 차례로 불러내서 처리할 수 있기 때문이다. 폰 노이만 방식은 훗날 디지털컴퓨터의 표준 설계구조가 되었다.

위너는 1948년 펴낸 『사이버네틱스 *Cybernetics*』에서 동물과 기계, 즉 생물과 무생물에는 동일한 이론이 탐구될 수 있는 수준이 있으며, 그 수준은 제어(control)와 통신(communication)의 과정에 정확히 관련된다는 사이버네틱스 이론을 제창하였다.

사이버네틱스 이론의 극적인 발표에 따라 인간을 정보처리 체계로 보는 시스템 이론(system theory)에 대한 관심이 고조되었다. 정보처리적 접근방법에서는 인간이 기본적으로 계산을 위한 메커니즘이라는 측면을 강조한다. 예컨대 사고, 지각, 언어 따위의 다양한 인지기능을 모두 정보를 계산하는 활동으로 본다. 이러한 견해에는 인간의 지능을 인공의 정보처리 장치에 의하여 본뜰 수 있다는 의미가 함축되어 있다.

위너의 사이버네틱스 이론을 통신공학에 응용한 사람은 미국의 샤논이다. 전기통신공학의 전문가인 샤논은 1948년 「통신의 수학적 이론A Mathematical Theory of Communication」을 발표하였다. 이른바 정보 이론(information theory)을 최초로 정립한 역사적인 논문이다. 참과 거짓에 의한 2치 논리학의 원리가 전기통신회로에서 스위치가 갖게 되는 온(on)과 오프(off)의 두 상태를 기술하는 데 응용될 수 있다는 아이디어를 얻은 샤논은 정보의 양을 측정하는 단위로 비트(bit)를 제안하였다. 비트는 이진 숫자(binary digit)의 약자로서, 0과 1 또는 온과 오프의 전기적 상태를 나타낸다. 샤논은 정보의 개념을 비트라는 정보 단위에 의하여 순전히 수량적으로 측정되는 것이라고 정의하였다. 샤논의 정보에 대한 기술적 정의에 의하여 정보가 비로소 과학의 대상이 된 것이다.

샤논의 정보 이론에서는 발신자와 수신자를 연결하는 통로(channel)를 통하여 전기적으로 전송되기 위하여 이진 숫자(비트)로 부호화된 것은 그것의 의미와 관계없이 무엇이든지 정보로 간주되었다. 정보가 그것이 전달하고자 하는 의미의 내용과 상관없이 오로지 통신 기술의 전송능력을 측정하는 단위에 의해서 정량적으로 표현됨에 따라, 고매한 뜻이 담긴 메시지이건 완전한 헛소리이건 그것이 전기적 신호에 의해서 비트로 변형되기만 하면 일단 정보로 동등하게 취급되었다. 샤논의 정보 이론에 의하여 컴퓨터의 통신 기술은 폭발적인 발전을 거듭하게 되었다.

기호체계 가설

인공지능이 독립된 학문으로 발족을 본 것은 1956년 여름이다. 미국의 다트머스 대학이 인공지능의 출생지이다. 당시 그 대학의 수학과 조교수로 재직 중이던 존 매카시(1927~)는 인간처럼 지능적으로 사고할 수 있는 컴퓨터 프로그램의 개발 가능성을 검토하기 위하여 마빈 민스키(1927~), 허버트 사이먼(1916~2001), 앨런 뉴웰(1927~1992)과 모임을 가졌다. 네 명의 젊은이들은 훗날 인공지능의 발전을 위하여 뛰어난 족적을 남겼다. 1955년 '인공지능artificial intelligence'이란 말을 처음 만들어 낸 매카시 교수는 1958년 인공지능을 프로그램하는 언어로 광범위하게 사용되고 있는 리스프(LISP) 언어를 발명하여 기호 프로그래밍(symbol programming) 시대를 열었다.

당시 하버드 대학의 학생이던 민스키는 나중에 매사추세츠 공대 교수로 재직하면서 인공지능의 초창기에 기틀을 잡은 탁월한 이론가이다. 사이

허버트 사이먼

먼은 1947년에 이미『관리 행동 *Administrative Behavior*』이라는 저서를 출간하여 경영 조직 내부에서의 관리와 의사 결정에 관한 이론으로 대단한 명성을 누리고 있었다. 이 저서는 출간 즉시 경영학의 고전으로 인정받았으며 사이먼이 1978년 노벨경제학상을 수상할 때 공적의 하나로 언급되기도 했다.

1956년 당시에는 컴퓨터가 단순히 인간보다 숫자 계산을 빨리하는 기계로 인식되고 있었으나 사이먼은 컴퓨터를 숫자이건 아니건 모든 종류의 기호를 조작할 수 있는 기계로 보았다. 대부분의 사람들이 컴퓨터를 연산장치로 보고 있던 그 당시로는 사이먼의 직관은 실로 놀라운 것이었다. 따라서 사이먼은 뉴웰과 만나자마자 곧바로 의기투합했다. 인간의 마음을 정보처리 체계로 본 뉴웰의 생각과 인간의 마음을 기호 조작 체계로 본 사이먼의 생각은 서로 사용하는 어휘가 달랐지만 그 의미는 똑같았기 때문이다. 두 사람은 1956년에 공동으로 최초의 인공지능 프로그램인 논리학 이론가(Logic Theorist)라는 이름의 프로그램을 개발하였다. 명칭이 말해주듯이 러셀의『수학의 원리』에서 골라낸 기호논리학의 정리를 증명하는 프로그램이다. 두 사람은 논리학 이론가(LT)를 보다 발전시킨 프로그램을 개발하기 위하여 1958년부터 10여 년 가까이 연구를 진행한 끝에 일반문제 해결자(General Problem Solver)를 내놓았다.

GPS(일반문제 해결자)는 인간의 문제 해결 과정을 모형화한 프로그램이다. 두 사람은 GPS를 개발하는 과정에서 인간과 컴퓨터가 모두 기호를 조작하는 물리적 기호체계(physical symbol system)라는 결론에 도달하였다. 인간이 문제를 해결할 때의 마음의 작용과 컴퓨터가 프로그램을 처리할 때 수행하는 기호 조작이 아주 비슷하다고 생각하였기 때문이다.

기호체계 가설을 요약하면 다음과 같다. ① 인간의 마음은 정보를 처리하는 체계이다. ② 정보처리는 계산, 즉 기호를 조작하는 과정이다. ③ 컴퓨터의 프로그램은 기호를 조작하는 체계이다. ④ 따라서 인간의 마음은 컴퓨터의 프로그램으로 모형화될 수 있다. 말하자면 기호체계 가설은 컴퓨터의 하드웨어는 인간의 두뇌, 소프트웨어는 인간의 마음에 해당되는 것으로 본다. 뉴웰과 사이먼이 체계화시킨 기호체계 가설은 인공지능의 핵심적인 개념으로 채택되었다.

사람과 기계의 머리싸움

인공지능은 1960년대 중반까지 10년 가까운 여명기에 일반문제 해결(GPS) 방법에 의하여 컴퓨터 프로그램으로 광범위한 종류의 문제 해결을 모의실험(simulation)할 수 있을 것으로 기대하고, 인간의 지능을 가진 기계의 개발 가능성에 들떠 있었다. 그러나 1960년대 후반에 초창기의 도취감에서 깨어났을 때에는 지능을 프로그램으로 생성시키는 작업이 생각보다 훨씬 벅찬 일임을 확인하게 되었다. 거의 모든 사람들에 의하여 일상적으로 수행되는 시각이나 음성 인식과 같은 지각능력, 언어를 이해하는 자연언어 이해능력은 그 당시 인공지능 기술로는 엄두를 못 낼 일이었다. 더욱이 사람들이 매일 겪는 문제를 해결하는 상식추론 능력을 컴퓨터 프로그램으로 실현하는 일은 애당초 불가능하였다. 1960년대 후반은 그야말로 인공지능이 실의와 좌절에 빠진 암흑기였다. 따라서 1970년대에는 1960년대의 접근방법을 반성하고 새로운 돌파구를 모색했다.

1970년대 말엽에 뒤늦게 깨달은 사실은 프로그램의 문제 해결 능력이 프로그램에 사용된 추론 방략에서 나오는 것이 아니라, 프로그램이 보유하고 있는 지식의 양에 좌우된다는 것이었다. 다시 말해서 프로그램이 보

1997년 딥블루와 체스 시합 중인 게리 카스파로프

다 지능적이기 위해서는 특정한 문제영역에 관한 특정의 지식을 가급적이면 많이 보유하고 있어야 된다는 것이다. 20년 가까운 시행착오 끝에 얻은 아주 값진 교훈이었다. 이러한 개념상의 방향 전환에 힘입어 인공지능은 다시금 태어나는 계기를 맞게 되었다. 그로부터 지식을 프로그램에 보다 효과적으로 표상(representation)하는 기법의 연구가 인공지능의 최대 과제가 되었다. 정보의 특정 실체(entity) 또는 유형(type)을 구체적으로 밝혀

주는 형식체계를 표상이라 정의한다.

지식의 표상에 대한 연구의 가장 괄목할 만한 성과로 표출된 것은 전문가 시스템(expert system)의 개발이다. 전문가 시스템은 특정 분야의 전문가가 소관 분야의 문제 해결에 사용하고 있는 경험적 법칙을 모아 놓은 지식 베이스(knowledge base)와 이것을 사용하여 실제로 문제를 해결하는 프로그램인 추론기관(inference engine)으로 구성된 소프트웨어이다.

대표적인 전문가 시스템은 체스전문 컴퓨터 프로그램인 딥블루(Deep Blue)이다. 1997년 딥블루와 게리 카스파로프(1963~)가 명승부를 펼쳤다. 러시아 출신인 카스파로프는 1985년 스물두 살에 최연소 세계 챔피언에 올라 1,500년 체스 역사상 최고로 평가받은 인물이다. 딥블루는 초당 2억 가지의 수를 읽는 능력을 보유했다. 전적은 6전 1승 3무 2패로 카스파로프의 패배. 사람과 기계의 머리싸움에서 처음으로 딥블루가 승리함에 따라 온 세계가 경악했다. 그 뒤로 여러 차례 체스 선수와 체스 프로그램의 대결이 펼쳐졌으나 단 한 번도 인간이 승리하지 못했다.

인공지능은 의사나 체스 선수 등 특정 분야 전문가들의 문제 해결 능력을 본뜬 컴퓨터 프로그램 개발에는 성공했으나 상식추론, 곧 보통 사람들이 일상생활에서 매일 겪는 문제를 처리하는 능력을 프로그램으로 구현하는 작업이 의외로 벅찬 일임을 절감하게 된다. 아무나 알 수 없는 것(전문지식)은 소프트웨어로 흉내 내기 쉬운 반면에 누구나 알고 있는 것(상식)은 그렇지 않다는 사실이 확인된 셈이다. 왜냐하면 전문지식은 단기간 훈련으로 습득이 가능하지만 상식은 살아가면서 경험을 통해 획득한 엄청난 규모의 지식과 정보를 차곡차곡 쌓아 놓은 것이기 때문이다.

연결주의와 계산주의

인공지능이 지각능력과 상식추론 능력에서 한계를 드러냄에 따라 그 대안으로 신경망 이론이 주목을 받게 되었다.

신경망 이론은 1943년 매컬럭과 피츠에 의하여 형식 모델이 제시된 이후 1980년대 초반까지 40년 가까이 컴퓨터 기술의 본류에서 밀려나 있었다. 1950년대까지는 인공지능과 신경망 사이에 뚜렷한 차별이 없었으나 1960년대부터 인공지능은 각광을 받은 반면에 신경망은 인간의 지능을 컴퓨터로 실현하는 연구에서 소외되었다. 인공지능과 신경망 이론의 첨예한 경쟁관계를 극적으로 보여 준 사건은 프랭크 로젠브러트(1928~1971)의 퍼셉트론(Perceptron)을 빌미 삼아 벌어진 논쟁이다. 퍼셉트론은 미국의 신경생물학자인 로젠브러트 교수가 1957년에 신경망을 최초로 실현한 시작품이다.

퍼셉트론의 영향력은 대단하여 수많은 학자와 기술진 들이 인공지능보다는 신경망의 연구에 몰려들게 만들었다. 연구 인력과 자금을 빼앗긴 인공지능 진영에서 가만히 있을 리가 만무했다. 인공지능의 대부로 불리는 민스키 교수는 세이머 페퍼트(1928~)와 함께 집필하여 1969년에 출간한 『퍼셉트론 Perceptron』이란 책에서 로젠브러트의 퍼셉트론을 수학적으로 분석하여 개념상의 한계를 낱낱이 지적하였다. 이를 계기로 신경망의 열기는 급격히 냉각되어 연구 인력이 모조리 등을 돌리고 연구 자금의 돈줄까지 끊기게 됨에 따라 신경망 이론의 연구는 1970년대 말까지 휴면상태로 들어갔다. 로젠브러트는 혼자 보트를 타다가 자살일지도 모르는 사고로 익사하였다.

그럼에도 불구하고 미국의 저명한 생물물리학자인 존 홉필드(1933~) 교수를 비롯한 극소수의 학자들은 끈질기게 연구를 계속하여 신경망의 명맥을 유지하였다. 그리고 마침내 1982년에 홉필드 교수가 발표한 논문이 계기가 되어 신경망 이론이 부활을 맞게 되었다. 신경망과 인공지능을 보다 확실히 구분하기 위하여 전자를 연결주의(connectionism), 후자를 계산주의(computationalism)라 부른다. 신경망은 수많은 뉴런이 연결되어 정보가 병렬적으로 처리된다는 측면에서 연결주의라고 부르는 반면에, 인공지능은 기호처리 방식에 의하여 정보가 직렬적으로 계산된다는 의미에서 계산주의라고 한다. 계산주의(인공지능)의 패러다임이 튜링 기계라면, 연결주의(신경망)의 패러다임은 인간의 뇌이다. 1960년대 이후 계산주의가 일방적으로 승리하였지만 감각 정보의 처리 측면에서는 연결주의가 단연 앞설 것으로 전망되고 있다.

참고문헌 ─────────

- *A Guide to Expert Systems*, Donald Waterman, Addison-Wesley, 1986
- *Brains, Machines, and Mathematics*(2nd edition), Michael Arbib, Springer-Verlag, 1987
- *Man-made Minds: The Promise of Artificial Intelligence*, M. Mitchell Waldrop, Walker Publishing, 1987
- *Intelligence: The Eye, the Brain, and the Computer*, Martin Fischler, Oscar Firschein, Addison-Wesley, 1987
- *Neural Networks*, Richard Miller, SEAI Technical Publication, 1987
- *The Artificial Intelligence Debate: False Starts, Real Foundations*, Stephen Graubard, MIT Press, 1988
- *The Age of Intelligent Machine*, Raymond Kurzweil, MIT Press, 1990
- 『사람과 컴퓨터』, 이인식, 까치, 1992
- 『인공지능의 철학』, 이초식, 고려대출판부, 1993
- *Artificial Minds*, Stan Franklin, MIT Press, 1995
- *HAL's Legacy: 2001's Computer as Dream and Reality*, David Stork, MIT Press, 1997
- *Robot: Mere Machine to Transcendent Mind*, Hans Moravec, Oxford University Press, 1999
- *Deep Blue: An Artificial Intelligence Milestone*, Monty Newborn, Springer-Verlag, 2003

1956년 9월 매사추세츠 공대

제2차 세계대전 이후 과학자들이 마음의 연구에 착수하였을 때에는 이미 인지과학의 탄생을 예고하는 이론적 토대가 마련되어 있었다. 튜링의 자동자 이론(1936)으로 대표되는 수리논리학에 뿌리를 두고 1940년대에 발표된 매컬럭과 피츠의 신경망 모델(1943), 폰 노이만의 프로그램 내장식 컴퓨터의 설계(1945), 위너의 사이버네틱스 이론(1948), 샤논의 정보 이론(1948), 헤브의 신경망 학습 규칙(1949)은 인지과학의 탄생에 기여한 핵심적인 아이디어이다. 또 컴퓨터의 출현(1946)에 따라 정보처리 개념으로 인간의 마음에 접근하려는 움직임이 태동하였다. 그러나 1940년대의 미국은 행동주의가 심리학과 언어학의 주도권을 장악하고 있었다. 따라서 젊은 학자들은 맨 먼저 마음의 연구를 거부하는 행동주의를 공격하고 나섰다. 1948년 래슐리의 결정적인 일격으로 행동주의는 쇠퇴의 기미를 나타냈다.

1950년대에 들어서는 1956년 여름에 매카시, 민스키, 뉴웰, 사이먼의 4인조에 의하여 인공지능이 새로운 학문으로 깃발을 치켜들었다. 인공지능의 등장은 마음의 연구를 하나의 과학으로 탄생시킬 준비가 완료되었음을 알리는 신호탄이었다. 그해 9월에 매사추세츠 공대에서는 역사적인 심포지엄이 개최되었다. 여기에서 두 개의 중요한 논문이 발표된다. 하나는 뉴웰과 사이먼이 그들이 공동으로 개발한 최초의 인공지능 프로그램인 논리학 이론가(LT)를 소개한 것이고, 다른 하나는 28세의 소장 학자인 촘스키가 자신이 한 해 전에 쓴 박사학위 논문을 소개한 것이었다. 미국의 하워드 가드너(1943~)는 인지과학의 역사를 정리한 저서, 『마음의 새로운 과학 *The Mind's New Science*』(1985)에서 이 심포지엄이 개최된 1956년 9월을 인지과학이 공식적으로 탄생한 시기라고 기록하고 있다. 촘스키는『통사구조론』(1957)으로 언어학의 혁명을 일으키면서 행동주의에 치명적인 일격을 가했다. 밀러가 하버드 대학에 인지연구소를 설립(1960)함에 따라 심리학의 주도권은 행동주의에서 인지주의로 넘어가고 미국 심리학에서 마음의 연구가 공식적으로 복권되었다. 래슐리의 도전에 이은 촘스키와 밀러의 공격으로 행동주의는 완전히 종지부를 찍게 된 것이다.

1960년대에는 1950년대에 뿌려진 인지과학의 씨앗이 급속도로 싹을 피웠다. 인지과학의 이론을 체계화하는 노력이 전개된 것이다. 인지과학의 고전으로 손꼽히는 대표적인 저서, 예컨대 미국의 심리학자 울릭 나이서(1928~)의『인지심리학』(1967), 사이먼의『인공의 과학 *The Sciences of the Artificial*』(1969), 사이먼과 뉴웰이 함께 펴낸『인간의 문제 해결 *Human Problem Solving*』(1972)이 속속 출간되었다.

1970년대부터는 인지과학의 연구가 본격화되었다. 미국의 사설기관인 슬로언 재단(Sloan Foundation)이 연구비로 내놓은 2천만 달러가 촉매역할을 하였다. 1977년 1월에 인지과학을 다루는 전문잡지가 미국에서 최초로 창간되었으며, 1979년에는 미국의 인지과학 학회가 창립되었다. 한마디로 1970년대는 인지주의가 확실한 위치를 확보한 시기였다. 예컨대 퍼트남의 기능주의, 포더의 단원성 개념, 촘스키의 변형생성문법, 뉴웰과 사이먼의 기호체계 가설로 대표되는 인지주의의 영향력은 막강하였다. 인공지능의 경우, 20년 가까운 시행착오 끝에 전문가 시스템에서 돌파구를 찾게 됨에 따라 컴퓨터 과학의 새로운 시대를 열기 시작하였다. 인지과학은 짧은 역사에도 불구하고 1970년대에 이미 탄탄한 기틀을 갖추게 된 것이다.

인지과학의 특징

인지과학이 마음의 연구를 수행하는 다양한 측면 중에서 가장 핵심이 되는 특징을 살펴보면 크게 네 가지로 요약된다. 첫째, 인지과학은 철학, 심리학, 언어학, 인류학, 신경과학 그리고 인공지능 등 6개 분야의 공동 연구를 전제하고 있다. 개별적인 노력으로는 마음의 연구가 불가능할 뿐만 아니라, 학문 간 연구로부터 더욱 많은 결실이 기대되기 때문이다. 둘째, 인지과학은 마음의 기능 중에서 인지의 연구에 주된 관심을 갖지만 정서의 역할이나 사회적 및 역사적 요인이 마음에 미치는 영향에 대해서는 의도적으로 비중을 두지 않으려는 경향이 농후하다. 이러한 요소들이 인지기능의 연구를 더욱 복잡하게 만들 소지가 있기 때문이다.

셋째, 인지과학은 컴퓨터를 반드시 연구의 중심으로 생각하지는 않지만 컴퓨터가 마음의 이해를 위해서는 필수적이라는 확고한 신념을 갖고 있다. 기호를 조작하는 컴퓨터가 마음을 기호체계로 생각하는 인지과학의 모델로 안성맞춤이기 때문이다.

끝으로 인지과학을 구성하는 6개 학문은 상이한 분야임에도 불구하고 하나의 매우 중요한 기본 전제를 공유하고 있다. 인간의 인지활동은 반드시 기호와 같은 정신적 표상에 의하여 기술되어야 한다는 전제이다.

인지과학은 정신현상이 마음의 표상인 기호에 의하여 설명될 수 있을 것으로 전제하기 때문에 마음이 기호체계를 구성할 수 있으며, 사고, 지각, 기억과 같은 다양한 인지과정에서 기호를 조작할 수 있다고 보는 것이다. 따라서 마음이 기호를 조작하는 과정, 즉 특정 정보를 처리하거나 다른 정보로 전환시키는 과정을 계산이라 한다. 계산은 인지과학에서 가장 중요한 개념이다. 정신과정을 계산으로 간주하고 마음의 작용을 설명해 주는 계산 이론을 밝혀내는 것이 인지과학의 지상 목표이다. 요컨대 인지과학은 마음을 기호체계로 보고 마음이 컴퓨터처럼 표상(기호)과 계산(기호 조작)에 의하여 설명될 수 있을 것으로 기대한다.

인지과학의 네 가지 특징 중에서 앞의 두 가지가 방법론적 특징이라면, 나중의 두 가지는 인지과학의 성립에 직결되는 전제조건이다.

물론 일부에서는 인지과학이 마음을 설명하는 계산 이론을 내놓지 못함에 따라 비판적인 견해를 끊임없이 표명하였다. 비판론자들은 인지과학이란 존재하지 않는 허구의 학문일 뿐만 아니라 고상하고 허황된 지적 유희라고 몰아붙였다. 심한 경우에는 새로운 학문이 항용 연구 기금을 타 내기 위한 계략으로 날조된다는 점을 지적하면서, 인지과학 역시 기부금을 주는 재단을 찾기 위해 여섯 개의 학문이 일시적으로 야합한 공동 연구에 불과한 것이라고 매도하였다. 인지과학이 탄생한 뒤 30여 년이 지난 시점에서 미국의 하인즈 페이겔스(1939~1988)는 그의 저서, 『이성의 꿈 The Dreams of Reason』(1988)에서 인지과학의 미래를 다음과 같이 비관적으로 내다보았다.

"우리는 '인지혁명'의 예언자들이 참된 예언자인지 또는 거짓된 예언자인지를 아직 알지 못한다. 우리는 그들이 확신하고 있는 마음을 기술한 지도가 진실로 존재하는지를 아직은 결정할 수 없다. 오로지 시간만이 말해 줄 것이다."

미국 프린스턴 대학의 필립 존슨-레어드(1936~) 역시 페이겔스와 같은 해에 펴낸 인지과학 개론서인 『컴퓨터와 마음 The Computer and the Mind』(1988)의 서문에서 페이겔스와 비슷한 우려를 피력하였다.

"인지를 연구하는 과학이 존재한다는 것은 부정할 수 없다. 그러나 인지과학이라는 단일하고 통일된 학문 분야가 있다는 것은 논쟁거리이다. 비판자들은 그러한 것은 존재하지 않는다; 그러한 것은 존재할 수 없다;

그러한 것은 존재해서는 안 된다고 주장한다. 그들은 새로운 과학들이 연구비를 얻을 책략으로 종종 고안된다고 말한다. 인지과학은 여섯 개의 학문 분야가 연구비 지원기관을 찾는 것에 지나지 않는다는 것이다."

참고 문헌 ────────────

- *The Dreams of Reason*, Heinz Pagels, Simon&Schuster, 1988 / 『이성의 꿈』, 구현모 · 이호연 역, 범양사출판부, 1991
- *The Computer and the Mind*, Philip Johnson-Laird, Harvard University Press, 1988
- *Cognitive Science: An Introduction*(2nd edition), Neil Stillings, MIT Press, 1995
- *Cognitive Science: An Introduction to the Study of Mind*, Jay Friedenberg, Gordon Silverman, Sage Publications, 2005

시각의 계산 이론

1 — 데이비드 마의 계산 이론

계산 이론의 전제

마음을 기호체계로 보는 인지과학의 기본 전제에 입각하여 가장 성공적으로 인지기능을 설명한 대표적인 인물은 미국의 데이비드 마(1945~1980)이다. 마는 심리학, 신경과학, 인공지능을 융합하여 시각 분야의 패러다임을 극적으로 전환시킨 계산 이론을 내놓았다. 그의 계산 이론은 모듈(단원) 개념을 인간의 시각체계에 적용한 획기적인 이론으로 평가되고 있다. 시각체계에는 시각 정보의 세부특징에 따라 이를 독립적으로 계산하는 여러 종류의 모듈이 있는 것으로 전제하였다. 35세라는 한창 나이에 백혈병으로 요절한 마의 계산 이론은 사후에 출간된 『시각 *Vision*』(1982)에 상세히 기술되어 있다.

마의 계산 이론은 시지각이 하나의 수학 문제, 즉 '서투르게 출제된 문제(ill-posed problem)' 라는 전제에서 출발한 것이다. 가능한 해답을 여러 가지 갖고 있지만 정확한 해답은 단 하나뿐인 문제를 수학자들은 '서투르게 출제된 문제' 라고 정의한다. 다시 말해서 시지각은 현실세계에 대해서 여러 가지의 해답을 내놓을 수 있지만 정확한 해답은 단 한 가지뿐이며, 그 정확한 해답은 오로지 현실세계에 관한 가정이 투입될 때만 발견될 수 있기 때문에 시지각을 '서투르게 출제된 문제' 로 규정한 것이다. 문제 해결에 요구되는 현실세계에 관한 가정은 두 가지 방식으로 획득된다. 하나는 4억 5천만 년 동안 물고기의 뇌가 인간의 뇌로 진화되는 과정에서 인간의 신경계에 축적된 현실세계에 대한 가정이다. 우리가 태어날 때부터 갖게 되는 지식이다. 다른 하나는 사람이 살아가는 동안에 경험과 학습을 통해서 획득하는 현실세계에 대한 지식이다. 요컨대 시지각 과정은 눈에 떨어지는 광선의 이미지 안에 들어 있는 정보뿐만이 아니라 현실세계의 본질에 관한 가정에 의존해서 해답을 찾는다는 것이다. 아무리 많은 정보가 눈에 들어오는 빛에 담겨 있다 하더라도 시각이 대상의 정체(identity)를 확인하기 위해서는 인간의 뇌가 현실세계에 대한 가정이 축적된 정신적 기제를 갖고 있어야 된다는 주장이다. 이러한 아이디어는 결코 새로운 것은 아니었지만 마의 시각 연구에 중요한 실마리가 됨으로써 새로운 의미를 갖게 되었다.

시지각을 하나의 '서투르게 출제된 문제' 로 취급함에 따라 두뇌와 똑같이 시지각을 처리할 수 있는 수학적 문제 해결 방법(algorithm)의 고안이 시각 연구의 절대 명제로 대두되었다.

마의 계산 이론은 한마디로 표현해서 시지각 정보처리의 알고리즘과 그 알고리즘의 원리를 발견하여 체계화시켜 놓은 시지각 이론이라 할 수 있다.

계산 이론은 두 개의 아이디어를 기둥으로 하고 있다. 하나는 시지각을 여러 개의 다른 수준(level)으로 이해해야 된다는 아이디어이고, 다른 하나는 시각체계가 이미지에서 3차원 물체를 인식해 내는 것은 단 한 번의 과정(process)으로 되지 않고 여러 개의 상이한 단계(stage)를 거친다는 아이디어이다.

세 개 수준의 시지각 이해

마는 시지각 이해의 수준에 관한 첫 번째 아이디어를 슈퍼마켓의 금전등록기에 비유하여 설명한다.

- 첫 번째 수준 – 금전등록기가 무엇을 왜 하는가를 이해해야 된다. 금전등록기는 연산, 특히 가산을 한다. 그러므로 금전등록기가 하는 일을 이해하기 위해서는 계산 이론을 알아야 된다. 금전등록기의 계산 이론은 판매된 품목의 가격을 합계해서 청구서를 발행하는 연산이다.
- 두 번째 수준 – 금전등록기의 연산과정이 실제로 어떻게 진행되는가를 알아야 한다. 따라서 연산과정의 입력과 출력은 어떻게 표상되며, 입력을 출력으로 사상(寫像: mapping)할 때 어떠한 알고리즘이 선택되는가를 이해해야 된다. 마는 정보의 특정 실체(entity) 또는 유형(type)을 구체적으로 밝혀 주는 형식체계를 표상이라 정의한다. 그리고 특정의 실체를 묘사하기 위하여 표상을 사용하였을 때 그 결과를 기술(description)이라 정의했다. 금전등록기의 경우 아라비아 숫자

는 수를 표상하는 형식체계이며, 이 숫자를 조작하는 알고리즘으로
는 일반적인 덧셈 법칙이 사용된다.
· 세 번째 수준 – 알고리즘을 물리적으로 실현시킨 하드웨어에 대한 이
해가 필요하다. 동일한 과정에 사용될 수 있는 알고리즘은 선택의 폭
이 다양할 뿐만 아니라, 동일한 알고리즘일지라도 그것을 하드웨어
로 실현시키는 기술의 종류가 다양하기 때문이다. 예컨대 금전등록
기의 하드웨어는 주로 반도체 소자로 구성되어 있다.

　마의 첫 번째 아이디어를 요약하면, 금전등록기와 같은 정보처리 장치
가 계산 이론, 표상과 알고리즘, 하드웨어의 실현 등 서로 상이한 세 개의
수준에서 이해되지 않으면 안 되는 것과 마찬가지로 시지각 정보를 처리
하는 인간의 두뇌를 세 개의 수준에서 이해해야 된다는 것이다. 마는 이
중에서 계산 이론이 무엇보다 중요함을 역설한다. 이러한 논거에서 마는
오직 뉴런만을 연구해 온 신경생리학은 세 번째 수준(하드웨어 실현)에 관련
될 따름이며, 정신물리학 역시 두 번째 수준(표상과 알고리즘)에 국한되고 있
으므로 새로운 설명 수준, 즉 계산 이론의 부재 때문에 시지각의 설명에
실패하고 있다는 주장을 한다. 이 대목에서 "뉴런의 연구로는 시지각을 이
해할 수 없다. 그것은 깃털만을 연구하여 새의 비행을 이해하려는 것과 마
찬가지이다."라는 그의 비유를 음미해 볼 필요가 있다. 뇌의 정보처리를
여러 개의 수준으로 설명하는 것은 물론 인공지능에서는 일반적으로 채택
되고 있는 핵심 개념이다. 그러나 이 개념을 시지각 연구에 처음으로 도입
함으로써 두뇌의 모든 뉴런을 이해하지 않고서도 시지각의 원리와 메커니
즘을 이해할 수 있는 길을 터놓았기 때문에 마의 업적이 높이 평가되고 있
는 것이다.

3단계의 시각 정보 처리

시지각 정보가 여러 단계를 거쳐 처리된다는 마의 두 번째 아이디어는 그의 시각에 대한 정의에서 비롯된다. 그는 시각을 외부 세계의 이미지로부터 관찰자에게 유용하고 또한 부적절한 정보에 의하여 오염되지 않는 하나의 기술(記述)을 얻기 위한 과정으로 정의한다. 즉 시각은 이미지로부터 현실세계에서 무엇이 어디에 있는가를 발견하는 것으로 정의했다. 그리고 시각은 무엇보다도 우선적으로 정보를 처리하는 일이므로 최소한 3단계가 필요하고, 각 단계는 고유의 메커니즘과 표상을 갖고 있다고 주장했다. 이러한 표상으로는 [그림 5]와 같이 초벌 스케치(primal sketch), $2\frac{1}{2}$차원 스케치($2\frac{1}{2}$-D sketch), 3차원 모형 표상(3-D model representation)의 세 가지를 제안했다.

[그림 5] 데이비드 마 계산 이론의 표상

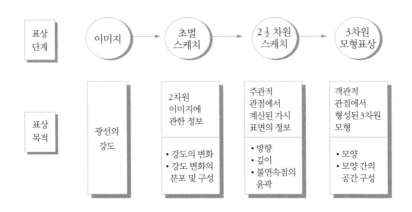

데이비드 마의 요약

마가 그의 저서 『시각』 마지막 부분에서 계산 이론을 스스로 요약해 놓은 부분을 발췌하여 소개함으로써 상세한 설명을 대신하기로 한다.

첫째, 시지각이 무엇이며, 어떻게 이루어지는가를 단지 한 개의 수준에서 이해하는 것은 충분하지 못하다. 단일 세포의 반응을 설명할 수 있거나, 정신물리학의 실험 결과를 부분적으로 예측할 수 있다고 해서 시지각이 충분히 이해될 수는 없기 때문에 아직까지 시도되지 않았던 새로운 수준의 설명이 추가되어야 한다. 이 새로운 수준의 설명이 계산 이론이다. 계산 이론의 존재와 중요성을 인식하고 나면, 3개 수준의 설명(계산 이론, 알고리즘, 하드웨어 실현)을 체계적으로 표현할 수 있다.

둘째, 시지각을 정보처리 관점에서 접근함에 따라 시지각 과정 전체의 틀구조를 형식화할 수 있다. 이 틀구조는 표상의 본바탕(시지각 동안에 명백히 나타나는 현실세계의 특수한 성격)과 처리과정의 성질(현실세계의 특성을 찾아내고 표상을 형성하여 해독하는 것)이 시각의 중요한 문제라는 아이디어에 근거를 두고 있다. 따라서 시지각 정보처리의 틀구조는 3개의 주요한 표상(초벌 스케치, 2½차원 스케치, 3차원 모형 표상)으로 체계화된다.

- 초벌 스케치 – 이미지 안의 강도 변화의 분포 및 구성으로부터 이미지의 국부적인 기하학적 특성에 대한 기초 요소의 표상에 이르기까지 2차원 이미지에 관한 정보를 표상한다.
- 2½차원 스케치 – [그림 6]처럼 관찰자 중심의 주관적 관점에서 가시 표면의 방향과 깊이를 표상하고, 방향과 깊이에 발생되는 불연속점의 윤곽을 나타낸다.
- 3차원 모형 표상 – 대상 중심의 객관적 관점에서, 대상이 점유하는 공

[그림 6] $2\frac{1}{2}$차원 스케치의 실례

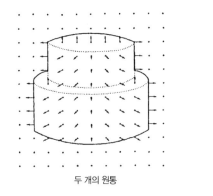

두 개의 원통

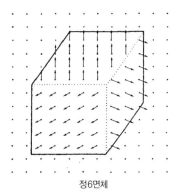

정6면체

출처: David Marr, *Vision*, 1982

간의 구성을 분명하게 드러내 주는 다양한 크기의 부피추정 기초 표상요소를 단원적이고 계층구조적인 체제 안에 배열시킨 표상이다.

참고 문헌 ─────────────

- *Vision*, David Marr, Freeman, 1982
- *Man-made Minds: The Promise of Artificial Intelligence*, M. Mitchell Waldrop, Walker Publishing, 1987
- *The Computer and the Mind*, Philip Johnson-Laird, Harvard University Press, 1988
- "시지각 정보처리 계산모형", 정찬섭, 『인지과학』, 민음사, 1989
- 『사람과 컴퓨터』, 이인식, 까치, 1992

마의 계산 이론은 시지각 이론의 발상을 전환시킨 획기적인 이론으로 평가되고 있다. 그의 연구에 대해 모든 사람이 겉으로는 한결같이 찬사를 보내고 그의 비극적인 짧은 생애에 그가 이룩한 연구 실적에 대해 외경심을 갖는다. 그럼에도 불구하고 그의 3단계 처리 개념은 각 단계별로 비판을 받고 있다. 그의 이론 중에서 가장 많은 논란을 일으키고 있는 대목은 $2\frac{1}{2}$ 차원 스케치에서 제안된 자료 주도적 처리과정, 즉 상향식(bottom-up) 접근개념이다. 상향식 접근개념은 영국의 리처드 그레고리(1923~)를 중심으로 하는 심리학자들로부터 비판의 대상이 되었다. 심리학자들은 목표 지향적인 하향식(top-down) 과정이 초기 시각에서 일찍이 일어난다는 주장을 폄으로써 두뇌가 대상의 추론을 할 때에 비로소 하향식 과정이 시작된다는 수학자들과 논쟁을 벌였다.

그레고리가 하향식 과정의 주장을 뒷받침하기 위해서 제시한 증거를 두 가지 소개하기로 한다.

〔그림 7〕은 폰조(Ponzo) 착시이다. 철도 사진의 경우, 평행선인 두 개의 하얀 막대기는 모양과 크기가 똑같지만 하나가 더 커 보인다. 심리학자들은 인간의 두뇌가 멀리 물러가는 철도의 전체 장면을 먼저 지각하기 때문에 위쪽 막대기가 아래쪽 막대기보다 틀림없이 멀리 놓여 있다고 생각해서 아래쪽 막대기보다 반드시 더 클 것으로 판단을 내리는 것이라고 설명한다. 요컨대 하향식 과정이 먼저 일어난다는 주장이다. 그러나 수학자들은 〔그림 7〕의 아래 그림에 의해서 곧바로 심리학자들의 논리를 반박한다. 단지 네 개의 선으로 철도 사진과 똑같은 착시 현상이 일어나기 때문이다.

[그림 7] 상향식 또는 하향식 지각

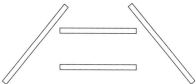

평행선 중에서 위의 것이 보다 길어 보이는 이유는 멀리 수렴되는 두 개의 선이 평행선과 무관하게 깊이 지각을 제공해 주기 때문이므로 반드시 하향식 과정이 먼저 일어난다고 볼 수는 없다는 반박이다.

그레고리가 하향식 과정의 타당성을 주장하기 위하여 내놓은 다른 증거는 루이스 캐니자의 작품인 [그림 8]의 그림이다. 한 쌍의 그림을 볼 때 위의 그림에서는 분리된 모양이 금방 지각된다. 그러나 아래 그림에서 대부분의 사람들은 하얀 띠로 가려진 정6면체를 보게 된다. 그레고리는 사람들이 그 대상이 어떤 종류의 물체인가를 알아보기 전에 하얀 띠의 존재를

[그림 8] 캐니자의 그림

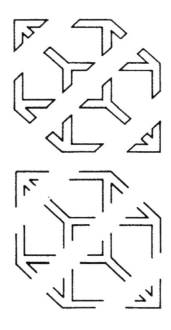

미리 상상하기 때문이며, 이것은 하향식 과정이 먼저 일어나고 있음을 보여 주는 것이라고 주장한다. 그러나 수학자들은 이와는 정반대의 해석을 내린다. 인간의 뇌가 먼저 단절된 선을 지각하고, 단절된 선은 연속되어야 한다는 추론을 하기 때문에 하얀 띠를 지각한다는 설명이다.

마의 계산 이론은 상향식 접근개념에 대한 견해차로 2½차원 스케치가 비판되고 있을 뿐만 아니라 마지막 단계인 3차원 모형 표상은 가장 취약한 부분으로 지적되었다. 시각체계가 기억 속에 저장된 지식과 경험을 시각 정보와 결합시킴으로써 대상 인식이 가능하다는 마의 후기 시지각 이론은 전폭적인 지지를 얻지 못하였다. 그러나 그의 초기 시지각에 대한 이론 전개, 특히 이미지로부터 중요한 특성이 추출되어 2차원으로 표상된다는 초벌 스케치의 개념은 최대의 강점을 가진 것으로 평가되었으며 광범위한 지지를 받았다. 심지어 그의 계산 이론에 동의하지 않는 사람들까지도 비교대상으로 마의 초기 시각 이론을 반드시 거론해야 된다는 강박감을 갖게 될 정도이다.

마의 계산 이론은 기술적으로 완벽한 것은 결코 아니다. 오히려 이론적으로 보완되어야 할 많은 연구과제를 제기했다는 표현이 정확할 것이다. 마는 우리나라로 치면 해방둥이(1945년생)에 해당된다. 비록 35년의 짧은 생애를 살다 간 데이비드 마이지만, 어쨌든 그가 시지각 연구 분야에서 당대에 가장 영향력이 있는 인물이었다는 엄연한 사실을 부정하는 사람은 아무도 없다.

참 고 문 헌 ────────────

- "Seeing is deceiving", The Economist(1984. 12. 22.)
- "시지각 정보처리 계산모형", 정찬섭, 『인지과학』, 민음사, 1989

인공지능 논쟁

1—튜링의 모방 게임

인공지능의 궁극적인 목표는 사람처럼 생각하는 기계를 개발하는 것이다. 그렇다면 사람의 지능지수(IQ)처럼 기계의 지능을 평가할 수 있는 방법이 있지 않으면 안 된다. 그 방법을 처음으로 제시한 사람은 앨런 튜링이다. 튜링은 1950년에 매우 유명한 논문인 「계산하는 기계와 지능Computing Machinery and Intelligence」을 발표하였다. 논문의 첫 문장을 "기계는 생각할 수 있는가."라는 질문으로 시작하면서 그 대답으로 모방 게임(imitation game)이라는 흥미로운 아이디어를 제안하였다.

모방 게임은 남자, 여자 그리고 질문자의 세 사람에 의하여 진행된다. 질문자는 남자이건 여자이건 문제가 되지 않는다. 질문자는 다른 두 사람

앨런 튜링

과 떨어진 방 안에 머문다. 질문자는 두 사람을 〔X〕와 〔Y〕로 알고 있을 뿐이다. 모방 게임은 질문자가 던지는 다양한 질문에 대해서 두 사람이 답변을 하는 방식으로 진행된다. 그러나 두 사람은 반드시 질문자에게 판단착오를 일으킬 수 있는 답변을 시도하여야 한다. 가령 질문자가 〔X〕로 알고 있는 사람이 남자일 경우에는 질문자가 "당신의 머리카락 길이는 얼마입니까."

라고 질문을 던지면 〔X〕는 질문자가 자신을 여자인 것으로 잘못 알도록 하기 위해서 "내 머리카락의 가장 긴 가닥은 20센티미터입니다."라는 식의 대답을 하지 않으면 안 된다. 요컨대 모방 게임의 목적은 질문자가 두 사람 중에서 누가 남자이고 누가 여자인가를 가려내는 것이다. 목소리 때문에 질문자가 손쉽게 남녀를 구별할 염려가 있으므로 질문자와 두 사람 사이에 텔레타이프를 설치하여 질의와 응답을 진행하는 것이 바람직하다. 질의와 응답을 반복하여 모방 게임이 종료되면 질문자는 'X=남자, Y=여자' 또는 'X=여자, Y=남자'라는 해답을 내놓는다.

튜링은 이러한 모방 게임에서 여자(또는 남자) 대신에 기계를 방 안에 갖다 놓는 경우를 제안하였다. 질문자는 남자(또는 여자)와 기계 중에서 어느 쪽이 남자(또는 여자)이고 어느 쪽이 기계인가를 알아내야 한다. 남자는 질문자에게 자신이 사람이고 다른 쪽이 기계라는 사실을 납득시키기 위하여 충실한 답변을 한다. 그러나 기계는 거꾸로 질문자가 자신을 사람으로 생각하고 남자를 기계로 착각하도록 답변을 한다. 튜링은 남자와 기계 사이에서 모방 게임을 할 때 남자와 여자 사이에 진행된 모방 게임에서 질문자가 남녀를 잘못 구분하는 것과 같은 정도로 판단을 잘못한다면, 그 기계는 사람처럼 지능을 갖고 있는 것으로 보아야 한다는 주장을 하였다. 다시 말해서, 기계가 사람이 사고할 때 행동하는 방법과 구별이 불가능하게 행동한다면 그 기계가 사람처럼 생각하는 것으로 볼 수 있다는 아이디어이다.

모방 게임은 기계가 생각한다고 말할 수 있는지 여부를 평가하는 일종의 시험이기 때문에 훗날 튜링 테스트(Turing test)라고 명명되었다. 튜링은 그의 논문 첫머리에서 스스로 던진 "기계는 생각할 수 있는가."라는 질문에 대하여 "튜링 테스트에 합격된 기계는 생각할 수 있다."라고 답변을 내놓은 셈이다. 튜링 테스트는 인공지능 학자들의 전폭적인 동의와 지지를 받았으며 튜링 테스트에 합격하는 것과 같은 방식으로 인간의 지능을 시뮬레이션할 수 있는 프로그램을 개발하는 것이 인공지능의 목표가 되었다. 따라서 튜링 테스트는 인공지능을 비판하는 사람들이 걸핏하면 물고 늘어지는 공격의 과녁이 되었다.

참고문헌 ————————

• "Computing Machinery and Intelligence", Alan Turing, Mind, Vol. LIX. No. 236(1950. 10.)

• Gödel, Escher, Bach: An Eternal Golden Braid, Douglas Hofstadter, Basic Books, 1979 / 『괴델, 에셔, 바흐』, 박여성 역, 까치, 1999

• The Mind's I, Douglas Hofstadter, Daniel Dennett, Basic Books, 1981 / 『이런, 이게 바로 나야!』, 김동광 역, 사이언스북스, 2001

2—컴퓨터가 할 수 없는 것

첫 번째 도전

모든 학문은 초창기일수록 이견을 가진 사람들의 도전이 있게 마련이다. 인공지능 역시 예외는 아니었다. 철학자들과 일부 인공지능 학자들을 중심으로 인공지능의 암흑기라 할 수 있는 1960년대 후반부터 인공지능을 비방하거나 부정하는 견해를 밝히기 시작했다. 인간의 지능을 시뮬레이션하려는 인공지능의 목표는 애당초 비현실적이라는 주장이었다. 이러한 주장의 선봉에 선 대표적인 인물은 철학자인 미국 캘리포니아 대학의 휴버트 드레이퍼스(1929~) 교수이다. 그는 1972년에 발간된 저서, 『컴퓨터가 할 수 없는 것 *What Computers Can't Do*』에서 맨 처음으로 인공지능에 도전하였다. 그는 인간과 기계의 기본적인 차이점을 강조하면서 생물학, 심리학, 인식론 및 존재론(ontology)의 네 가지 측면에서 인공지능 연구진들이 잘못된 기본 전제에 희망을 걸고 있다고 지적하였다.

첫째, 생물학적 측면에서 인공지능은 기능적으로 뇌가 컴퓨터와 비슷하게 동작하는 것으로 전제하였지만, 컴퓨터에서 사용되는 디지털 방식과는 달리 뇌에서는 정보가 아날로그 형태로 처리되기 때문에 인공지능은 초창기부터 인간의 뇌를 정확하게 복제하는 시도를 포기하고 그 대신에 마음이 작용하는 방법의 연구에 매달릴 도리밖에 없었다.

둘째, 심리학적 측면에서 인공지능은 인간의 마음이 기호를 구성할 수 있으며, 기호를 조작하는 능력을 갖고 있는 것으로 가정하여 마음이 컴퓨터처럼 작용하는 것으로 보고 있지만, 인간이 말소리를 듣고 이해하거나 시각적 이미지를 보고 해석하는 능력을 프로그램으로 만들어서 컴퓨터 안에 집어넣는 일이 불가능하기 때문에 진정한 의미에서 인간의 지능을 컴퓨터로 실현시키는 시도는 결코 성공할 수 없다.

드레이퍼스는 인공지능의 한계로 누구나 지적하기 쉬운 두 가지의 일반적인 문제를 비판한 다음에 스스로 인공지능의 인식론적 전제라고 이름을 붙인 세 번째의 측면을 문제 삼았다. 드레이퍼스는 인공지능 학자들이 인간의 모든 행동은 규칙에 의하여 기술될 수 있기 때문에 인간의 행동을 완벽하게 시뮬레이션하는 컴퓨터를 만들 수 있다고 주장하는 것을 인식론적 전제라고 규정하였다. 드레이퍼스는 자전거 타는 사람을 예로 들어 인식론적 전제의 오류를 꼬집었다.

자전거 타는 사람이 균형을 유지하는 능력은 물리학의 규칙에 의하여 설명될 수 있기 때문에 그의 행동은 이러한 규칙에 의하여 기술될 수 있다. 그러나 그 사람은 자신의 행동이 이러한 규칙을 따르고 있다는 것을 잘 모르지만 얼마든지 자전거를 탈 수 있다. 말하자면 인간이 자신의 행동에 관한 규칙을 모르는 상태에서 행동을 얼마든지 수행할 수 있기 때문에 인공지능 학자들이 규칙에 의하여 인간의 행동을 기술할 수 있다면 인간의 모든 행동을 컴퓨터로 시뮬레이션할 수 있다고 생각하는 것은 잘못이라는 뜻이다. 더욱이 인간의 행동 중에는 일상생활에서 문법에 어긋나는 언어를 구사하더라도 의사소통에 지장이 없는 것처럼 일정한 규칙에 의하여 표현되지 않는 경우가 허다하다. 드레이퍼스는 이러한 이유 때문에 인간 수준의 지능적인 행동을 기계로부터 기대하는 것은 애당초 불가능한 목표라고 주장하였다.

지식과 맥락

드레이퍼스가 마지막으로 비판한 존재론적 전제는 세상에 관한 지식의 문제와 관련된다. 인공지능에서는 세상에 관한 지식이 상황과 완전히 무관하며, 컴퓨터의 프로그램에 필요한 요소로서 독립적으로 분류될 수 있는 것으로 가정하고 있지만 드레이퍼스는 강력한 반론을 제기하였다. 프로그램의 문제 해결 능력은 프로그램의 구성방법에 좌우되지 않고 프로그램이 갖고 있는 지식에서 나오기 때문에 세상에 관한 사실(fact)을 많이 보유할수록 그만큼 프로그램은 지능적으로 된다. 따라서 프로그램이 보유하는 사실의 수효는 인공지능에서 가장 중요한 문제의 하나이다. 마빈 민스키에 의하면, 컴퓨터가 현실세계에서 기능을 제대로 발휘하기 위해서 필요한 사실은 약 10만 개이다.

드레이퍼스는 민스키의 말대로 인간 활동의 다종다양한 분야의 모든 지식이 설령 10만 개 정도의 사실에 의하여 표상될 수 있다손 치더라도 컴퓨터가 적절한 시간 이내에 검색해 낼 수 있도록 사실을 분류하여 프로그램에 저장시키는 일은 불가능하다는 생각을 갖고 있다. 더욱이 인간이 특정 분야의 사실을 이해하기 위해서는 대개 다른 분야의 지식을 참고할 필요가 있다. 그리고 제아무리 많은 사실을 결합시키더라도 구성해 낼 수 없는 상황이 많다. 또한 사실 그 자체에서 비롯되는 애매모호함을 이해하기가 쉽지 않은 경우가 허다하다. 예를 들면 "그는 철수를 좋아한다."라는 문장에서 맥락을 모를 경우에는 김철수인지, 이철수인지를 알 수 없다. 요컨대 인간이 특정의 사실을 제대로 이해하기 위해서는 다른 범주의 지식을 관련시키는 경우가 비일비재하다. 결론적으로 인간은 엄청난 규모의 정보를 기억하고 있으며 상이한 수많은 상황에 따라 기억된 정보를 끊임없이 분류하고 검색하여 대처할 수 있는 능력을 갖고 있다. 이러한 인간의 능력은 컴퓨터가 도저히 따라잡을 수 없다. 드레이퍼스는 이러한 논리에서 인간의 지식을 프로그램에 집어넣는 것은 불가능한 일이라고 주장하고, 이를 존재론적 전제의 오류라고 지적하였다.

드레이퍼스는 인간이 생물학, 심리학, 인식론 및 존재론적 측면에서 기본적으로 기계와 다른 점을 열거하면서 인공지능의 본질적인 한계를 지적하였으나 그가 제기한 문제는 인공지능 학자들로부터 완전히 무시되었다. 드레이퍼스가 비판한 문제에 대하여 정당하게 토론을 벌이기는커녕 그의 지적 능력을 의심하고 인격을 모독하는 인신공격으로 일관하였다. 드레이퍼스의 주장에 무리가 없는 것은 아니었다. 그가 인공지능의 목표를 인간과 똑같이 현실세계에서 동작하는 기계를 만드는 것으로 못 박은 것은 지나친 감이 없지 않았다. 인공지능이 발족되어 겨우 십수 년이 지난 1970년대 초에 사실상 성취되기 어려운 목표를 빌미 삼아 비판하고 나선 것은 온당한 방법이 아니었을는지 모른다. 그러나 드레이퍼스의 비판이 인공지능 학자들에게 전혀 쓸모가 없는 것은 아니었다. 인공지능이 지향하는 목표를 가로막고 있는 장애요인들을 다시 살펴볼 기회를 제공했기 때문이다.

참고 문헌 ────────

- *What Computers Can't Do: A Critique of Artificial Reason*, Hubert Dreyfus, Harper&Row, 1972
- "Making a Mind versus Modeling the Brain", Hubert Dreyfus, *The Artificial Intelligence Debate*, MIT Press, 1988
- *What Computers Still Can't Do: A Critique of Artificial Reason*, Hubert Dreyfus, MIT Press, 1992

3 — 괴델, 에셔, 바흐

패러독스와 수학기초론

신약성서에 이런 대목이 나온다.

"그들 중의 한 사람이 '우리 그레데 사람들은 언제나 거짓말쟁이이고 몹쓸 짐승이고 먹는 것밖에 모르는 게으름뱅이이다.' 라고 말하지 않았습니까? 이 말을 한 사람은 바로 그들의 예언자라는 사람입니다."(디도에게 보낸 편지 1:12)

크레타 섬의 예언자는 기원전 6세기경의 에피메니데스를 가리키므로 "모든 크레타 사람은 거짓말쟁이이다."라는 명제는 에피메니데스 패러독스라 불린다.

언어를 빌려서 표현된 판단을 명제라 한다. 그러므로 명제는 참과 거짓을 가려낼 수 있다. 그러나 패러독스는 그 자체에 모순이 없지만 참도 되고 거짓도 된다. 가령 에피메니데스가 한 말이 진실이라면 모든 크레타 사람은 거짓말쟁이이다. 그러나 에피메니데스 역시 크레타 사람이므로 그의 말은 거짓이 되고 만다. 한편 그가 한 말이 거짓이라면 모든 크레타 사람은 거짓말쟁이가 아니다. 그렇다면 에피메니데스 역시 크레타 사람이므로 그의 말은 참말이 된다.

패러독스는 19세기 말의 수학자들을 괴롭혔다. 집합론에서 패러독스가 발견되었기 때문에 무엇이 수학적으로 참이고 거짓인지를 따지는 수학적 추론의 진리성을 결정하는 문제가 대두된 것이다. 수학의 모든 이론들이 견고한 기초 위에 수립되어 있는지를 연구하는 수학기초론이 등장한 이유이다. 대표적인 이론가는 독일의 다비드 힐베르트(1862~1943)이다.

힐베르트는 수학을 공리에 바탕을 둔 추론체계로 본다. 기호의 의미가 주어지면 그 의미에 의해 진리성이 이미 자명한 것으로 가정되는 명제를 표현해 주는 것을 공리라 한다. 예컨대 '1 =1' 처럼 증명할 필요 없이 참이라고 생각되는 것이 공리이다. 이러한 공리의 집합을 형식적 수학체계라 한다.

힐베르트는 수학의 모든 이론을 공리화하여 각 공리계에 무모순성(consistency)을 증명함으로써 수학적 추론에 확실한 기초를 마련할 계획이었다. 형식적 수학체계의 무모순성은 그 체계에서 만들어지는 모든 정리가 참된 진술이 되는 것을 의미한다. 만일 정리 중에 논리적으로 거짓인 진술이 적어도 한 개 섞여 있을 때에는 그 형식체계에 모순이 발생하게 된다. 다시 말해서 공리의 형식체계는 논리적으로 참이 되고 동시에 거짓이 되는 명제가 나타나지 않을 경우에 비로소 무모순성이 증명되는 것이다. 또한 형식체계 안에서 논리적으로 참인 모든 진술이 정리임을 증명할 수 있지 않으면 안 된다는 의미에서, 공리의 형식체계는 완전성(completeness)을 가져야 한다. 이와 같은 견지에서 힐베르트는 확고한 기초 위에 서 있는 영역인 수론(산술)의 공리계가 결코 모순되거나 불완전하지 않다는 것을 증명하게 되기를 희망했다.

괴델의 불완전성 정리

힐베르트의 형식주의에 의하여 수학이 두 개의 질병, 그러니까 패러독스와 모순의 감염으로부터 영원히 예방접종된 것처럼 보였다. 그러나 1931년 25살의 오스트리아 수학자 쿠르트 괴델(1906~1978)은 힐베르트의 희망을 철저하게 좌절시킨 이론을 발표한다. 다름 아닌 불완전성 정리(Incompleteness Theorem)이다.

쿠르트 괴델

불완전성 정리는 "수론을 무모순의 공리계로 형식화할 때에는 결정불능 명제가 포함된다."라고 요약된다. 산술을 모순이 없는 공리로 형식화하여 그 공리계로부터 논리적 추론에 의해 정리를 증명할 때에는, 그 공리계 안에서 허용된 방법으로 증명을 끌어낼 수 없는 논리적으로 참인 명제(결정불능 명제)가 반드시 존재한다는 뜻으로 풀이된다. 요컨대 산술의 어떤 정리는 무모순의 형식체계 안에서 참인지 거짓인지를 결정할 수 없다는 것이다. 그러므로 참이 되는 모든 명제를 증명할 수 없다는 의미에서 산술의 형식체계는 본질적으로 불완전하다. 이와 같이 괴델은 비교적 간단한 수학체계인 산술의 형식체계조차 불완전함을 입증함으로써 공리계에 바탕을 둔 모든 수학체계는 본질적으로 불완전함을 보여 주었다.

불완전성 정리의 논증은 아주 복잡하지만 중심이 되는 아이디어는 매우 단순하다. 괴델은 간단한 산술의 특징을 이용하여 "나는 증명될 수 없다."와 같이 자기 자신을 증명할 수 없는 논리식을 구성하는 데 성공한다. 이 논리식은 에피메니데스 패러독스와 유사한 맥락에서 이해될 수 있다. 가령 이 논리식이 거짓이라면 증명이 가능하지만 산술의 형식체계는 거짓 명제를 포함하게 된다. 그러나 이 논리식이 참일 경우 증명이 불가능하다. 요컨대 산술의 형식체계 내부에는 참이지만 증명이 불가능한 명제(결정불능 명제)가 존재하게 되는 것이다.

괴델이 결정불능 명제의 보기로 사용한 논리식이 함축하는 의미는 매우 심원하다. 자기가 자신을 증명하는 동안에는 주체와 객체가 뒤섞여 자기가 자신의 안과 밖에 모두 있는 것처럼 보이기 때문이다. 이러한 자기언급 명제는 수학처럼 논리적 사고의 기본이 되는 영역에서조차 패러독스를 낳을 수 있다는 것을 증명한 셈이다. 한마디로 불완전성 정리는 수학적 추론의 한계, 즉 인간 이성의 한계를 보여 주었다. 그러나 불완전성 정리는 이성의 한계를 이성 스스로의 힘에 의해 밝혀냈다는 측면에서 20세기 서구 지성계에 패배와 좌절보다는 오히려 긍지와 영광을 안겨 준 업적으로 평가된다.

추론의 무한역행

불완전성 정리는 마음을 연구하는 인지과학 측면에서 중요한 의미를 지닌다. 인간의 의식이 자기언급의 요소를 갖고 있기 때문이다. 특히 인간의 의식을 기계로 실현하는 문제를 놓고 인지과학에서 불완전성 정리에 접근하는 방법은 크게 세 가지로 갈라진다.

불완전성 정리를 액면 그대로 받아들여 사람과 기계의 지능에 모두 기본적인 한계가 있다고 보는 견해, 기계의 지능은 괴델의 정리에 제시된 한계를 벗어날 수 없지만 사람의 마음은 불완전성 정리의 한계로부터 면제된다고 해석하는 시각, 괴델의 정리는 기계이건 사람이건 지능적인 행동에 관한 주제와 아무런 관련이 없다고 보는 견해 등 세 가지이다.

기계가 의식을 가질 수 없다고 생각하는 사람들이 즐겨 내세우는 이유는 인간의 추론이 무한역행(infinite regress)을 필요로 하기 때문이라는 것이다. 똑같은 논리를 몇 번이고 되풀이 사용하여 끝없이 결과로부터 원인

[그림 9] 무한역행의 보기

으로 소급하는 논증을 무한역행이라 한다. 무한역행은 [그림 9]처럼 우리들 주변에서 손쉽게 볼 수 있는 패러독스이다. "닭이 먼저이냐, 계란이 먼저이냐."라는 문제는 닭과 계란이 생긴 순서가 끝없이 반복되면서 시간을 거슬러 올라가는 무한역행이다. 순환적인 무한역행을 가장 실감나게 보여 주는 사례는 네덜란드 화가인 M. C. 에셔(1898~1972)의 작품인 〈그림 그리는 손Drawing Hands〉(1948)이다.

　인간의 모든 추론과정은 아무리 간단한 것일지라도 그 과정의 정당함을 나타내기 위해서는 반드시 그보다 더 높은 수준의 과정에 있는 더욱 정교한 추론규칙을 사용하지 않으면 안 된다. 인간의 추론은 사다리 계단을 올

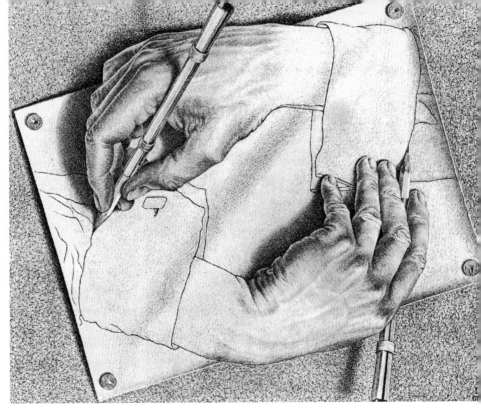

〈그림 그리는 손〉(1948)

라가는 것처럼 이러한 과성이 끝없이 세속되기 때문에 무한역행이 일어나는 것이다. 그러나 컴퓨터는 프로그램에 명시된 규칙에 따라 동작하므로 무한역행의 추론이 불가능하다. 따라서 기계는 인간처럼 의식을 가질 수 없다는 주장은 설득력을 갖게 된다.

카논, 폭포 그리고⋯

괴델이 죽은 이듬해 미국의 더글라스 호프스태터(1945~) 교수는 『괴델, 에셔, 바흐 *Gödel, Escher, Bach*』(1979)에서 800쪽 가까이 소요된 흥미롭고 재기 넘치는 논리 전개를 통하여 의식의 무한역행을 정면으로 부인하는 독창적인 아이디어를 내놓는다. 그는 의식의 자기언급이 사다리꼴의 무한역행을 일으키는 것이 아니라, 자기언급을 할 때에는 마음의 계층구조에서 서로 다른 수준이 둥근 고리 모양을 만들기 때문에 패러독스에 빠져들게 되는 것이라고 설명하였다. 호프스태터는 이러한 현상을 가리켜 이상한 고리(strange loop), 이상한 고리 현상이 발생하는 체계를 뒤엉킨 계층구조(tangled hierarchy)라고 명명한다. 그리고 수학자(괴델), 화가(에셔), 작곡가(바흐)의 위대한 업적을 한데 묶어서 특유의 논리로 이상한 고리 개념을 풀이했다.

근대 음악의 아버지라 불리는 요한 세바스티안 바흐(1685~1750)는 1747년 프로이센 제국의 프레데릭 대왕에게 〈음악적 봉헌〉이라는 작품을 헌정한다. 이 안에는 일반적인 카논과는 전혀 다른 성격의 카논이 하나 포함되어 있다. 이 카논은 키(음조)가 C마이너에서 출발하여 계층구조를 따라 더 높은 키로 올라갔으나 진실로 신기하게도 다시 처음의 키인 C마이너로 돌아오게끔 작곡되어 있다.

호프스태터는 이상한 고리 개념을 보여 주는 첫 번째 사례로 이 카논을 손꼽는다. 이 카논처럼 우리가 계층구조를 가진 체계에서 어떤 수준을 따라서 위쪽(또는 아래쪽)을 향하여 이동하다가 느닷없이 본래 출발했던 곳에 다시 돌아와 있는 우리 자신을 발견할 때마다 이상한 고리 현상이 발생한다는 것이다. 말하자면 우리가 이동한 행적은 '고리' 모양이고 출발했던 곳에 되돌아온 것은 '이상한' 현상이므로 이상한 고리라고 명명했으며 이상한 고리 현상이 발생하는 체계에서는 상이한 계층 사이에 '뒤엉킴'이 나타나기 때문에 뒤엉킨 계층구조라 부른다.

이상한 고리 현상이 발견되는 두 번째 보기는 에셔의 그림이다. 1961년

〈폭포〉(1961)

작품인 〈폭포Waterfall〉에서 물길을 따라 계속하여 내려가다 보면 놀랍게도 처음에 출발했던 곳으로 되돌아오게 된다.

이상한 고리의 세 번째 보기는 불완전성 정리의 증명을 위해 이용된 에피메니데스 패러독스에서 발견된다. "모든 크레타 사람은 거짓말쟁이이다."라는 명제는 "이 문장은 거짓이다."라는 명제로 바뀔 수 있다. 이 명제는 다시 "A: 다음 문장(B)은 거짓이다."와 "B: 앞의 문장(A)은 참이다."의 두 명제로 분리 가능하다. 두 명제는 제각기 의미가 완전하며 패러독스가 없다. 어느 명제도 자신을 대상으로 진술되지 않았기 때문이다. 그러나 두 명제가 합쳐지면 에피메니데스 패러독스처럼 자기언급 하는 이상한 고리가 형성된다.

의식은 뇌에서 창발한다

음악, 미술, 수학에서 이상한 고리의 본보기를 찾아낸 호프스태터는 〈그림 그리는 손〉을 독특하게 풀이하여 인간의 의식이 두뇌에서 발생하는 이유를 설명하였다. 왼손이 오른손을 그리고 동시에 오른손이 왼손을 그리는 〈그림 그리는 손〉은 [그림 10]에서처럼 두 개의 계층적인 수준, 즉 그리는 수준과 그려지는 수준이 서로 뒤엉킨 계층구조(이상한 고리)를 만들고 있다. 한편 그림 속의 왼손과 오른손을 그리는 것은 에셔의 손이다. 눈에 보이는 〈그림 그리는 손〉을 위쪽 수준, 눈으로 볼 수 없는 에셔의 손을 아래쪽 수준이라 한다면, 아래쪽 수준은 위쪽 수준을 지배할 수 있지만, 위쪽 수준은 아래쪽 수준에 영향을 주지 못한다.

이와 마찬가지로 인간이 생각할 때에는 위쪽 수준인 마음에서 사고가 이루어지는 듯하지만 아래쪽 수준인 두뇌의 지원을 반드시 받게 된다. 여

[그림 10] 〈그림 그리는 손〉과 도해

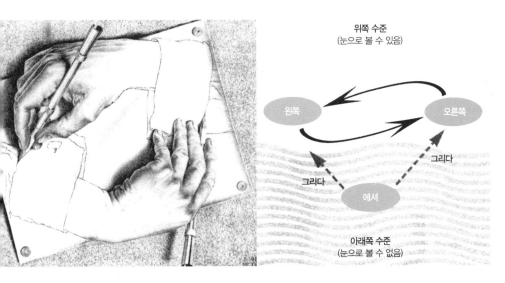

기서 중요한 것은 에셔의 손을 우리가 볼 수 없는 것처럼 뇌가 동작하는 것을 보지 못하기 때문에 인간이 사고할 때에는 뇌가 개입하지 않는 것으로 착각하기 쉽다는 사실이다. 다시 말해서 마음과 두뇌가 두 개의 수준으로 계층구조를 형성할 때 비로소 인간의 사고가 가능하다는 뜻이다. 사람의 마음과 몸을 분리시키는 이원론을 거부하는 기발한 발상이다.

이러한 맥락에서 호프스태터는 의식과 같은 높은 수준의 개념은 마음속에 이상한 고리가 형성될 때 두뇌에서 창발(emergent)한다는 결론을 내린다.

나는 우리의 두뇌 속에서 창발하는 현상, 예컨대 생각, 희망, 이미지, 유추 그리고 의식과 자유의사에 대한 설명은 일종의 이상한 고리에 그 기초를 두고 있다고 믿는다.

　호프스태터는 마음을 컴퓨터의 소프트웨어, 두뇌를 하드웨어로 비유하고 두뇌가 떠받들고 있는 마음에서 의식이 창발하는 것처럼 컴퓨터 역시 하드웨어의 지원을 받는 소프트웨어에서 의식을 만들어 내는 이상한 고리와 같이 뒤엉킨 수준이 발생할 수 있다고 주장한다. 요컨대 기계가 의식을 얼마든지 가질 개연성이 있다는 뜻이다.

　이상한 고리 개념은 기계가 지능을 가질 수 없다는 주장을 정면으로 반박한 것이었기 때문에 『괴델, 에셔, 바흐』는 인공지능의 가능성을 특이한 시각에서 적극적으로 옹호한 저서로 평가되었다. 호프스태터는 이 책으로 퓰리처상을 받으며 일약 세계적인 저명인사의 반열에 올랐다.

참고문헌 ─────────
- *Gödel, Escher, Bach*, Douglas Hofstadter, Basic Books, 1979
- *The Mind's I*, Douglas Hofstadter, Daniel Dennett, Basic Books, 1981
- *Metamagical Themas: Questing for the Essence of Mind and Pattern*, Douglas Hofstadter, Basic Books, 1985
- *Fluid Concepts And Creative Analogies: Computer Models of the Fundamental Mechanisms of Thoughts*, Douglas Hofstadter, Basic Books, 1995
- *I Am a Strange Loop*, Douglas Hofstadter, Basic Books, 2007

서얼 교수의 사고실험

드레이퍼스의 첫 번째 공격은 인공지능 학자들이 이론적 대응을 거부함에 따라 유야무야가 되었지만, 1960년대 후반의 위기를 넘긴 인공지능이 1950년대의 초창기에 이어 두 번째의 열기로 들떠 있던 무렵에 미국의 언어철학자인 존 서얼(1932~)이 감행한 공격은 문자 그대로 치열한 논쟁을 촉발시켰다. 민스키를 비롯한 인공지능의 주역들이 매사추세츠 공대를 중심으로 미국 동부에 포진하고 있는 데 반하여 공교롭게도 드레이퍼스처럼 미국 서부에서 활동한 서얼 교수는 1980년에 「마음, 뇌, 프로그램Minds, Brains and Programs」이라는 논문을 발표하였다. 이 논문이 발표된 잡지인 〈행동 및 뇌 과학Behavioral and Brain Sciences〉은 단순히 논문을 게재하지 않고, 기고된 글에 대하여 먼저 전문가의 논평을 구한 다음에 필자에게 그 논평을 반박하는 글을 쓸 기회를 주어서 이 모두를 한 묶음으로 발표하는 독특한 편집체제를 가진 과학전문지이다. 활자에 의한 토론을 시도하는 잡지의 특성 때문에 서얼의 논문이 게재될 때부터 이미 논쟁이 시작되고 있었다. 더욱이 서얼의 논문과 함께 실린 30개에 가까운 논평은 서얼을 맹렬히 공격한 것이었기 때문에 인공지능 역사상 최초의 치열한 공방전이 전개되었다.

　서얼은 컴퓨터를 이용한 마음의 연구를 약인공지능(weak AI)과 강인공지능(strong AI)으로 구분하고 강인공지능을 날카롭게 비판하였다. 인지활동에 관한 이론을 평가하는 도구로 사용하기 위하여 지능을 가진 프로그램을 연구하는 것을 약인공지능으로 명명한 반면에, 컴퓨터를 마음의 연구에 필요한 도구로 보는 것에 만족하지 않고 적절한 프로그램을 가진 컴퓨터는 인지능력을 갖고 있으므로 실제로 마음과 같다고 보는 견해를 강인공지능이라 정의하였다.

서얼이 강인공지능을 공격하기 위하여 생각해 낸 아이디어는 중국어 방 (Chinese room)이라 불리는 사고실험(Gedankenexperiment)이다. 서얼의 사고실험은 중국어 글자가 가득한 여러 개의 바구니가 놓여 있는 방 안에서 진행된다. 이 방 안에는 영어를 잘 알지만 중국어는 전혀 모르는 사람이 한 명 앉아 있다. 맨 먼저 중국어 글자를 서로 대조하는 방법에 관한 규칙이 영어로 적혀 있는 책자를 방 안으로 넣어 준다. 이 규칙들은 중국어 글자를 오로지 그 모양새에 의하여 조작하는 방법을 설명하고 있을 따름이다. 예컨대 "3번 바구니로부터 이렇게 생긴 모양의 글자를 찾아서 5번 바구니에서 꺼낸 저렇게 생긴 모양의 글자 다음에 갖다 놓는다."라는 식의 규칙이다. 한편 중국어 방의 밖에는 중국어를 이해하는 사람이 있다. 그가 조그만 묶음의 중국어 글자를 방 안으로 밀어 넣어 주면 방 안의 사람은 그에 대한 응답을 해야 된다. 그가 받은 중국어 글자의 모양을 보고 책자에 적힌 규칙에 따라서 해당되는 글자를 바구니에서 찾아내서 방 밖으로 내보내야 되는 것이다. 서얼은 방 안에 있는 사람이 시간이 경과되면 중국어 글자를 능숙하게 조작하여 중국 사람이 직접 했을 때와 구별할 수 없을 정도로 완벽하게 해답을 내놓을 수 있을 것으로 보았다. 말하자면 중국어에 대한 튜링 테스트에 합격한 것으로 본 것이다.

서얼은 중국어 방 안에 있는 사람은 컴퓨터, 규칙이 적힌 책자는 중국어 글자를 조작하는 방법이 적혀 있으므로 컴퓨터의 프로그램, 이 책자를 만든 사람은 프로그래머, 중국어 글자들이 들어 있는 여러 개의 바구니는 데이터베이스, 방 밖의 사람이 넣어 주는 조그만 묶음의 글자는 질문, 이 질문에 따라 방 밖으로 내보내는 조그만 묶음의 글자는 해답에 비유하고, 강인공지능을 공격하는 단서를 찾아냈다.

서얼은 중국어 방 안의 사람이 기호(중국어 글자)의 단순한 조작을 수행하여 튜링 테스트에 합격했음에도 불구하고 여전히 중국어를 전혀 이해하지 못하고 있는 것과 마찬가지로 기호를 조작하는 컴퓨터의 프로그램이 튜링 테스트를 통과할 수 있다손 치더라도 결코 인간의 지능을 가질 수 없다는 주장을 하였다.

서얼이 그의 사고실험을 통하여 전개한 논리를 요약하면 다음과 같다. ① 컴퓨터 프로그램은 형식적(formal)이다. 프로그램은 기호의 조작에 의하여 정의되며, 기호는 완전히 형식적이기 때문이다. 튜링 기계의 개념에

[그림 11] 컴퓨터의 생각

출처: Scientific American(1990년 1월호)

의하여 컴퓨터에서는 0과 1의 기호를 사용한다. 0과 1은 기호일 뿐이며 아무런 물리적 특성을 갖고 있지 않기 때문에 프로그램은 어떠한 의미를 참조함이 없이 [그림 11]과 같이 단순히 기호를 조작한다. 이러한 의미에서 프로그램은 완전히 형식적 특성을 가질 따름이다. ② 그러나 인간의 마음은 의미를 갖고 있다. 지각이나 사고와 같은 인지활동이 의미를 지니고 있음은 분명한 사실이다. ③ 따라서 형식적인 프로그램 그 자체가 인간의 마음을 절대로 구성할 수 없다. 중국어 방은 단순한 기호 조작만으로는 기호가 갖고 있는 의미의 이해가 불가능함을 증명해 보이고 있다.

강인공지능에 대한 비판

서얼은 강인공지능 학자들이 인간의 사고과정을 본뜬 컴퓨터 프로그램이 지능을 가질 것으로 생각하게 된 이유를 낱낱이 분석하고 그것이 착각임을 지적하였다. 첫째, 인공지능 학자들은 정보처리의 개념을 혼동하고 있다. 인간의 뇌가 마음으로 정보처리를 하며 컴퓨터 역시 이와 유사하게 프로그램으로 정보를 처리하는 것으로 확신하지만 그것은 시뮬레이션과 복제의 차이를 혼동함으로써 비롯된 착각이다. 강인공지능에서는 정확한 입력과 출력으로 정확한 프로그램을 실행할 수 있는 컴퓨터를 설계하면 문자 그대로 인간의 마음처럼 정보처리를 할 수 있을 것으로 믿고 있으며, 그것을 과학적으로 설명하는 방법으로는 튜링 테스트를 내세운다. 말하자면 강인공지능의 목표는 오로지 튜링 테스트를 통과하는 프로그램의 설계에 있다.

그러나 이러한 강인공지능의 목표는 어디까지나 시뮬레이션에 불과할 따름이다. 폭풍우의 컴퓨터 시뮬레이션이 사람들을 흠뻑 비에 적시게 할 수 없고, 위가 음식을 소화하는 과정을 시뮬레이션한 프로그램을 사용하여 음식을 소화시킬 수 없는 것처럼 마음의 인지능력을 시뮬레이션한 프로그램이 마음처럼 인지능력을 가질 수 없다. 따라서 컴퓨터가 가령 '2＋2＝4'를 사람처럼 계산할 수 있지만 사람과는 달리 '4'의 의미를 알지 못한다. 요컨대 강인공지능은 마음의 시뮬레이션과 마음의 복제를 혼동하는 실수를 함에 따라 정보처리의 측면에서 인간의 뇌와 컴퓨터 사이에 개념적으로 유사성이 있는 것으로 착각하고 있다.

둘째, 강인공지능의 많은 부분에 행동주의 심리학의 잔재가 남아 있다. 그 좋은 증거가 튜링 테스트이다. 튜링 테스트에 대한 맹목적인 확신 때문에 인공지능 학자들은 기계가 인간의 정신과정을 가진 것처럼 행동한다면 그 기계 역시 실제로 그러한 정신과정을 반드시 갖지 않으면 안 된다고 생각하려는 유혹에 빠지기 쉽다. 튜링 테스트를 맹신하는 이유는 자명하다. 강인공지능의 연구 결과를 객관적으로 입증할 수 있는 과학적 방법이 달리 없기 때문이다. 어쨌든 마음의 연구를 과학적으로 설명할 목적으로, 심리학으로부터 마음의 연구를 추방한 행동주의적 접근방법에 의존하는 결과를 초래하게 된 것은 치명적인 잘못이다. 튜링 테스트 개념의 행동수의적 요소와 완전히 결별할 때 비로소 인공지능이 시뮬레이션과 복제를 혼동하는 원인의 상당 부분이 제거될 것이다.

셋째, 인공지능의 행동주의적 요소는 몸과 마음의 이원론과 연결되어 있다. 인간의 정신현상은 뇌에서 진행되는 신경생리학적 과정에 의하여 발생된다. 그러나 강인공지능에서는 프로그램이 모든 구조와 형태의 컴퓨터에 의하여 실행될 수 있는 것으로 전제한다. 프로그램은 컴퓨터의 하드웨어로부터 완전히 독립적이다. 말하자면 마음이 뇌로부터 완전히 독립적이라는 아이디어이다. 이것은 가장 강력한 형태의 이원론이다. 마음과 뇌가 독립된 물질이라고 주장하는 데카르트의 전통적인 이원론은 아니지만, 마음이 뇌의 물질적 특성과 본질적으로 연관되지 않는다고 주장하는 측면에서는 분명히 데카르트식의 이원론이다. 마음의 연구에서 뇌를 중요하게 여기지 않는 이원론적 전제를 할 때에 비로소 강인공지능은 존립의 근거를 갖게 되는 것이다. 그러나 인공지능 연구진들은 자신들이 이원론에 기초를 두고 있는 사실을 간과하고 곧잘 이원론을 비난하고 있다. 마음을 뇌와 완전히 분리시키는 이원론으로는 마음을 제대로 설명할 수 없다는 사실을 알고 있기 때문이다. 일종의 아이러니가 아닐 수 없다.

서얼은 이와 같이 세 가지 측면에서 강인공지능을 공격하고 나서 다음과 같은 결론을 내리고 있다. ① 마음은 뇌의 생화학적 특성이 원인이 되어 일어난다. 따라서 마음을 일으킬 수 있는 모든 인공물은 최소한 뇌가 마음을 일으키는 능력에 맞먹는 인과적 능력을 갖고 있지 않으면 안 된다. ② 정신현상을 일으킬 수 있는 인공물, 즉 인공두뇌는 마음의 원인이 되는 뇌의 능력을 복제할 수 있지 않으면 안 된다. ③ 인공두뇌는 단순히 프로그램을 사용하여 뇌의 능력을 복제할 수 없다. 따라서 인간의 뇌가 실제로 정신현상을 일으키는 방법과 컴퓨터 프로그램으로 사고과정을 시뮬레이션하는 방법을 동일하게 보아서는 안 된다.

무승부의 논쟁

서얼의 중국어 방은 분명히 인공지능의 민감한 부분을 건드렸다. 당연히 수많은 비난과 반론이 뒤따랐다. 그중에서 가장 유명한 것은 서얼 스스로 시스템 응답(systems reply)이라고 이름 붙인 반론이다. 시스템 응답은 서얼의 논문에 함께 소개되었을 뿐만 아니라 1980년 이후 계속된 중국어 방

논쟁에서 가장 널리 언급되고 있는 반론이다. 시스템 응답은 대충 다음과 같이 요약된다. 중국어 방의 사람은 중국어 글자의 바구니, 규칙이 쓰인 책자, 그 밖에 그가 사용하는 연필이나 종이로 구성된 시스템의 일부이다. 방 안의 사람이 중국어를 이해하지 못한다는 서얼의 주장에는 동의한다. 그러나 그가 속한 전체 시스템은 중국어를 이해하고 있다는 사실을 망각해서는 안 된다. 뇌의 개별적인 뉴런이 마음이 이해하는 것을 이해할 수는 없지만 마음의 이해에 기여하는 것과 마찬가지로 방 안의 사람은 중국어를 이해하지 못하지만 전체 시스템의 이해에 기여할 수 있다는 논리이다.

시스템 응답을 지지하는 사람들은 가정용 난방장치를 제어하는 자동온도조절기(thermostat)를 예로 든다. 방 안의 온도가 추워지면 온도조절기의 스위치가 자동으로 작동되어 난방장치의 연소가 일어나고, 방이 다시 더워지면 자동으로 연소가 정지되어 일정한 상태의 온도가 유지된다. 이 경우에 자동온도조절기가 스스로 방의 온도를 조절하는 것은 아니다. 방과 난방장치로 구성된 시스템이 온도를 조절하는 것이다.

시스템 응답을 포함한 수많은 반론이 제기되어 서얼과 인공지능 학자들 사이의 논쟁은 어느 쪽도 한 치의 양보 없이 오늘날까지 치열하게 계속되고 있다. 양쪽 모두가 상대방을 충분히 설득시키지 못하고 있기 때문에 논쟁의 결과는 아무래도 무승부라는 게 대체적인 관전평이다. 그러나 보다 공평하게 말한다면 인공지능 쪽에 부담이 훨씬 많은 것으로 알려지고 있다. 기호처리 패러다임이 인간의 지능을 설명하는 충분히 흥미로운 접근 방법임에는 의심할 여지가 없지만 과학적으로 증명이 가능한 체계를 갖춘 이론을 아직까지 내놓지 못하고 있기 때문이다.

참고문헌 ─────────
- "Minds, Brains and Programs", John Searle, *The Mind's I*, Basic Books, 1981
- *The Rediscovery of the Mind*, John Searle, MIT Press, 1992
- *Artificial Minds*, Stan Franklin, MIT Press, 1995
- *Mind*, John Searle, Oxford University Press, 2004

5 ─ 해석학과 인공지능

해석학적 순환

서얼 이후 인공지능을 비판한 사람 중에서 대표적인 인물은 미국의 테리 위노그래드(1940~) 교수이다. 한때 인공지능 학자로 명성을 떨친 바 있는 위노그래드는 1970년대 초 칠레에서 재무부 장관을 지낸 후 군사 쿠데타로 미국에 망명한 경제전문가인 페르난도 플로레스(1943~)와 함께 1986년에 펴낸 『컴퓨터와 인지의 이해 *Understanding Computers and Cognition*』에서 해석학(hermeneutics) 이론에 의존하여 인공지능을 반박하였다. 위노그래드의 주장은 독일의 철학자인 마틴 하이데거(1889~1976)와 100살 넘게 장수한 한스게오르그 가다머(1900~2002)에게 전적으로 의존하고 있다.

해석학은 본래 세월의 흐름에 따라 의미가 불완전하고 단편적이 된 성서나 신화의 텍스트를 해석하는 것을 의미하였다. 따라서 초기에는 문헌학(philology)의 성격을 많이 지니고 있었다. 그러나 텍스트의 본래의 의미를 다시 찾기 위해서, 다시 말하자면 객관적 이해를 얻기 위해서는 텍스트가 애초에 생겨난 보다 폭넓은 사회적 맥락 속에서 그 텍스트를 검토할 필요가 있었다. 문헌학과 역사학의 결합이 반드시 필요하게 된 것이다. 해석학을 그 고향이라고 할 수 있는 문헌학으로부터 독립시켜 역사적인식의 문제에 적용하는 데 가장 큰 기여를 한 사람은 독일의 프리드리히 쉴라이에르마허(1768~1834)이다. 그는 1819년에 해석학 강의를 시작하면서 그 당시 해석학적 이론의 대부분을 구성하고 있던 설명의 기술(art of explanation)을 해석학의 영역에서 배제시키고 해석학을 이해의 기술(art of understanding)로 세워 놓았기 때문에 근대 해석학의 아버지로 간주된다. 쉴라이에르마허에 의하여 해석학이 단순한 역사적 텍스트의 해독으로부터 역사적 맥락에서 인간의 행위와 그 산물의 의미를 이해하고 밝혀내는 차원으로 올라서게 됨에 따라 인간적 활동에 대한 연구에 해석학이 도입되게 된 것이다.

쉴라이에르마허는 해석학적 순환(hermeneutical circle)의 원리를 제안하여 해석학을 이해의 학문으로 체계화시켰다. 해석자가 텍스트에 대한 해석을 수행하기 위해서는 우선 그것에 대해서 이해하고 있지 않으면 안 된다. 즉 텍스트의 이해에 들어가기에 앞서 주제와 상황을 선이해(preunderstanding)하고 있어야 한다. 해석학에서는 이와 같이 미리 가정된 이해를 선이해 또는 선입견이라 한다. 다시 말해서 우리가 무엇인가를 이해하기 위해서는 그것에 대해 우리가 알고 있는 것(선이해)과 비교한다. 우리가 이해하는 것 그 자체는 부분들로 이루어진 체계적인 통일성을 형성한다. 예컨대 하나의 문장은 전체로서 하나의 통일성을 형성한다. 이때 우리는 문장 전체와의 연관하에서 각각의 개별 단어를 봄으로써 비로소 그 단어의 의미를 이해하게 된다. 그리고 동시에 전체로서의 문장의 의미는 개별적인 단어들의 의미에 의존한다.

이 예를 통해서 개별적인 개념은 그것의 맥락으로부터 의미가 도출되지만 맥락은 자신의 의미를 부여해 주는 바로 그 요소들로 이루어져 있음을 알 수 있다. 다시 말하자면 전체와 부분의 변증법적 상호작용에 의하여 전

마틴 하이데거

체와 부분은 제각기 서로에 대하여 다른 의미를 제공한다. 따라서 이해는 순환적이다. 전체로서의 순환은 개별적인 부분들을 규정하고, 또 부분들이 한데 모여서 순환을 형성한다. 의미는 이러한 순환 속에서 형성되기 때문에 해석학적 순환이라고 부른다. 해석자는 오로지 오묘한 해석학적 순환에 들어갈 경우에만 텍스트의 의미를 이해할 수 있게 된다.

하이데거와 가다머

해석학을 존재론이라고 하는 보다 광범위한 맥락에서 사용하여 해석학의 발전에 기여한 철학자는 하이데거이다. 존재론은 세계에는 어떤 종류의 사물들이 존재하며, 그것들은 서로 어떤 관계가 있는가를 따지는 학문이다. 즉 인간에 관한 우리의 지식과 세계 안에 있는 다른 대상에 관한 우리의 지식 사이에 존재하는 유사성과 차이점에 관한 문제를 다룬다. 이러한 존재론적 문제와 씨름하고 있던 하이데거는 그의 스승인 에드문트 후설(1859~1938)에 의하여 창시된 현상학(phenomenology)의 방법에 의거하여 인간의 존재에 대한 연구를 수행한 끝에 그의 대표작인 『존재와 시간 Sein und Zeit』(1927)을 내놓았다.

이 저서에서 하이데거는 현존재(Dasein)의 해석학을 시도하였다. 하이데거의 용어인 현존재는 '지금 존재하고 있는 것', 즉 '구체적 상황 속에 있음'을 뜻하며 인간존재 바로 그것을 가리킨다. 인간존재는 다른 다양한 존재자(존재 그 자체)와 같은 존재자일 수 없으며, 자타의 존재자의 그 존재 자체를 이해(Verstehen)할 수 있는 존재자인 것이다. 요컨대 하이데거에 있어서 이해는 자신이 실존(existence)하고 있는 생활세계의 맥락에서 자신의 존재 가능성을 파악할 수 있는 능력이다. 즉 이해는 인간존재의 근본 양태인 것이다.

이와 같이 하이데거로 인하여 해석학이 이해의 존재론적 차원들과 관계를 맺게 됨에 따라, 해석되는 것과 그것을 해석하는 사람은 서로 독립적으로 존재할 수 없었다. 요컨대 실존이 해석이며, 해석이 실존이다. 다시 말해서 하이데거는 물리적인 객관적 세계와 정신적인 주관적 세계는 어느 한쪽이 없어서는 존재가 불가능하다고 주장하였다. 하이데거의 주장은 서구문화에 깊은 뿌리를 내려 온 인식론적 이분법, 즉 객관과 주관의 이분법을 정면으로 거부한 것이다. 하이데거는 이러한 맥락에서, 사물을 지각하기 위해서는 반드시 사물에 대한 우리의 지식에 상응하는 내용을 인간의 마음속에 갖고 있어야 된다는 견해에 정면으로 도전하였다. 인간의 인지기능이 정신적 표상의 조작에 기초를 두고 있지 않은 것으로 본 셈이다. 위노그래드가 인공지능을 비판하기 위하여 하이데거의 해석학 이론을 거론한 까닭이다.

현대의 해석학 이론이 발전함에 있어 결정적인 전기를 이룩한 사건은 1960년 가다머가 저술한 『진리와 방법Wahrheit und Methode』의 출간이다. 쉴라이에르마허로부터 하이데거에 이르는 해석학의 발전을 아주 상세하게 추적하여 해석학의 역사를 체계적으로 설명한 최초의 저작으로 평가되고 있다. 하이데거의 노선을 따르는 가다머는 이 저서에서 해석학이란 언어를 통한 존재와의 만남이라고 규정하였다. 인간은 그의 세계를 이해함에 있어 해석의 활동에 끊임없이 관련된다. 이러한 해석은 선입견(선이해)에 기초를 두고 있다. 선입견은 그 사람이 사용하는 언어에 함축되어 있는 생각을 포함하고 있으며, 그 언어는 해석의 활동을 통하여 학습된다. 요컨대 사람은 언어의 사용을 통하여 변화되고, 언어는 사람의 사용을 통하여 변화한다. 가다머는 이러한 과정을 무엇보다도 중요한 것으로 보았다. 왜냐하면 이 과정이 인간존재의 본질을 결정하는 요소의 배경(background)을 구성하고 있는 것으로 보았기 때문이다. 이와 같이 인간적 현실 자체의 언어적 성격을 주장한 가다머는 역사가 인간에 속하는 것이 아니라 인간이 역사에 속하기 때문에, 우리가 자기반성(self-examination)의 과정을 통하여 우리 자신을 이해하기 오래전부터 이미 우리는 우리가 살고 있는 사회 속에서 자명(self-evident)한 방법으로 우리 자신을 이해하고 있는 것으로 보았다. 요컨대 인간존재의 본질은 역사성(historicity)에 의하여 이해된다. 가다머는 존재의 역사성 때문에 인간은 자신을 완전히 이해할 수 없으며, 따라서 인간은 그가 사용하는 언어에 의하여 자신의 존재를 완전히 명백하게 설명할 수 없다는 결론에 도달했다.

가다머의 해석학 이론을 요약하면, ① 인간이 존재하는 유일한 현실세계는 인간이 언어를 통하여 창조한 것이며, ② 인간의 대화는 정보를 전달하는 것이 아니라 사회적 행위의 한 가지 형태이며, ③ 언어에는 문자 그대로의 의미가 없고 오로지 맥락, 즉 말하는 사람과 듣는 사람이 공유하는 배경지식에 달려 있으므로, ④ 인간이 세계를 이해할 수 있도록 해 주는 지식은 명백하게 표상될 수 없다는 것이다. 위노그래드가 가다머의 이론에 의존해서 인공지능을 공격한 근거이다.

위노그래드는 하이데거와 가다머의 해석학 이론에 입각하여 인공지능을 비판하였다. 인공지능에서는 객관적인 대상의 존재를 인정하고, 그러한 대상에 관한 정보를 획득하여 마음의 표상을 구축하는 것으로 전제한다. 따라서 인간의 지식은 표상의 보고이다. 이 표상은 추론에 사용되기 위하여 인출될 수 있고, 언어로 번역될 수 있다. 인간의 사고는 이러한 표상을 조작하는 과정이다. 그러나 하이데거와 가다머는 인공지능의 견해와는 달리 주체와 객체 사이의 구별에 의문을 제기하고, 지식은 항상 해석활동의 결과라는 주장을 하였다. 해석은 개인의 선입견에 기초를 두고 있고, 개인의 선입견은 그가 살고 있는 사회와 문화적 배경의 전통 안에서 체험을 통해 획득된 것이다. 요컨대 해석은 그 사람의 모든 체험과 전통 안에서의 상황 여하에 달려 있기 때문에 지식은 주관적인 것도 아니고 동시에 객관적인 것도 아니다. 지식은 어느 개인에게 특정한 것도 아니고 어느 개인에게 독립적인 것도 아니라는 의미이다. 결론적으로 지식이 사실의 획득과 조작으로 표상될 수 없는 것으로 보기 때문에 위노그래드는 인공지능이 인간의 인지와 언어의 본질에 관하여 오해하고 있다는 비판을 하게 된 것이다.

참고문헌 ————————

- *Hermeneutics*, Richard Palmer, Northwestern University Press, 1969 / 『해석학이란 무엇인가』, 이한우 역, 문예출판사, 1988
- *Philosophy and the Human Science*, R. J. Anderson, Croom Helm, 1986 / 『철학과 인문과학』, 양성만 역, 문예출판사, 1988
- *Understanding Computers and Cognition*, Terry Winograd, Fernando Flores, Ablex Publishing, 1986
- *The Embodied Mind: Cognitive Science and Human Experience*, Francisco Varela, Evan Thompson, Eleanor Rosch, MIT Press, 1991
- 『자연주의적 유신론』, 소흥렬, 서광사, 1992

의식의 비알고리즘적 특성

기계가 지능을 가질 수 있다고 확신하는 사람들에게 가장 강력한 공격을 퍼부은 사람은 옥스퍼드 대학의 로저 펜로즈 교수(1931~)이다. 젊은 시절에 꿈속에서 '불가능한 물체' 라 불리는 삼각 막대기를 발견한 장본인이다. 1989년에 출간된 저서, 『황제의 새로운 마음 *The Emperor's New Mind*』은 인지과학을 송두리째 부인하고 있다. 펜로즈는 인지과학자들이 일반적으로 동의하고 있는 의식의 개념조차 인정하지 않는다. 자기인식을 의식의 가장 중요한 본질적인 특성으로 간주하는 것은 오류임을 지적하였다. 일반적으로 어느 시스템이 그 내부에 어떤 대상의 모델을 갖고 있다면 그 시스템은 그 대상을 인식할 수 있고, 그 자신의 모델을 갖고 있는 경우에는 자기인식을 할 수 있는 것으로 이해되고 있다. 그러나 펜로즈는 비디오카메라를 예로 들어서, 설령 비디오카메라가 어떤 장면을 녹화하더라도 그 장면에 대한 인식을 갖는 것이 아니며, [그림 12]에서처럼 거울에 비친 자신의 모습을 녹화하여 내부에 자신

로저 펜로즈

[그림 12] 비디오카메라는 자기인식 하는가?

출처: Roger Penrose, *The Emperor's New Mind*, 1989

의 모델을 갖게 되었다손 치더라도 비디오카메라가 자기인식을 할 수 있
는 것은 아니기 때문에, 자기인식의 개념으로는 의식이 설명될 수 없다는
주장을 하였다.

인간의 두뇌에 의하여 수행되는 모든 행동에 의식적인 사고가 반드시
필요한 것은 아니며, 의식은 우리가 새로운 판단을 형성하지 않으면 안 되
는 상황에 필요하기 때문에 의식의 본질적인 특성은 자기인식이 아니라
판단형성(judgement-forming)이라는 독특한 견해를 피력하였다. 여기서
판단은 사람이 의식적인 상태에 있는 동안에, 서로 관련된 모든 사실, 느
낌, 경험을 함께 모아 다른 것과 비교하면서 끊임없이 내리는 판단을 가
리킨다.

펜로즈는 판단형성의 개념을 인지과학자들과는 완전히 다른 시각에서
설명하였다. 마음의 활동을 의식이 필요한 것과 의식이 불필요한 것으로

구분하고, 상식, 진리성의 판단, 이해, 예술적 평가는 의식이 필요하지만, 자동적인 것, 생각 없이 규칙을 따르는 것, 미리 프로그램된 것, 알고리즘이 적용되는 것은 의식이 불필요한 것으로 구분하였다. 다시 말해서 무의식적인 활동은 알고리즘의 절차에 따라서 이루어지는 것으로 본 반면에, 의식적인 활동은 알고리즘으로는 기술이 불가능한 방법에 따라 이루어지는 것으로 본 것이다. 이러한 견해는 인지과학자들의 의견과 정반대가 되는 생각이다. 인지과학에서는 인간이 이해할 수 있는 합리적인 방식, 즉 잘 정의된 알고리즘의 규칙에 따라서 움직이는 것을 의식적인 마음으로 보고 있으며, 사고의 과정이 이해되지 않는 것을 무의식적인 마음으로 간주하고 있기 때문이다. 그러나 펜로즈는 의식이 필요한 마음의 작용은 알고리즘의 절차를 따르지 않는 것으로 생각하였기 때문에, 의식의 가장 중요한 특성은 알고리즘이 준비되지 않은 상태에서 새로운 판단을 형성하는 능력이라고 주장하였다. 펜로즈의 표현을 빌리자면 비알고리즘적인(non-algorithmic) 특성을 가진 판단형성이 '의식의 보증딱지' 이다.

펜로즈는 의식의 본질적인 특성이 판단형성이라는 논리를 괴델의 불완전성 정리로부터 끌어냈다. 괴델의 정리는 수학자가 수학적 진리를 입증하기 위하여 어떠한 형식체계(또는 알고리즘)를 사용하건, 그 형식체계에 의하여 참인 것으로 증명되는 해답을 제공할 수 없는 수학적 명제가 항상 존재한다는 것을 보여 주었다. 괴델의 정리로부터 펜로즈는 수학자의 마음이 전적으로 알고리즘(또는 형식체계)의 절차에 따라 움직인다면, 그가 수학적 진리에 대한 판단을 형성하기 위하여 으레 사용하는 알고리즘으로는 수학자 자신의 알고리즘에 의해서 구성된 명제를 모두 처리할 수 없다는 의미를 끌어낸 것이다. 그럼에도 불구하고 현실적으로 수학자들은 그러한 명제의 진리성을 판단하고 있다. 따라서 수학자의 알고리즘에 모순이 있는 것처럼 생각하기 쉽다. 그러나 알고리즘은 그 자체가 명제의 진리성을 결코 알아낼 수 없을 뿐만 아니라, 참인 결과를 내놓는 것만큼이나 똑같이 거짓의 결과를 쉽사리 내놓는다.

펜로즈는 이 점에 착안하여 수학자들에게는 알고리즘의 타당성을 판단하는 별도의 능력이 요구된다고 생각하고, 이러한 능력을 외적 통찰력 (external insight)이라고 이름 지었다. 외적 통찰력이란 수학자들이 직관으로 알고리즘의 처리 결과로부터 진리성을 판단하는 능력을 의미한다. 요컨대 수학자들의 의식적인 사고는 알고리즘을 사용하지 않고 있으며, 그 대신에 외적 통찰력을 사용하여 명제의 진리성을 판단하고 있는 것이다.

수학적 대상의 존재

펜로즈가 괴델의 정리에서 외적 통찰력의 개념을 도출해 낸 것은 그가 수학적 대상(mathematical object)에 대하여 플라톤의 입장을 지지하고 있는 것과 맥락을 같이한다. 인류가 처음으로 셈하는 법을 배우게 된 뒤부터 오늘날까지 수학자들은 수, 점, 삼각형과 같은 수학적 대상의 본질에 관하여 궁금증을 갖고 있었으나 몇 가지 기본적인 문제는 아직까지 해결되지 않고 있다. 그중에서 가장 중요한 문제는 수학적 대상의 존재 여부에 대한 궁금증이다. 이 문제는 한마디로 수학자가 내놓은 결과가 발명인가 아니면 발견인가 하는 질문으로 귀착된다. 수학을 발명으로 보는 사람들은 수학적 대상은 인간의 마음에 의하여 구성된 개념일 따름이며 수학적 대상의 실체는 없다고 주장한다. 예컨대 러셀은 수학적 공리가 단순한 논리적 정의일 따름이므로, 이 공리를 충족시키는 어떠한 수학적 대상도 존재할 필요가 없다는 입장을 취한다. 수학적 진리는 단순한 논리의 진리에 불과할 따름이라는 주장이다. 한편 수학을 인간의 마음이 발명한 것으로 보지 않는 사람들은 수학적 대상이 실제로 존재하며, 수학자들은 그 대상으로부터 진리성을 발견할 따름이라고 주장한다. 이와 같이 수학적 대상이 인간의 마음 밖에 독립적으로 실존하고 있는 것으로 보는 견해는 이데아(idea)를 추구하는 플라톤의 철학에서 비롯되었다.

이데아는 아이디어와 뜻이 다르다. 아이디어가 관념(sense)이라면 이데아는 이상(ideal)이며 오히려 형상(form)이다. 플라톤은 단순히 마음속에 있는 관념이 아니라, 절대로 존재하는 것, 즉 변전하는 현상계의 저쪽에 있는 비물질적이고 항상 불변하는, 진실로 존재하는 것을 이데아(형상)라고 불렀다. 이데아는 시간과 장소에 따라서 달라지는 상대적인 것이 아니라 현상을 초월한 본질을 나타내는 절대적인 것이다. 어디까지나 이데아는 사물이 무엇인가를 나타내는 것이며, 항상 그것인 항상적 존재, 즉 생성과 소멸을 초월한 것이다.

플라톤은 그의 이데아론(형상론)의 이해를 돕기 위해서 유명한 '동굴의 비유allegory of the cave'를 만들어 냈다. 인간을 더러운 토굴 감옥에 갇혀 있는 비참한 죄수의 집단에 비유한 것이다. 죄수들은 몸을 돌려 뒤를 볼 수 없도록 사슬에 묶인 채 동굴 속에 갇혀 있다. 그들의 뒤에는 멀리 불이 있고 앞에는 평평한 벽이 있으므로 동굴의 벽에 비치는 자기들의 그림자와 다른 사물의 그림자를 보게 된다. 죄수들은 다른 것을 볼 수 없기 때문에 이러한 그림자들을 실재하는 사물이라고 생각한다. 이윽고 그중의 한 사람이 차꼬를 끊고 동굴의 입구를 찾아 나선다. 그는 마침내 생전 처음으로 햇빛을 본다. 그리고 실재세계의 생기 넘치는 사물들을 보게 된다. 그는 동굴 안으로 다시 돌아와서 다른 죄수들에게 실재세계에서 그가 본 것을 알려 주고, 그들이 보고 있는 것은 단지 그림자의 세계, 즉 실재세계의 모조품에 지나지 않는다는 것을 가르쳐 주려고 한다. 그러나 그는 강렬한 햇빛을 보다가 캄캄한 굴속으로 들어왔기 때문에 시력이 미처 회복되지 않아 그림자들을 구별하기가 어렵게 된다. 그러한 그가 동료들의 눈에는 전보다 훨씬 어리석게 보여 광명의 세계로 나가는 길을 안내하려는 그의 시도는 동료들을 납득시키지 못한다.

플라톤은 철학을 모르는 사람을 동굴에 갇힌 죄수에 비유하고 오직 눈앞에 어른거리는 그림자들, 즉 일시적이고 껍데기에 지나지 않은 사물의 현상만을 보며 살 도리밖에 없다고 말한다. 바꾸어 말하자면 우리가 철학자가 될 때 비로소 이성과 진리의 햇빛 아래서 동굴 바깥에 있는 진짜 사물들을 볼 수 있게 된다. 플라톤은 이와 같이 진짜로 영원히 존재하는 것을 이데아라고 하였다.

플라톤은 이데아가 시간의 경과로부터 독립된 타당성을 지니는 항구적인 실체이므로, 이데아를 상식을 초월한 과학인 수학의 대상으로 생각하고 특히 기하학의 연구를 중시하였다. 영원의 존재를 인식하는 것은 기하학이라고 생각하였기 때문이다. 플라톤의 수학적 대상에 대한 형상론을 따르는 사람들은 인간의 경험을 초월하는 수학적 대상이 반드시 존재하고, 수학의 진리성이 현실세계의 밖에 있다고 생각하였기 때문에, 수학자의 마음은 오로지 직관에 의하여 수학적 대상으로부터 진리를 발견하게 될 따름이라고 주장하게 되었다.

수학의 진리성을 인간의 경험으로부터 완전히 분리하여 인간의 직관에 주어진 것으로 본 철학자는 칸트이다. 그는 지식을 경험과 무관한 선천적(a priori) 지식과 경험으로부터 얻게 되는 후천적(a posteriori) 지식으로 구분하고, 『순수이성 비판』(1781)에서 수학의 진리성을 선천적(선험적)으로 인간에게 주어진 공간의 직관 형식에서 비롯된 것으로 보았다. 공간의 관넘을 인간의 직관에 선험(아프리오리)으로 주어진 것이라고 해석한 것이다. 만일 공간 그 자체가 후천적(경험적)이라고 한다면 기하학도 선험성을 상실하게 되므로 학문으로서 그 가치를 잃게 된다. 기하학이 선험적이기 때문에 이 학문의 기초를 이루고 있는 공간 역시 선험적이지 않으면 안 된다. 이와 같이 칸트에 의하여 유클리드 기하학의 공리가 인간의 직관에 선험적으로 주어진 것이라고 선언됨에 따라, 18세기 후반에 유럽의 사상계를 압도한 칸트 철학의 권위 때문에 유클리드 기하학의 반대명제는 아예 설 자리를 찾지 못했다. 칸트 철학에 결정적인 타격을 가하면서 비유클리드(non-Euclid) 기하학이 태동한 것은 19세기 초이다.

의식의 본질

플라톤의 이데아론에 의하면, 수학적 대상은 오로지 지성(intellect)에 의해서 접근이 가능한 이상적인 세계에 존재한다. 따라서 수학적 진리는 그 자신의 실체를 갖고 있으며, 오로지 지성을 가진 사람만이 발견할 수 있는 세계에 존재한다. 인간의 마음은 수학적 이성과 통찰력에 의하여 수학적 진리를 응시(contemplation)할 때마다 플라톤의 세계와 접촉하게 된다. 다시 말해서 마음이 수학적 진리를 응시할 때마다 인간의 마음은 플라톤의 세계에 존재하는 수학적 대상을 접촉한다. 그러므로 사람의 마음이 통찰력으로 수학적 진리를 '바라볼(see)' 때, 그 사람의 의식은 이데아의 세계로 들어가서 수학적 진리와 접촉하게 된다. 펜로즈는 플라톤의 이데아론으로부터 '보는 것(seeing)'이 수학적 이해의 본질적인 요소라는 사실을 확인하고 『황제의 새로운 마음』에서 다음과 같이 의식은 본질적으로 수학적 진리를 '보는 것'이라고 제안하였다.

수학적 진리는 우리가 알고리즘을 사용하여 알아낼 수 있는 것이 아니다. 나는 또한 의식을 수학적 진리의 이해에 있어 아주 중요한 요소라고 믿고 있다. 우리는 수학적 논증의 타당성을 확신하기 위해 그 논증의 진리성을 반드시 '보아야' 한다. 이러한 '보는 것'이 바로 의식의 본질이다.

펜로즈는 괴델의 불완전성 정리로부터 우리가 수학적 판단을 형성할 때 의식의 역할이 비알고리즘적인 것임을 확인하고, 수학자들이 외적 통찰력으로 수학적 진리를 판단할 수 있는 까닭에 대해서는 수학적 대상의 존재에 관한 플라톤의 이데아론을 통하여 설명하였다. 그리고 펜로즈는 수학보다 더욱 일반적인 환경에서는 의식이 당연히 비알고리즘적인 방법으로 진리성의 판단에 영향을 주게 될 것이라는 결론에 도달했다. 의식의 작용이 근본적으로 비알고리즘적인 성분을 반드시 포함하고 있다는 펜로즈의 결론은 인공지능을 정면으로 공격하는 것이다. 왜냐하면 진정한 의미의 지능이 반드시 의식을 포함하는 것이라고 볼 때, 오로지 알고리즘에 의하여 동작하는 컴퓨터로 인간의 지능을 실현하려는 인공지능으로서는 절대로 비알고리즘적인 의식을 실현할 수 없다는 뜻이 함축되어 있기 때문이다. 펜로즈는, 기계가 알고리즘의 단순한 사용에 의존하는 계산에 의하여 의식을 가질 수 없다는 자신의 논리를 다음과 같이 강조하고 있다.

내가 보기에 의식은 복잡한 계산에 의하여 요술 부리듯이 '우연히' 불러낼 수 있는 것이라고 믿어서는 안 될 만큼 매우 중요한 현상인 것 같다. 왜냐하면 삼라만상의 존재 자체가 우리에게 알려지게 되는 것은 바로 의식이라는 현상에 의해서이기 때문이다.

참고문헌 ────────

- *The Emperor's New Mind*, Roger Penrose, Oxford University Press, 1989 / 『황제의 새 마음』, 박승수 역, 이화여대출판부, 1996
- *Shadows of the Mind: A Search for the Missing Science of Consciousness*, Roger Penrose, Oxford University Press, 1994

7─중국어 체육관

끝없는 공방전

인공지능은 1956년에 탄생된 이후 줄기차게 생각하는 기계의 개발을 시도하였으나 성공과 실패를 반복하였다. 서양장기(체스)와 같이 고도의 지능이 요구되는 프로그램을 개발하여 성공의 기쁨을 만끽했지만 지각이나 상식추론처럼 현실세계의 문제를 해결하는 보통 사람들의 인지능력을 가진 프로그램의 개발에는 시행착오를 거듭하였다. 드레이퍼스(1972), 서얼(1980), 위노그래드(1986), 펜로즈(1989)로 대표되는 인공지능에 대한 비판적 견해가 지속적으로 개진된 것은 인공지능이 소기의 목표를 달성하지 못했기 때문이다. 특히 서얼의 경우는 인공지능 학자들의 과민한 반응 때문에 끝없는 논쟁거리가 되었다.

미국의 과학 대중잡지인 〈사이언티픽 아메리칸Scientific American〉이 1990년대를 여는 1990년의 신년호에 서얼의 글과 서얼의 주장을 반박하는 글을 함께 게재하여 인공지능 논쟁 특집을 꾸민 것은 앞으로도 인공지능을 둘러싼 공방전이 계속될 것임을 예고하였다. 이 특집의 내용이 1980년에 중국어 방에 대하여 펼쳐진 논쟁과 다른 점은, 서얼을 비판하는 쪽에서 놀랍게도 서얼의 주장과 같이 계산주의(인공지능)로는 생각하는 기계의 개발 가능성이 희박하다는 생각을 비치고 그 대신에 연결주의(신경망)를 앞세워서 중국어 방을 논박하고 나선 대목이다. 그렇다고 해서 계산주의에 희망을 크게 걸지 않는 이유까지 서얼의 논리와 같은 것은 아니다. 서얼은 기호를 조작하는 프로그램으로는 인간의 지능을 가진 기계를 만들 수 없다는 주장을 했지만, 서얼을 반박하는 쪽에서는 인공지능이 기호를 조작하는 기계의 기능적 구조(architecture)를 잘못 채택했기 때문에 성공하지 못한 것이라고 발뺌을 하고 있다. 다시 말해서 계산주의가 뇌의 구조와는 전혀 다른 직렬식 구조를 사용하였기 때문에 실패했을 따름이며, 연결주의는 뇌의 구조를 본뜬 병렬식 구조이기 때문에 성공할 가능성이 높다는 주장이다. 신경망 이론이 민스키를 중심으로 하는 인공지능 학자들의 냉혹한 공격에 의하여 오랫동안 가사상태에 빠진 역사를 되돌아볼 때 하나의 아이러니가 아닐 수 없다.

중국어 체육관

병렬구조의 신경망에 의하여 생각하는 기계의 개발을 기대하는 쪽에서 서얼의 중국어 방을 비판하는 논리는 지극히 단순하다. 중국어 방이 발표되었을 당시에는 병렬구조 기술이 초창기였으며 오로지 직렬구조에 의존하는 인공지능을 겨냥하여 공격한 것이기 때문에 10년이 지난 시점에서는 아무짝에도 쓸모없는 공허한 이론이 되었다는 것이다. 이에 대해서 서얼이 새롭게 내놓은 아이디어는 중국어 체육관(Chinese gymnasium)이다.

이 체육관 안에는 영어를 잘하지만 중국어를 한마디도 이해하지 못하는 사람들이 가득하다. 이 사람들은 서로 손을 잡고 줄지어 서 있기 때문에 신경망 구조와 비슷한 형태를 만들고 있다. 이를테면 사람의 몸이 뇌의 뉴런에 해당된다면 사람의 팔은 뉴런의 시냅스(synapse)라고 볼 수 있다. 중국어 방에서와 마찬가지로 체육관 밖으로부터 기호를 조작하는 규칙을 받아서 여러 사람이 차례대로 중국어 기호를 다루어 나가게 되면 한 사람이 기호를 조작했을 때와 동일한 결과를 얻게 되기 때문에 중국어로 된 질문에 대해서 정확한 해답을 내놓을 수 있다. 그러나 중국어 체육관 안의 사람들은 한결같이 중국어 방 안의 사람처럼 중국어를 전혀 이해할 수 없다. 서얼은 중국어 방이 직렬구조의 인공지능을 겨냥한 사고실험이었음을 인정하지만, 기호를 조작한다는 측면에서 볼 때 병렬구조로 가능한 계산은 모두 직렬구조로 계산될 수 있기 때문에 연결주의라고 해서 중국어 방의 비판에서 면제될 수 없다는 것을 보여 주기 위해서 중국어 체육관의 아이디어를 내놓은 것이다.

그러나 인공지능 쪽에서는 중국어 체육관이 중국어 방만큼 설득력을 갖고 있지 않은 것으로 보고 있다. 그 이유는 두 가지이다. 첫째 이유는 뇌의 어떠한 뉴런도 중국어를 이해하지 못하지만 전체 뇌는 중국어를 이해하는 것처럼, 중국어 체육관의 어느 사람도 중국어를 이해하지 못하지만 중국어 체육관이라는 전체 시스템은 중국어를 이해할 수 있기 때문이다. 둘째 이유는 중국어 체육관은 공평한 비유가 못 되기 때문이다. 인간의 뇌에는 1,000억 개의 뉴런이 있으므로 최소한 1,000억 명의 사람이 체육관에 모여 있을 때 중국어 체육관이 뇌의 신경망을 제대로 비유한 것으로 볼 수 있다는 지적이다. 그러나 어떤 방법으로 영어는 잘하고 중국어를 못하는 사람만을 1,000억 명이나 골라서 체육관에 모아 놓을 수 있단 말인가. 서얼에게는 아주 난감한 반문이 아닐 수 없었을 것이다.

참고문헌 ────────────

- *The Artificial Intelligence Debate*, Stephen Graubard, MIT Press, 1988
- "Is the Brain's Mind a Computer Program?", John Searle, Scientific American (1990년 1월호)
- "Could a Machine Think?", Paul Churchland, Patricia Smith Churchland, Scientific American(1990년 1월호)
- *The Rediscovery of the Mind*, John Searle, MIT Press, 1992
- *Mind*, John Searle, Oxford University Press, 2004

인지과학과 융합 학문

4장

1 ─ 인지인문학

인지고고학

현생인류의 마음이 형성된 과정을 추적하기 위해 고고학에 심리학을 융합하는 새로운 접근방법은 인지고고학(cognitive archaeology)이라 불린다.

고고학은 유사 이전의 유물을 대상으로 인류의 역사를 밝혀내는 학문이다. 고대의 유물을 통해 그것을 만든 인류의 마음을 들여다볼 수 있다. 인류의 조상이 만든 도구가 발달한 과정을 연구하면 인류의 마음이 진화되는 단계를 파악할 수 있다. 이와 같이 고고학에 심리학을 적용하여 현생인류가 고도의 지능을 갖게 된 경위를 연구하는 학문이 인지고고학이다.

인지고고학의 선구자는 캐나다의 심리학자인 멀린 도널드(1939~)이다. 그는 1991년 인지고고학을 최초로 포괄적으로 소개한 『현대 마음의 기원

Origins of the Modern Mind』을 펴냈다. 이 책의 출간을 계기로 인지고고학이 탄생한 것이다. 이어서 1996년 영국의 스티븐 미센은『유사 이전의 마음 *The Prehistory of the Mind*』을 펴냈다. 두 사람은 서로 다른 접근방법으로 인지고고학을 주도하고 있다.

인지종교학

인류가 종교를 믿는 까닭을 인지과학 측면에서 연구하는 분야를 인지종교학(cognitive science of religion)이라 한다. 인지심리학, 인지인류학, 인지신경과학, 인공지능 등 인지과학의 이론과 방법을 활용하여 사람이 정상적인 인지능력으로 어떻게 종교를 만들고, 믿고, 퍼뜨리는지 연구한다.

인지종교학이라는 용어는 2000년부터 사용되기 시작했지만, 1990년 영국 인지과학자인 어니스트 토머스 로슨에 의해 창시된 것으로 받아들여진다. 그해 펴낸『종교 다시 생각하기 *Rethinking Religion*』에서 인지와 종교를 연결시키는 이론을 체계화했기 때문이다.

인지종교학은 이론 정립 단계를 지나 실험 연구 단계로 들어섰다. 그 좋은 사례가 2007년 9월부터 3개년 계획으로 시작된 '종교 설명하기 Explaining Religion' 프로

인지고고학은 고고학에 심리학을 융합한 분야이다.
(사진은 독일에서 발굴된 32,000년 전의 사자인간상)

젝트이다. 300만 달러 이상이 투입되는 이 프로젝트에는 심리학에서 경제학까지 여러 전문가들이 참여하여 첨단 장비로 인간의 마음이 종교를 믿는 메커니즘을 밝히는 실험을 진행하고 있다.

참 고 문 헌 ─────────
  △ 인지고고학 관련 도서
- *Origins of The Modern Mind: Three Stages in the Evolution of Culture and Cognition*, Merlin Donald, Harvard University Press, 1991
- *The Ancient Mind: Elements of Cognitive Archaeology*, Colin Renfrew, Cambridge University Press, 1994
- *The Prehistory of the Mind: The Cognitive Origins of Art, Religion and Science*, Steven Mithen, Thames and Hudson, 1996
- *Shamanism and the Ancient Mind: A Cognitive Approach to Archaeology*, James Pearson, AltaMira Press, 2002

  △ 인지종교학 관련 도서
- *Rethinking Religion: Connecting Cognition and Culture*, Ernest Thomas Lawson, Robert McCauley, Cambridge University Press, 1990
- *The Naturalness of Religious Ideas: A Cognitive Theory of Religion*, Pascal Boyer, University of California Press, 1994
- *Religion Explained*, Pascal Boyer, Basic Books, 2001
- *Why Would Anyone Believe in God?*, Justin Barrett, AltaMira Press, 2004
- *Modes of Religiosity: A Cognitive Theory of Religious Transmission*, Harvey Whitehouse, AltaMira Press, 2004
- *Mind and Religion*, Robert McCauley, Harvey Whitehouse, AltaMira Press, 2005
- *God from the Machine: Artificial Intelligence Model of Religious Cognition*, William Sims Bainbridge, AltaMira Press, 2006
- *Religion, Anthropology, and Cognitive Science*, Harvey Whitehouse, James Laidlaw, Carolina Academic Press, 2007

호모 에코노미쿠스

18세기 경제학이 확립될 무렵, 경제학은 심리학과 연관성이 깊었다. 그 당시 심리학은 아직 학문으로서 독립적인 입지를 마련하지 못한 상태였다. 영국의 애덤 스미스(1723~1790)는 고전경제학의 출발점이 되는 『국부론 *The Wealth of Nations*』(1776)에 앞서 펴낸 『도덕 감정론*The Theory of Moral Sentiments*』(1759)에서 인간의 경제 행동을 심리학적으로 분석하였다.

스미스의 첫 번째 저술인 『도덕 감정론』의 첫 문장은 다음과 같이 시작된다.

"인간에게는 이기적인 본성이 있다. 인간의 내면에는 다른 사람의 재산을 빼앗고 싶은 마음, 다른 사람의 행복을 빼앗고 싶은 마음이 존재한다."

그러나 신고전파 경제학(neoclassical economics)이 주류 경제학이 되는 과정에서 경제학자들은 심리학과 멀어졌다. 1870년대에 태동한 신고전파 경제학은 1930년대에 학계에서 확고히 자리를 잡고 제2차 세계대전 이후 사회주의 국가를 제외한 모든 나라에서 경제학의 주류가 되었다. 물론 스미스 이후 인간 심리의 중요성에 대해 통찰한 경제학자는 한둘이 아니었다. 알프레드 마샬(1842~1924)은 경제학은 일종의 심리과학이라고 주장하였으며, 존 메이나드 케인스(1883~1946)는 인간 심리가 경제 행동에 영향을 미친다는 사실을 강조하였다. 그 밖에도 몇몇 걸출한 경제학자들이 심리학을 경제학에 도입하려고 시도했지만 주류 경제학으로 자리 잡은 신고전파 경제학에 떠밀려 20세기 중반에 이르러서는 경제학의 논리에서 심리학을 거의 찾아볼 수 없게 되었다.

신고전파 경제학은 경제 활동을 하는 우리 모두가 호모 에코노미쿠스

(Homo economicus), 곧 경제적 인간이라는 전제에서 출발한다. 경제적 인간은 두 가지 조건을 갖춘 존재이다. 첫째 타인을 배려하지 않고 오로지 자신의 물질적 이익만을 최대화하려는 인간이며, 둘째 자신에게 돌아오는 경제적 가치(효용)를 극대화하기 위해 합리적인 판단을 하는 인간이다. 말하자면 신고전파 경제학은 경제 주체가 이기적이며 완전히 합리적인 사람이라고 전제한다.

경제학과 심리학의 융합

주류 경제학의 표준 모델인 호모 에코노미쿠스에 대해 체계적인 비판을 가한 최초의 경제학자는 허버트 사이먼이다. 1947년 펴낸 『관리 행동』은 경영학의 고전이 되었으며, 1956년 인공지능과 인지과학 탄생에 주역으로 참여했고, 1969년 펴낸 『인공의 과학』은 복잡성 과학의 필요성을 예견한 명저로 평가되었다.

1950년대에 사이먼은 주류 경제학의 근본적인 전제인 완전 합리성(perfect-rationality) 개념에 도전하는 제한적 합리성(bounded rationality) 개념을 만들어 냈다. 사이먼에 따르면, 완전한 정보가 없고, 뇌의 처리 용량 등 인간의 인지능력에는 한계가 있기 때문에 인간은 신고전파 경제학의 전제처럼 완전히 합리적일 수 없다. 요컨대 인간은 현재 가지고 있는 정보에 의존해 만족스러운 정도의 결과를 추구할 따름이다. 따라서 경제학은 제한된 합리성을 가진 인간을 연구해야 한다는 것이다. 이런 노력을 평가받아 사이먼은 1978년 노벨경제학상을 받았지만 주류 경제학자들로부터 별로 인정을 받지는 못했다. 그러나 그가 주역이 되어 탄생시킨 인지과학은 경제학에 막대한 영향을 미치게 된다.

인지심리학자들은 실제 인간의 의사 결정
이 주류 경제학 이론에서 예측하는 바와 다
르게 나타난다는 사실에 주목하고 독창적인
논문을 발표한다. 대표적인 인지심리학자는
이스라엘 태생으로 미국에서 함께 연구한
대니얼 카너먼(1934~)과 아모스 트버스키
(1937~1996)이다. 이들은 1979년 「프로스펙
트 이론: 리스크하에서의 의사 결정Prospect
Theory: Decision Making Under Risk」이라는
논문을 발표하였다. 프로스펙트 이론은 사
람들이 불확실한 상황에서 선택을 하면서
그 불확실성을 어떻게 판단하는지 설명한
이론이다. 한마디로 심리학적인 선택 이론
이다. 프로스펙트는 가망 또는 기대를 뜻하
지만, 특별한 의미는 없다. 카너먼은 자신의
이론을 널리 알리기 위해 큰 의미 없이 이런

대니얼 카너먼

명칭을 붙였다고 말했다. 이 기념비적인 이론은 주류 경제학계에 큰 충격
을 주었으며 행동경제학(behavioral economics)이라는 새로운 학문의 출발
점이 되었다. 1979년을 행동경제학의 원년으로 보는 것도 그 때문이다.
2002년 카너먼은 노벨경제학상을 받았다. 이를 계기로 행동경제학은 경
제학의 주류로 들어왔다.

행동경제학은 전통 경제학과 달리 인간의 합리성을 인정하지 않으며,
인간이 실제로 어떻게 선택하고 행동하는지 고찰하는 학문이다. 행동경
제학은 한마디로 인간의 선택과 판단에 대한 인지심리학의 연구 성과를

경제학에 융합시킨 신생 학문이다.

행동경제학의 출현으로 경제학자들은 난처한 상황에 놓이게 되었다. 신고전파 경제학의 완전 합리성에 대한 행동경제학의 비판을 수긍하면서도 여전히 호모 에코노미쿠스 개념을 포기할 수 없는 입장이기 때문이다.

참고문헌 ──────────

- *Judgment under Uncertainty: Heuristics and Biases*, Daniel Kahneman, Cambridge University Press, 1982 / 『불확실한 상황에서의 판단』, 이영애 역, 아카넷, 2001
- *The Winner's Curse*, Richard Thaler, Free Press, 1992 / 『승자의 저주』, 최정규 역, 이음, 2007
- *Irrational Exuberance*, Robert Shiller, Princeton University Press, 2000
- *Economic Theory and Cognitive Science*, Don Ross, MIT Press, 2005
- *The Origin of Wealth*, Eric Beinhocker, Harvard Business School Press, 2006 / 『부의 기원』, 안현실 · 정성철 역, 랜덤하우스, 2007
- *Knowledge and the Wealth of Nations*, David Warsh, Norton, 2006 / 『지식경제학 미스터리』, 김민주 · 송희령 역, 김영사, 2008
- 『행동경제학』, 도모노 노리오, 이명희 역, 지형, 2007
- *Behavioral Economics and Its Applications*, Peter Diamond, Princeton University Press, 2007
- *Economics and Psychology*, Bruno Frey, MIT Press, 2007
- *Predictably Irrational*, Dan Ariely, HarperCollins, 2008 / 『상식 밖의 경제학』, 장석훈 역, 청림출판, 2008
- *Nudge: Improving Decisions About Health, Wealth, and Happiness*, Richard Thaler, Yale University Press, 2008
- *Sway: The Irresistible Pull of Irrational Behavior*, Ori Brafman, Doubleday Business, 2008

인지경제학

　　20세기 후반에 유럽의 경제학자들을 중심으로 인지과학을 경제학에 융합하여 신고전파 경제학의 대안을 모색하려는 움직임이 일어났다. 이들은 인지경제학(cognitive economics)이라 불리는 새로운 분야를 창시한 것이다.

인지경제학은 신고전파 경제학을 떠받치는 두 개의 핵심 개념에 의문을 제기한다. 하나는 합리성이고, 다른 하나는 균형이다. 신고전파 경제학은 호모 에코노미쿠스의 완전 합리성을 전제한다. 또한 시장에서 소비자의 수요와 생산자의 공급이 서로 균형을 맞추면서 양쪽이 만족을 느끼게 된다고 전제한다. 그러나 인지경제학은 합리성과 균형 모두 한계를 지니고 있으므로 인지과학으로부터 빌려 온 다양한 방법으로 경제 주체들의 의사 결정, 사회적 상호작용, 제도와 관행 등을 새로 연구해야 한다고 주장한다.

인지경제학은 행동경제학과 달리 그 역사가 짧고, 구체적인 이론을 내놓은 상태가 아니므로 신고전파 경제학의 대안으로 주목을 받고 있지는 못하지만, 연구 결과물이 늘어나고 있어 관심을 갖고 지켜보아도 될 것 같다.

△ *A Framework for Cognitive Economics*, Roger McCain, Praeger Publishers, 1992
△ *Psychology and the Economic Mind*, Robert Leahy, Springer, 2002
△ *Cognitive Economics: An Interdisciplinary Approach*, Paul Bourgine, Springer, 2004
△ *Cognitive Economics*, Bernard Walliser, Springer, 2007

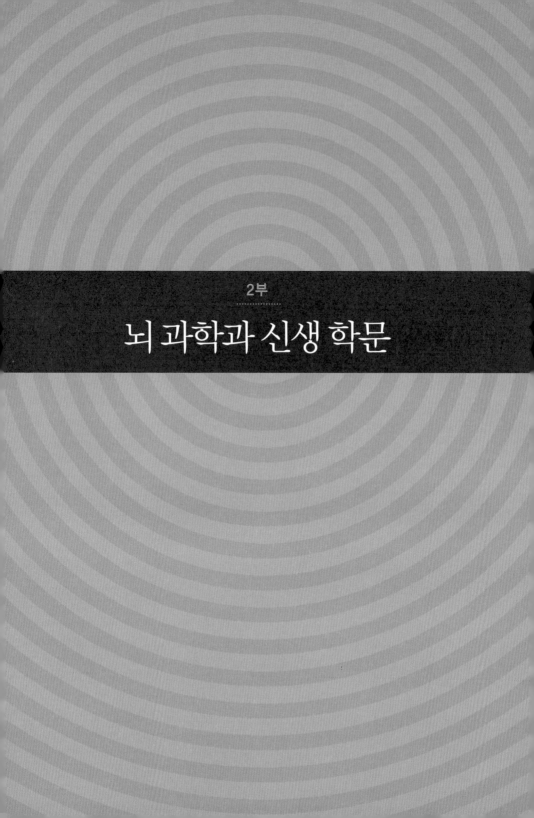

2부

뇌 과학과 신생 학문

신경과학

1—신경계와 뇌

신경계의 구성단위

신경과학은 신경계를 과학적으로 연구하는 분야이다. 신경계는 외부 환경의 정보를 탐지한 감각기관으로부터 전달된 정보를 체내에서 소통시키고 처리하는 신체기관이다. 신경계는 신체의 각 부분으로부터 정보를 모으는 감각체계와 운동을 통제하는 운동체계를 총칭한다.

신경계의 정점은 뇌이다. 19세기 말 해부학자들은 뇌를 미시적 요소로 나누고 현미경을 사용하여 뇌의 다양한 기능을 파악하려는 시도를 했다. 그들의 연구에서 뇌에는 이상하게 생긴 세포들이 거대한 조합을 이루고 있음이 발견되었다. 이러한 관찰에 근거해서 일부 해부학자들은 이 세포들이 일련의 상호 연결된 관을 통해 거의 무한하게 연결되어 있을 것으로 추측하였다. 그러나 1892년, 스페인의 뛰어난 신경해부학자인 산티아고 라몬 이 카할(1852~1934)은 기존의 견해를 뒤엎는 새로운 학설인 뉴런 교의(neuron doctrine)를 주장했다. 이 교의에 의하면, 뇌는 분명한 단위가 되는 개별 세포로 이루어진다는 것이다. 즉 세포들은 각각 구조적으로나 기능적으로 독립되어 있다는 것이다. 이러한 신경세포(뉴런)가 신경계의 기본 단위가 되는 것이다. 카할은 1906년 노벨상을 받았다.

뉴런의 구조

뉴런은 신체의 한 부위에서 다른 부위로 신경 신호를 전달한다. 신경계의 신호는 뉴런에 의해 생성되어 뉴런 사이에 전달되는 전기화학적 신호이다. 인간의 단순한 행동, 예컨대 눈썹을 치켜뜨는 일조차도 무수한 뉴런이 공동작업을 한 결과이다. 따라서 우리는 뉴런이 신호를 전달하는 속도보다 더 빨리 생각할 수 없고, 뉴런이 할 수 있는 정도를 넘어서는 기억능력을 가질 수 없다. 뉴런에는 감각뉴런(sensory neuron), 운동뉴런(motor neuron), 중간뉴런(interneuron)의 세 종류가 있다. 감각뉴런은 감각기관에 있는 특수 세포, 즉 수용기(receptor)가 탐지한 정보를 뇌로 전달한다. 한편 운동뉴런은 운동기관을 통제하는 근육으로 뇌의 메시지를 전달한다. 그리고 중간뉴런은 감각뉴런과 운동뉴런의 중간에 위치한다. 요컨대 감각뉴런은 정보의 수용, 중간뉴런은 전달, 운동뉴런은 표현의 역할을 각기 수행한다. 뉴런은 신경계에서의 위치와 기능에 따라 제각기 크기와 모양이 다르지만 구조 면에서는 모든 뉴런이 같은 특징을 갖고 있다. 뉴런은 〔그림 1〕과 같이 세포체(soma), 수상돌기(dendrite), 축색돌기(axon)의 세 부분으로 구성된다.

[그림 1] 뉴런의 다양한 모양

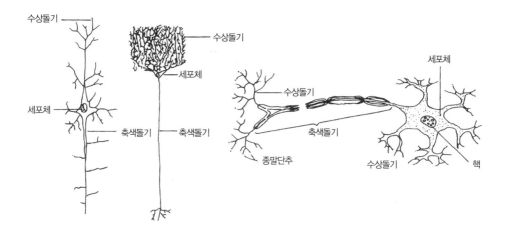

- 세포체에는 유전정보와 세포의 신진대사에 관련된 계획을 포함하는 핵이 있다.
- 긴 튜브 모양의 축색돌기는 다른 뉴런이나 신체의 근육 또는 다른 기관에 정보를 전달한다.
- 세포체에 뻗어 있는 작은 가지들인 수상돌기는 다른 뉴런으로부터 신호를 받아 이것을 세포체에게 전달한다.

이와 같이 뉴런은 신호를 수상돌기로 받아서 축색돌기를 통해 다른 뉴런으로 전달한다. 그러나 뉴런은 서로 직접적으로 연결되어 있지 않다. 각 뉴런은 수백 또는 수천 개의 다른 뉴런들과 간접적으로 이어져 있다. 이 때문에 복잡한 신경 신호일지라도 전체 신경계의 여러 부위에 동시에 전달된다. 이와 같이 한 뉴런의 축색돌기의 끝 부분이 다른 뉴런의 세포체 또는 수상돌기와 아주 근소한 간극을 두고 연결된 것을 시냅스(synapse)라 한다. 뉴런은 시냅스에 의해 정보를 주고받는다. 다시 말해 시냅스는 신경 신호가 한 뉴런에서 다른 뉴런으로 이동하는 부위이다. 시냅스는 시냅스 전 말단, 시냅스 후막 그리고 이들 사이의 공간으로 구성된다. 시냅스 전 말단은 시냅스 전 뉴런의 축색돌기의 종말부위가 불룩하게 부풀어 오른 특수구조이다. 종말단추(terminal button)라 하는 곳이다. 시냅스 후막은 시냅스 후 뉴런의 수상돌기 또는 세포체의 표면에 있는 생체막이다.

뉴런의 전기적 특성

뉴런은 세 종류의 전기적 특성을 갖고 있다. 안정전위(막전위), 활동전위(신경충격), 점진적 전위(국소전위)를 말한다. 뉴런은 여러 종류의 화학물질 가운데서 어떤 것만을 통과시키는 반(半)투과성을 띤 세포막으로 덮여 있다. 이러한 세포막, 특히 축색돌기의 막 안에는 음이온을 가진 화학물질들이 주로 들어 있고, 그 바깥에는 양이온을 가진 화학물질이 들어 있다. 따라서 막의 내부가 외부에 비해서 전기적으로 음성을 띠고 있다. 이와 같이 세포막의 안과 밖의 전기적 성질이 나뉘어 있는 상태가 분극(polarization)이며, 이때의 전압이 안정전위(resting potential) 또는 막전위(membrane potential)이다. 자극을 받지 않은 뉴런이 활동하지 않고 쉬고 있을 때가 바로 안정전위의 상태이다. 그러나 뉴런이 받는 자극 에너지가 모여 일정 수준을 넘으면 축색돌기의 막은 갑자기 투과성이 커져서 막 외부의 양이온이 막 안으로 들어오게 되고, 안정전위 상태에 있던 막의 내부에 급격한 전기적 변화가 생긴다. 막 내부의 음성이 점점 감소됨에 따라 막전위가 감소되는 상태, 즉 탈분극(depolarization) 상태가 된다. 이때 생기는 전압을 활동전위(action potential), 신경충격(nerve impulse) 또는 방전(spike)이라 한다. 그리고 신경충격을 야기시키는 데 필요한 최소한의 자극강도를 일 컬어 신경충격의 역치(threshold)라 한다. 자극의 크기가 문지방(역치)을 넘 으면 신경충격이 생기고 넘지 못하면 신경충격이 생기지 않는다는 뜻이 다. 그러므로 활동전위는 세포막 안의 안정전위가 역치 이상으로 올라갈 때 발생하는 실무율(all-or-none rule) 전위이다. 어떤 역치 이상의 자극은 동일한 크기의 신경충격을 일으키지만 역치 이하의 자극에서는 신경충격 이 일어나지 않는다는, 다시 말해서 신경충격의 크기는 자극의 크기에 독 립적이라는 개념이 실무율이다.

뉴런이 갖는 세 번째 형태의 전압은 점진적 전위(graded potential) 또는 국소전위(local potential)이다. 국소전위는 실무율 전위와는 정반대로 반응 의 강도가 자극 부위로부터 멀어질수록 차츰 약해지는 특성이 있다. 시냅 스 전 말단(축색돌기의 종말 부분)의 활동에 의해서 시냅스 후막(수상돌기의 막)에 야기되는 현상이므로 시냅스 후 전위(postsynaptic potential)라고도 말한다. 국소전위끼리는 서로 보태거나 빼는 형태의 상호작용이 일어난 다. 이 상호작용이 뉴런 사이의 정보처리를 위한 가장 전형적인 수단이 된다. 좀 더 풀어서 설명하자면, 축색돌기를 따라 내려온 전기적 활동이 종말단추(시냅스 전 말단)에 다다르면, 그곳에 있는 주머니 안의 신경전달물 질(neurotransmitter)이 방출되고, 이 화학물질들은 다른 뉴런의 수상돌기 또는 세포체의 막(시냅스 후막)에 전기적 변화를 일으킴으로써 뉴런 사이의 정보가 처리된다. 수천 개의 미립자인 신경전달물질의 성질에 따라 막의 내부와 외부의 전위차를 증가시키거나 또는 감소시킨다.

신경전달물질이 수상돌기 또는 세포체의 막의 내부에 양이온이 들어오 게 해서 전위차를 감소시키는 시냅스 연결은 흥분적(excitatory), 반대로 막의 내부에 음이온이 들어오게 하거나 외부로 양이온이 나오도록 해서 전위차를 증가시키는 시냅스 연결은 억제적(inhibitory)이라 이른다. 따라서 뉴런은 흥분적 또는 억제적 성질의 어느 하나를 갖게 된다. 뉴런이 흥분적 성질을 지닐 때 그 뉴런은 활성화(activation) 또는 점화(firing)되었다고 말한다. 그러나 축색돌기가 매초 전달하는 신경 흥분의 수는 축색돌기의 성질에 따라 서로 다르다. 1초당 신경 흥분의 횟수를 점화율이라 하는데, 점화율이 커질수록 축색돌기, 축색돌기와 시냅스 연결된 뉴런에 주는 효과는 더욱 커진다. 이와 같이 뇌의 정보는 연속적으로 변화하는 양, 곧 아날로그 형태로 표현된다. 컴퓨터에서 정보가 표현되는 방법과 전혀 다른 점이다. 컴퓨터에서는 뉴런에서처럼 연속적인 변화가 전혀 없고 오로지 두 개의 이진수 중에서 하나만을 취하는 디지털 형태로 정보가 표현된다. 따라서 두뇌를 소자 물리학 측면에서 볼 때 뉴런은 하나의 독립된 아날로그 논리 연산 단위이다.

현생인류의 뇌

사람의 뇌는 보통 양배추 통만 한 크기에 무게는 평균 1,350그램이다. 뇌에서 정보처리는 뉴런에 의해서 이루어진다. 사람 뇌에는 1,000억 개의 뉴런이 얽혀 있고, 이들은 각각 1,000~10,000개의 시냅스를 갖고 있다. 따라서 100조 이상의 시냅스가 존재하는 셈이다.

인간의 뇌는 진화 과정에 따라 형성된 시기가 다른 여러 부위로 구성되어 있다. 늦게 생겨난 뇌가 초기에 형성된 뇌보다는 기능이 뛰어나지만 그렇다고 해서 초기에 형성된 뇌가 없어진 것은 아니고 그대로 모두 남아 있다. 인간의 뇌는 초기에 형성된 원시적인 뇌와 가장 늦게 형성된 대뇌피질

[그림 2] 뇌의 구조

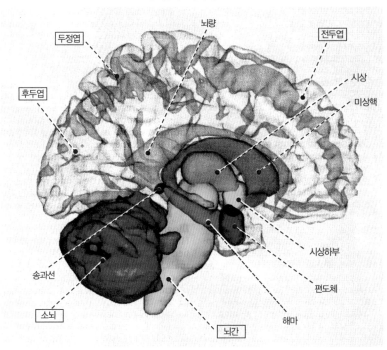

을 동시에 지니고 있다.

원시적인 뇌는 인간의 조상인 파충류와 포유류가 가진 뇌와 동일한 기능을 수행하고 있다. 먼저 파충류의 뇌는 후각기능을 맡는 앞부분, 시각기능을 맡는 중간 부분, 몸의 평형과 조정 기능을 맡는 뒷부분으로 나누어져 있다. 이 세 부분은 〔그림 2〕에서처럼 척수와 직접 연결되어 있는 뇌간 (brainstem)에서 생겨난 것이다. 파충류의 뇌라고 불리는 뇌간에는 모성애, 굶주림, 갈증, 성욕과 같이 인간이 태어나는 순간부터 생존에 필수적인 본능이 들어 있다. 이를테면 생명유지에 관계하는 여러 신경중추가 자리 잡고 있어서 심장과 폐의 자율적인 기능을 조절한다.

파충류는 3억 년 전에 지구상에 출현하여 2억 년 전에 하등의 포유류로 진화되었기 때문에, 파충류형 뇌인 뇌간은 약 2억~3억 년 전에 생긴 것으로 추정된다. 뇌에서 가장 먼저 생긴 부분인 뇌간은 가장 원시적인 뇌이다.

한편 2억 년 전에 출현한 포유류는 공룡이 멸종한 시기인 6천 5백만 년 전을 전후로 하여 하등 포유류와 고등 포유류로 나뉜다. 먼저 하등 포유류의 경우, 1억 년 동안의 야행성에서 발달된 후각기능을 맡는 뇌 부분이 부풀어 올라 파충류형 뇌를 둘러쌌다. 이 부분은 하등의 포유류에서 볼 수 있는 변연계(limbic system)이다. 변연은 '변두리를 둘러싸고 있는' 이라는 뜻의 그리스어에서 유래된 말이다. 하등 포유류의 뇌와 유사한 변연계는 대략 1억 5천만 년 전에 진화된 것으로 본다. 뇌간 위쪽에 위치한 변연계는 시상, 시상하부, 중격, 해마, 편도체, 뇌하수체, 후구(嗅球)로 구성된다. 각 구성부위는 제각기 특정의 정서 반응과 관련된다. 예컨대 시상하부에서는 공포, 중격에서는 즐거움, 전측시상에서는 성적 충동, 편도체에서는 분노가 발생되며, 뇌하수체는 위험이나 긴장에 대응하도록 지원한다. 변연계에서 가장 오래된 부위인 후구가 냄새의 분석과 관계되는 사실로부터 성적 충동에서 냄새의 역할이 우연이 아님을 알 수 있다. 요컨대 변연계는 수면 주기, 음식 섭취, 생식 등 포유류의 가장 중요한 활동을 조절한다.

공룡이 멸종되고 포유류가 진화되어 5천만 년 전에 영장류가 출현함에 따라 고등 포유류형 뇌는 시각기능의 발달로 확대를 거듭해서 표면에 주름이 생기게 되었다. 단단한 뼈로 된 바가지같이 생긴 두개골 안에 들어 있는 뇌가 갑자기 커짐에 따라 크기가 한정된 두개골 안에 자리를 잡기 위해서는 주름이 잡힐 도리밖에 없었다. 뇌에 주름이 생기는 현상은 뇌가 큰 동물에게서만 나타나며 고등동물일수록 뇌에 주름이 많이 잡혀 있다. 호두 껍데기처럼 주름이 많은 열매의 껍질 부분을 라틴어로는 코텍스(cortex)라고 하는데, 대뇌를 통상 대뇌피질(cerebral cortex)이라고 부르는 이유가 여기에 있다. 대부분의 대뇌피질은 진화적인 의미에서 가장 나중에 발달된 것이므로 신피질(neocortex)이라 불린다.

사람 뇌의 90퍼센트를 차지하고 있는 대뇌피질은 의식적인 사고, 기억, 학습, 언어능력 등 매우 정교한 기능을 조절한다. 대뇌는 대칭적인 두 개의 반구로 나뉜다. 대뇌 반구는 네 개의 주요 영역, 곧 뇌엽으로 구성된다. 뇌엽에는 고도의 지능적 과정과 근육운동을 담당하는 전두엽, 청각과 기억을 담당하는 측두엽, 신체감각을 감지하는 두정엽, 시각을 담당하는 후두엽이 있다. 이러한 뇌엽은 좌우 반구에 각각 한 개씩 두 개가 있다.

동물적 본능을 지배하는 원시적인 뇌(뇌간, 변연계)는 인간적 이성을 지배하는 뇌(대뇌피질)와 끊임없는 경쟁을 벌인다. 따라서 이성의 힘(대뇌피질)이 순간적으로 약해질 때마다 원시적인 뇌가 주도권을 잡게 되며 공격성, 잔인성, 성욕 따위의 본능적 프로그램이 내리는 지령에 따라 동물 같은 행동을 서슴지 않게 된다.

참고문헌 ─────────
- *Physiological Psychology*, Mark Rosenzweig, Arnold Leiman, D.C. Health&Co., 1982 / 『생리심리학』, 장현갑 역, 교육과학사, 1986
- *Intelligence: The Eye, the Brain, and the Computer*, Martin Fischler, Oscar Firschein, Addison-Wesley, 1987
- 『사람과 컴퓨터』, 이인식, 까치, 1992
- *Brain Story*, Susan Greenfield, BBC Worldwide, 2000 / 『브레인 스토리』, 정병선 역, 지호, 2004
- *Neurons and Networks*(2nd edition), John Dowling, Harvard University Press, 2001

2 — 뇌 지도와 의학 영상

초창기의 뇌 기능 연구

뇌의 기능을 표시한 지도를 작성하려는 노력은 다각도로 추진되었다. 첫 번째 시도는 19세기가 시작될 즈음에 등장한 골상학(phrenology)이다. 골상학에서는 사람의 두개골 생김새가 상응하는 뇌 부분의 발달 정도를 반영한다고 생각했다. 골상학자들은 죄수 또는 정신병자의 두개골을 분석하여 정신의 기능에 상응하는 뼈의 위치를 보여 주는 지도를 작성했다. 그중에서 성공적인 작품은 지금까지 사용되고 있는 코르비니언 브로드만(1868~1918)의 지도이다. 독일의 신경학자인 브로드만은 1909년 대뇌피질을 그 기능에 따라 분할하여 번호를 부여했다. 예컨대 전두엽에 있는 영역 4는 운동, 후두엽의 영역 17은 시각, 측두엽에 자리한 영역 41과 42는 청각을 담당하고 있다.

뇌의 기능 연구에서 가장 오랫동안 사용된 장비는 뇌전도(EEG)이다. EEG(electroencephalogram) 연구는 독일의 한스 베르거(1873~1941)에 의하여 개척되었다. 그는 1929년 두피에 전극을 부착하여 대뇌의 전기적 활동, 즉 뇌파를 기록하는 연구논문을 발표했다. EEG는 대뇌의 거시적인 전위를 측정할 수 있으므로 전체 신경세포 집단의 전기적 활동을 파악할 수 있다.

뇌파는 0.5~50헤르츠의 주파수 범위에 있는 느리고 연속적인 전자파이다. 예컨대 눈을 감고 뇌가 쉬고 있을 때에는 알파파(8~12Hz), 깊은 수면상태에서는 델타파(0.5~5Hz)가 출현한다. 뇌의 활동상태에 따라 주파수가 다른 뇌파가 발생하는 것이다.

뇌의 단층촬영

오늘날에는 의학 영상(medical imaging) 기술의 획기적인 발전으로 뇌의 지도 제작이 한결 수월해졌다. 컴퓨터 기술의 도움으로 뇌의 내부를 간접적으로 들여다볼 수 있게 됨에 따라 인지활동에 관련된 뇌의 영상을 찾아내서 뇌의 지도를 만들게 된 것이다. 대표적인 뇌 영상 방법으로는 컴퓨터단층촬영(CT), 양전자방출단층촬영(PET), 자기공명영상(MRI)이 손꼽힌다.

의학 영상이 컴퓨터 기술을 활용하기 시작한 때는 1970년대이다. 그 전까지 대부분의 의학 영상은 X선에 의존했다. 남아프리카공화국 태생의 앨런 코맥(1924~1998)과 영국의 고드프리 하운스필드(1919~2004)는 제각기 X선과 컴퓨터 기술을 결합시킨 CT(computed tomography)의 원리를 창안했다. 하운스필드는 1972년 최초의 CT장치를 개발하여 임상에 사용했다. 두 사람은 1979년 노벨상을 함께 받았다.

CT는 인체의 각 조직에서 X선 에너지의 흡수율이 서로 다르다는 사실을 응용한 것이다. 이를테면 물을 0으로 하고, 뼈조직은 +1,000, 공기는 −1,000으로 2천 등분하여 각 조직의 X선 흡수율을 컴퓨터로 계산한다. 따라서 여러 각도에서 신체를 통과하는 X선으로 뼈는 가장 희게, 공기는 가장 검게, 그리고 물은 중간 음영으로 표시되는 신체의 영상을 재구성하게 된다. 컴퓨터가 없이는 다량의 정보를 신속하게 처리하여 영상을 만들어낼 수 없다. 이렇게 만든 컴퓨터 단층사진은 뇌출혈이나 뇌종양 등 신경계 질환의 진단에 필수적으로 사용되고 있다.

CT는 두 가지 측면에서 의학계에 영향을 미쳤다. 첫째, 의사들은 살아 있는 사람의 뇌 조직을 효과적으로 볼 수 있는 기술을 비로소 갖게 되었다. 둘째, 핵의학에서 컴퓨터를 이용하는 영상 기술에 관심을 갖게 된 계기를 촉발시켰다.

핵의학 영상 기술은 방사성동위원소를 사용하여 신체 내부의 분자에 표지를 부착하는 방법을 기본으로 한다. 방사성동위원소는 감마선을 낸다. 감마선은 표지가 붙은 분자의 위치를 추적할 수 있는 수단이 되기 때문에 신체기관의 영상을 제공한다. 이러한 핵의학의 영상 기술에 컴퓨터가 사용됨에 따라 단층사진을 얻을 수 있게 된 것이다. 컴퓨터를 이용한 핵의학 영상 기술로는 PET(positron-emission tomography)가 단연 돋보인다.

PET는 양전자를 방출하는 방사성동위원소를 정맥주사로 체내에 투입하여 그 방사능의 단층영상을 만들어 내는 기법이다. 양전자는 전자와 질량은 같지만 양전기를 띤다. 양전자는 전자를 만나면 즉시 결합하면서 두 개의 광자(photon)를 방출하는데, 이 과정에서 180도 반대방향으로 두 개의 감마선을 낸다. 감마선 검출기로 감마선의 방사능을 계측하여 컴퓨터로 보내면 CT에서와 동일한 방법으로 각 조직 부위의 컴퓨터 단층사진이 만들어진다.

PET는 뇌의 다양한 기능, 예컨대 포도당 대사, 산소 대사 또는 국소적인 피의 흐름 등을 측정할 수 있다. 이 가운데서 매 순간의 뇌 기능을 가장 신뢰성 높게 나타내 주는 것은 혈류임이 입증되었다. PET로 혈류를 측정하여 뇌의 기능을 밝히는 데 가장 성공한 분야는 언어의 연구이다. 그동안 언어기능은 뇌가 손상된 환자를 대상으로 연구되었으나 PET 덕분에 건강한 뇌로부터 연구가 가능해진 것이다.

이와 같이 PET는 뇌의 해부학적 변화보다는 생리적 또는 화학적 변화를 평가할 수 있기 때문에 정상인에게 각종 자극을 가하여 그 변화를 관찰할 수 있다. 예컨대 노래를 부르거나 책을 읽을 때 주어진 자극에 따라 뇌에서 일어나는 기능적 변화를 영상화하여 사진으로 볼 수 있으므로 뇌의 기능 분석에 필수불가결한 장비가 되고 있다.

기능성 자기공명영상

한편 MRI(magnetic resonance imaging)는 CT와 함께 조직의 손상을 진단하는 필수 의료장비로 자리를 잡은 지 오래이다. 본래 NMR(nuclear magnetic resonance)이라고 불렸으나 핵(N)이란 단어로 말미암아 이 기술을 위험하게 생각하는 사람이 많았기 때문에 MRI로 명칭이 바뀌었다. NMR을 개발한 미국의 펠릭스 블로흐(1905~1983)와 에드워드 퍼셀(1912~1997)은 1952년에 노벨상을 받았다.

 NMR은 많은 원자가 자장이 있을 때에는 자석처럼 움직인다는 사실을 응용하고 있다. 애당초 분자의 화학적 특성을 연구하기 위하여 개발된 NMR이 임상에 사용된 까닭은 NMR이 양성자(proton)를 검출함으로써 영상을 형성할 수 있음이 발견되었기 때문이다. 양성자는 인체에 많이 있으며 작은 자석처럼 행동하여 자장에 민감하게 반응한다. 인체의 70퍼센트인 물 분자 안의 수소 원자핵은 한 개의 양성자로 되어 있다. 요컨대 MRI는 인체 주위에 강한 자장을 형성하여 체내에 있는 수소 원자핵의 분포를 영상으로 나타낸다.

 MRI는 CT보다 해상도가 뛰어나고 뇌의 구조를 명확하게 영상화하지만 PET처럼 뇌의 기능을 보여 주지 못하는 약점이 있었다. 그러나 MRI가 PET에 잡히지 않는 신호를 검출할 수 있는 능력을 갖고 있는 것이 확인됨에 따라 MRI에 대한 관심이 고조되었다. MRI가 신경활동이 증대되는 뇌의 부위에서 일어나는 산소의 증가를 실시간으로 검출할 수 있음이 확인된 것이다. 예컨대 사람에게 손가락을 가볍게 두드리도록 하면 뇌의 운동피질 일부가 이 명령을 내보낸다. 이 작용은 에너지를 필요로 한다. 따라서 더 많은 피가 뇌의 그 부위로 흘러 들어간다. 그러면 혈액 안의 산소가 그 부위 안의 자장을 변화시키게 된다. 이와 같이 MRI는 혈액 내부에서

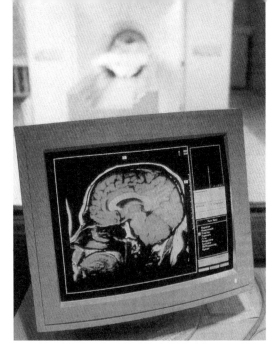

자기공명영상 장치로 뇌의 기능을 연구한다.

기능적으로 유발된 산소의 변화를 검출함으로써 뇌의 작용을 영상화할
수 있다. 이 기술을 특별히 기능 MRI(functional MRI)라고 부른다. fMRI는
1986년 영국에서 처음 시도되었으나 미국에서 꽃을 피웠다.

　fMRI는 PET보다 유리한 점이 한두 가지가 아니다. 첫째, 신호를 얻기
위해 PET처럼 방사성동위원소를 핏속에 투입할 필요가 없다. 뇌 조직 안
에서 기능적으로 유발된 변화로부터 신호가 직접 오기 때문이다. 둘째,
PET보다 선명한 그림을 보여 준다. PET는 2~3밀리미터가 한계이지만
fMRI는 1밀리미터의 작은 부분까지 뇌를 보여 준다. 셋째, 가격이 PET보
다 훨씬 저렴하며 사용하기 쉽다. 1994년 서울대에 국내 최초로 설치된
PET는 의료기기 중에서 최고가격인 60억 원 상당에 도입되었다. 물론 성
능 면에서는 PET가 fMRI를 앞선다. fMRI보다 검출 가능한 신호의 범위

가 훨씬 넓을 뿐만 아니라 한 번에 뇌 전체를 볼 수 있는 장점이 있다. 요컨대 뇌의 영상 기술은 PET와 fMRI의 경쟁 속에서 발전을 거듭할 것으로 전망된다.

인간의 뇌는 이 세상에서 가장 신비스러운 존재이다. 그러나 마음을 하나씩 읽어 나가는 영상장비에 의하여 뇌의 지도가 작성되면 그 신비가 벗겨질 것으로 보인다. 사고의 대륙, 정서의 섬, 의식의 골짜기, 언어의 바다 등 미지의 영역이 그 모습을 드러낼 날도 멀지 않은 것 같다.

참고문헌

• *Images of Mind*, Michael Posner, Marcus Raichle, Scientific American Library, 1994
• *The New Phrenology*, William Uttal, MIT Press, 2001

3— 인지신경과학

기억의 다양한 유형

마음의 기능 중에서 인지의 생물학적 기초를 탐구하는 신경과학 분야는 인지신경과학(cognitive neuroscience)이라 불린다. 이를테면 지각, 언어, 기억, 학습과 같은 인지기능이 뇌의 신경회로에서 발생하는 메커니즘을 밝히는 것이 인지신경과학의 궁극적인 목표이다.

인지기능 연구에서 가장 중심이 되는 것은 기억이다. 지각, 언어, 학습 등 다른 기능들이 뇌 안에 기억된 정보에 크게 의존하기 때문이다. 기억은 지난 일을 잊지 않는 것, 곧 과거의 사실이나 체험을 의식적으로 사고하는 능력이다. 학습을 통해 받아들여진 외부 세계의 정보가 신경계에 저장되어 인출될 수 있는 상태를 기억이라고 말한다.

과거의 사실과 체험에 관한 기억은 단기기억과 장기기억의 두 유형으로 나뉜다. 단기기억(short-term memory)은 단 몇 초 또는 암송이 계속되는 동안에만 지속되는 기억인 반면, 장기기억(long-term memory)은 몇 주, 몇 달 또는 몇 년간 지속되는 기억이다. 우리가 통상 기억이라고 말하는 것은 과거의 정보나 체험의 단편을 의식적으로 불러낼 수 있는 능력인 장기기억이다.

장기기억은 서술기억과 절차기억으로 구분된다. 서술기억(declarative memory)은 과거의 사실이나 사건처럼 서술 가능한 형태의 기억인 반면, 절차기억(procedural memory)은 악기 연주나 운동 기술처럼 의식적인 노력이 필요 없이 습관적으로 습득되는 기억이다. 서술기억의 형성에는 뇌의 측두엽 피질 아래쪽에 길게 구부러져 있는 바다 말 모양의 해마가 중요한 기능을 하는 반면, 절차기억은 소뇌가 담당한다.

서술기억은 다시 에피소드기억과 의미기억으로 나눌 수 있다. 에피소드기억(episodic memory)은 졸업식이나 출판기념회와 같은 사건(에피소드)에 관한 기억인 반면, 의미기억(semantic memory)은 단어의 의미, 사람의 이름 또는 도구의 명칭 등 사실과 관련된 기억이다. 에피소드기억은 해마에 저장되는 반면, 의미기억은 대뇌피질에 분산되어 있다.

뇌 안의 기억 창고

1929년 미국의 심리학자인 칼 래슐리는 뇌 안에서 기억이 저장되는 장소를 찾는 실험을 실시했다. 쥐에게 미로를 찾는 방법을 가르친 뒤에 뇌의 여러 부위에 손상을 가했다. 뇌의 손실로 쥐들은 미로를 찾는 일에 어려움을 겪는 것으로 나타났다. 그러나 모든 쥐들이 뇌 손상 뒤에도 미로에 관한 기억의 일부를 간직하고 있는 것으로 밝혀졌다. 래슐리는 기억이 어느 특별한 뇌 부위에만 저장되지 않고 뇌의 모든 영역이 똑같이 기억에 관여된다는 결론을 내렸다.

그러나 캐나다의 신경외과 의사인 윌더 펜필드는 간질 환자의 두개골을 절개하는 수술을 하는 과정에서 동일한 뇌의 부위를 여러 번 자극하면 동일한 기억이 반복해서 떠오른다는 사실을 밝혀냈다. 펜필드는 기억이 국부적으로 저장될 수 있다고 결론지었다.

그렇다면 기억은 뇌에 전체적으로 퍼져 있는가, 아니면 뇌의 특정 부위에 집중되어 있는가. 뇌를 연구하는 학자들은 양쪽을 모두 만족시키는 답을 찾아냈다. 먼저 뇌의 여러 영역에서의 손상으로 기억의 부분적인 상실을 가져오는 것으로 확인되었다. 이는 특정한 기억 장소가 따로 있지 않음을 보여 준 래슐리의 미로실험 결과와 일치한다. 또한 해마 같은 특수한 뇌 구조에 손상이 일어나면 심각한 기억 손실이 일어날 수 있음을 보여 준 사례가 발생하여 펜필드의 주장이 뒷받침되기도 했다.

1953년 8월 미국에서 H. M.으로만 알려진 27세의 간질 환자가 뇌 수술을 받았다. 대뇌 반구 양쪽의 측두엽 피질을 부분적으로 제거한 결과 발작 증세는 호전되었으나 심각한 기억장애가 일어났다. 그는 수술받기 전의 오래된 기억은 온전히 생생하게 회상할 수 있었다. 그러나 수술에서 깨어난 바로 그 순간부터 그 어떤 새로운 사실도 기억해 내지 못했다. 가령 어떤 사람과 대화를 나누고 헤어진 뒤, 몇 분 뒤 다시 만났을 때 그의 이름과 얼굴은커녕 그를 얼마 전에 만났던 사실조차 기억하지 못했다. 말하자면 새로운 장기기억을 형성하는 능력을 전부 상실한 셈이다. 그 이유는 곧바

에릭 칸델

로 밝혀졌다. 수술 도중에 대뇌 양쪽의 측두엽에서 해마가 모두 절제되었기 때문이다. 이를 계기로 해마는 기억 저장에 중요한 역할을 하는 부위로 확인되었다.

바다달팽이의 시냅스

분자생물학으로 기억의 수수께끼에 도전하여 성과를 거둔 대표적인 인물은 미국의 신경과학자인 에릭 칸델(1929~)이다. 그는 바다달팽이인 군소(Aplysia)를 실험 대상으로 선택하였다. 군소는 학습능력이 제한된 하등동물이지만 신경계가 매우 단순하고 뉴런이 매우 커서 연구하기 쉽기 때문에 신경생물학 연구의 좋은 재료가 되고 있다.

군소는 대개 살짝 건드리면 아가미를 쏙 잡아넣는 반응을 나타낸다. 이러한 수축반사 작용은 학습을 통해 바뀔 수 있다. 아가미를 반복적으로 살짝 건드리면 군소는 차츰 무감각해져서 수축하는 반응의 강도가 약해진다. 한편 군소의 끝 부분에 전기충격을 가볍게 가함과 동시에 지속적으로 건드리면 군소는 민감해지면서 반응하는 속도가 증가된다. 이 두 경우 모두에서 군소는 새로운 반응을 학습했으며, 이러한 학습에 의해 신경회로망이 변화되는 것으로 나타났다.

칸델은 뉴런 간의 연결고리인 시냅스에 일어난 변화를 분석하고, 학습에 의해 시냅스에서의 신경전달물질의 농도가 변화된다는 사실을 알아냈다. 신경전달물질의 양이 변화하여 시냅스 연결능력이 강화되거나 약화됨으로써 군소의 뇌에 기억이 형성되는 것을 밝혀냈다. 말하자면 시냅스의 생화학적인 변화가 기억을 조절한다는 것이다.

칸델은 군소를 이용한 연구를 통해 시냅스 연결이 항상 변할 수 있는 가소성(plasticity)이 기억에 매우 중요한 현상임을 밝혀낸 것이다. 그는 단기기억은 시냅스 기능의 순간적 변화에서 비롯되고, 장기기억은 시냅스 수의 증가와 관련된다고 설명하였다. 2000년 칸델은 기억이 형성될 때 뇌세포에서 일어나는 변화를 연구한 공로로 노벨상을 받게 된다.

참고문헌 ──────────

- *The Burning House: Unlocking the Mysteries of the Brain*, Jay Ingram, Viking, 1994
- *Brain Story*, Susan Greenfield, BBC Worldwide, 2000
- *Neurons and Networks*(2nd edition), John Dowling, Harvard University Press, 2001
- "기억의 물질적 원리를 밝혀낸다", 강봉균, 『월경하는 지식의 모험자들』, 한길사, 2003
- *The Cognitive Neuroscience III*, Michael Gazzaniga, MIT Press, 2004
- *In Search of Memory*, Eric Kandel, W. W. Norton, 2006

4—정서신경과학

정서에 대한 무관심

마음의 기능 중에서 정서의 생물학적 기초를 연구하는 신경과학 분야는 정서신경과학(affective neuroscience)이라 이른다. 정서는 지극히 주관적이고 추상적인 마음의 상태이기 때문에 정의하기가 쉽지 않다. 일반적으로 정서는 감정(feeling), 마음가짐(attitude), 기분(mood)이 결합된 현상이라 할 수 있다. 우리는 일상적으로 어떤 상황을 지각하고, 그에 대한 정서를 갖게 되며, 그 다음에 신체적 변화를 체험하는 것으로 생각한다. 요컨대 정서는 개인의 감정이 표정, 태도 또는 행동으로 나타나는 것이라 할 수 있다. 여기에서 정서에 대한 최소한 두 가지의 의미를 파악할 수 있다. 하나는 사사로운 주관적인 감정으로서의 정서이다. 다른 하나는 독특한 신체적 반응의 표현으로서의 정서이다.

19세기에는 찰스 다윈(1809~1882), 윌리엄 제임스(1842~1910), 지그문트 프로이트(1856~1939) 등이 정서의 다양한 측면에 대해 다양한 이론을 펼쳤으나 20세기 들어 정서를 전문적으로 연구하는 사람들을 찾아보기 어려웠다. 인지과학과 신경과학 모두 정서에 관심을 갖지 않았다. 1985년 미국 심리학자인 하워드 가드너가 인지과학의 초창기 역사를 정리해서 펴낸 『마음의 새로운 과학』의 색인에 '정서(emotion)'라는 단어가 나오지 않는 것이 그 좋은 증거이다. 정서는 너무 주관적이고 애매한데다가, 인간만이 갖고 있는 능력인 이성의 반대로 간주되었기 때문에 과학적 연구 대상으로 여겨지지 않았던 것이다.

정서 연구가 사라진 학계에서 두 사람이 끈질기게 매달렸다. 미국의 심리학자인 폴 에크먼(1934~)과 신경과학자인 조지프 르두(1949~)이다.

1970년대부터 에크먼은 얼굴 표정과 감정의 관계를 연구하였다. 그는 여섯 가지 감정을 나타내는 얼굴 표정이 모든 사회에서 동일하다는 사실을 밝혀냈다. 기본 감정이라 불리는 여섯 가지는 기쁨(joy), 슬픔(sadness), 놀람(surprise), 두려움(fear), 분노(anger), 혐오(disgust)이다.

1980년대에 르두는 두려움을 집중적으로 연구하였다. 그는 쥐가 두려움을 느낄 때 편도체가 가장 활성화된다는 것을 알아냈다. 또한 쥐의 편도체를 전기로 자극하여 공포감을 불러일으키기도 했다. 르두는 사람에서도 변연계에 위치한 편도체가 공포를 담당하는 부위임을 확인했다.

전두엽의 정서기능

1848년 9월 어느 날, 미국의 철도 건설 현장에서 철도공사 감독관인 25살의 피니어스 게이지(1823~1860)가 사고를 당했다. 그는 암석을 제거하는 작업을 하다가 화약이 폭발하여 죽을 뻔했다. 폭발 순간에 쇠막대가 뇌의 앞부분을 관통한 뒤 멀찌감치 튀어 나갔다. 그러나 게이지는 놀랍게도 기적적으로 살아났다. 그는 평소에 근면하고 예의 바른 젊은이였는데, 사고 뒤에는 고집 세고 무례한 인간으로 바뀌었다. 전두엽의 손상으로 그의 성격이 완전히 변해 버린 것이다. 게이지는 정상적인 일을 구하지 못하고 그럭저럭 살아가다가 사고가 난 지 12년 후에 요절하였다.

미국의 신경과학자인 안토니오 다마지오(1944~)는 현대판 피니어스 게이지라고 할 만한 환자들을 연구하였다. 그중의 하나가 엘리엇이라는 환자이다. 엘리엇은 개인적으로나 사회적으로 성공한 인물이었으나, 뇌종양이 전두엽 피질에 있었다. 따라서 뇌종양을 제거하기 위해 전두엽 조직 일부도 제거할 수밖에 없었다. 종양 제거 수술은 성공적이었으며 뇌의 거

안토니오 다마지오

의 모든 기능에 아무런 문제도 없었다. 논리력, 기억력, 언어능력 등 모든 것이 완전히 정상이었다. 그런데 엘리엇은 게이지처럼 직업과 아내를 잃고 사회에 적응하지 못하였다.

엘리엇이 자신의 일에 복귀할 수 없었던 이유는 업무상 필요한 제반 사항에 대한 결정을 도저히 내릴 수 없었기 때문이다. 단순한 서류 정리조차 하지 못했으며, 아침에 출근 준비도 남의 지시가 없이는 혼자 힘으로 할 수가 없었다. 엘리엇은 완전히 정상적인 인격과 지능을 갖고 있음에도 불구하고 아무런 결정도 내릴 수 없는 사람이 되고 만 것이다.

다마지오는 엘리엇의 뇌종양이 그의 이성을 파괴했기 때문이라고 생각하였다. 그러나 실험 결과 종양 수술로 상실된 것은 정서기능인 것으로 드러났다. 한마디로 엘리엇은 감정이 없는 사람이 되어 있었다. 그는 전두엽 손상으로 슬픔도 불안감도 느끼지 못하는 존재가 된 것이다.

1994년 다마지오는 엘리엇의 사례를 『데카르트의 오류 Descartes' Error』에서 소상히 소개하고, 엘리엇이 게이지처럼 전두엽 손상에 따른 정서기능의 상실로 의사 결정을 내릴 수 없었다고 주장하였다. 다마지오의 연구는 획기적인 것으로 평가되었다. 정서는 이성과 반대이며, 이성적 판단이 감정적 판단을 앞선다는 고정관념이 오류임을 밝혀냈기 때문이다. 다마지오의 연구로 이성과 정서가 함께 긴밀하게 작용하지 않으면 의사 결정을 내릴 수 없는 것으로 결론이 났다.

참고문헌 ─────────────

- *Descartes' Error*, Antonio Damasio, Putnam, 1994 / 『데카르트의 오류』, 김린 역, 중앙문화사, 1999
- *Emotional Intelligence*, Daniel Goleman, Bantam, 1995 / 『감성지능』, 황태호 역, 비전코리아, 1997
- *The Emotional Brain*, Joseph LeDoux, Simon&Schuster, 1996
- *Affective Neuroscience*, Jaak Panksepp, Oxford University Press, 1998
- *Cognitive Neuroscience of Emotion*, Richard Lane, Oxford University Press, 2000

TIP 사랑의 뇌

미국 인류학자인 헬렌 피셔(1945~)는 그녀의 저서 『우리는 왜 사랑하는가*Why We Love*』(2004)에서 남녀 간의 로맨틱한 사랑은 뇌 안의 특정한 화학물질에 의해 발생하는 인간의 보편적 감정이라고 전제하고, 로맨틱한 사랑을 할 때 뇌 안에서 특별히 두 부위가 가장 활성화된다고 주장하였다.

하나는 미상핵(caudate nucleus)이다. 대뇌 속 깊숙이 자리 잡은, 긴 꼬리를 갖고 있는 모양인 미상핵은 뇌의 보상 시스템의 핵심 부분이다. 포유류의 뇌는 음식, 음주, 섹스, 자식의 양육 등 지속적 생존을 위해 필수적인 행동을 규칙적으로 해 나갈 수 있도록 보상으로 쾌락을 제공하는 일련의 신경세포 집단을 갖고 있다. 보상 시스템은 정서기능과 관련되는 변연계에 주로 위치하고 있으며, 뇌의 여러 부위에 연결되어 있다.

다른 하나는 보상 시스템의 중심 부위인 복측피개영역(ventral tegmental area)이다. 이 부위(VTA)에서는 도파민(dopamine)을 생산하여 미상핵 등 다른 영역으로 공급한다. 신경전달물질인 도파민은 뇌의 쾌감중추에서 기쁨과 행복을 불러일으킨다. 도파민은 음식을 먹거나 성관계를 가질 때처럼 쾌감을 느낄 때 분비된다.

△ *Why We Love*, Helen Fisher, Henry Holt&Co., 2004 / 『왜 우리는 사랑에 빠지는가』, 정명진 역, 생각의나무, 2005
△ 『짝짓기의 심리학』, 이인식, 고즈윈, 2008

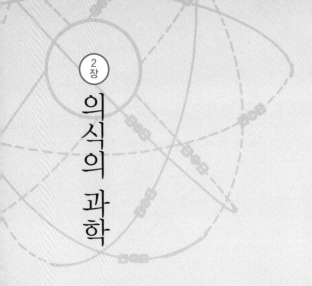

장

의식의 과학

1—의식의 신경과학적 근거

의식의 수수께끼

신경과학이 풀지 못한 최대 수수께끼의 하나는 의식이다.

의식은 무엇이며, 의식은 왜 존재하는가를 완벽하게 설명해 낸 이론은 아직까지 없다. 어떤 학자는 인간의 가장 복잡한 문제, 예컨대 다른 사람과의 사회적 상호작용에 대처함에 있어 도움을 준다고 설명한다. 의식은 자기가 무엇을 생각하고 있는가를 자기 자신이 알 수 있도록 해 주는 것이기 때문에 다른 사람들이 생각하고 있는 것을 유추할 때 크게 도움을 주게된다는 것이다. 또 다른 학자는 의식이 어떤 행동을 일으키고, 어떤 목표를 추구할 것인가를 결정하는 기능을 갖고 있다고 설명한다. 어쨌든 이러한 설명들은 그럴 법하긴 하지만 완벽하지는 못하다.

의식에 관한 이론이 다양함에도 불구하고 공통적으로 거론되는 의식의 중요한 특성은 '자기자각(self-awareness)'이다. 자기자각은 일반적인 자각과는 그 개념이 다르다. 자각은 고통의 실제적인 감정이나 갈증을 느끼는 감각처럼 단순히 자신의 바깥을 알아채는 것이다. 그러나 자기자각은 "나는 추위를 느낀다." 또는 "나는 만족스럽다."라고 생각하는 것처럼 스스로 자신의 내면을 느껴서 아는 것을 의미한다. 요컨대 자각을 주관적으로 경험하는 능력이 자기자각이다. 말하자면 자기자각은 우리가 어떤 것을 안다는 사실을 우리가 아는 것을 의미한다. 자기자각 하는 능력의 결과로 나타나는 마음의 상태를 의식 있는 마음이라 한다.

의식은 주관적인 현상이기 때문에 객관성에 의존하는 과학의 연구 대상으로 인정받지 못했다. 그러나 신경과학의 발달에 따라 과학자들은 의식이 과학적으로 설명될 수 없다는 고정관념을 거부하고 의식의 수수께끼에 도전하기 시작했다.

크릭과 에델먼

의식을 과학의 영역으로 끌어들인 핵심 인물은 영국 태생의 물리학자인 프랜시스 크릭(1916~2004)이다. 1953년 디옥시리보핵산(DNA) 분자의 구조가 이중나선임을 밝혀내 1962년 노벨상을 받았으며, 1970년대 중반부터는 과학의 연구 주제에서 제외되었던 의식 연구에 몰두하였다. 크릭의 20년 가까운 의식 연구에 자극을 받은 미국 신경과학회는 1994년 의식에 관한 최초의 심포지엄을 갖기에 이르렀다.

크릭에 따르면, 의식은 뇌의 상이한 부분에 있는 신경세포들이 동시에 동일한 주파수에서 진동할 때 생긴다. 크릭은 자신의 의식에 관한 이론을

프랜시스 크릭(왼쪽)과 크리스토프 코흐

소개한 저서인 『놀라운 가설The Astonishing Hypothesis』(1994)에서 사람의
정신활동을 전적으로 뉴런의 행동에 의한 것으로 설명한 자신의 이론을
'놀라운 가설'이라고 명명하고 "이 가설은 오늘날 대부분의 사람들의 생
각과 다르기 때문에 참으로 놀라운 것이라 말할 수 있다."라고 덧붙였다.

크릭의 '놀라운 가설'은 이른바 결합 문제(binding problem)를 중요한 쟁
점으로 부각시켰다. 모든 물체는 모양, 색채 등 다른 특성을 갖고 있으며
이러한 속성들은 뇌의 상이한 부위에서 제각기 처리된다. 따라서 우리가
하나의 물체를 볼 때 여러 속성들이 뇌의 여러 부위에 있는 뉴런에 의하여
처리된다. 이와 같이 동일한 물체의 다른 속성을 처리하는 뉴런들을 하나
로 묶는 방법을 결합 문제라 한다. 크릭은 뉴런들이 동일 주파수에서 동시
에 진동하는 것을 결합 문제의 해답으로 제안하여 많은 논란을 불러일으
켰다.

크릭과 함께 의식의 수수께끼에 도전한 인물은 신경과학자인 크리스토

프 코흐(1956~)이다. 코흐는 크릭과 손잡고 의식의 메커니즘을 탐구하는 지름길은 의식과 상관된 신경세포들, 이른바 NCC(neural correlates of consciousness)를 발견하는 것이라고 주장한다. 뇌 안에서 의식과 가장 관련이 많은 신경세포들을 찾아내서 그 기능을 밝혀내면 의식을 이해할 수 있다는 의미이다.

크릭이나 코흐 못지않게 신경세포와 의식의 상관관계를 연구하는 학자는 제럴드 에델먼(1929~)이다. 1972년 면역학 연구로 노벨상을 받은 에델먼은 그가 '신경다윈론(neural Darwinism)'이라고 명명한 과정으로부터 의식이 생긴다는 독특한 이론을 내놓았다. 신경다윈론은 다윈의 자연선택 이론을 신경세포에 적용한 것으로서, 그가 뉴런 집단(neuronal group)이라고 부르는 신경세포의 집단들 사이에서 벌어지는 자연선택에 의하여 인간의 사고기능이 발휘된다는 주장이다. 에델먼은 1992년 펴낸 『밝은 공기, 눈부신 불꽃Bright Air, Brilliant Fire』에서 신경다윈론을 의식 자체에 적용하여 논란에 휩싸였다.

참고문헌 ────────────
- *Bright Air, Brilliant Fire*, Gerald Edelman, Basic Books, 1992 / 『신경과학과 마음의 세계』, 황희숙 역, 범양사출판부, 1998
- *The Astonishing Hypothesis*, Francis Crick, Macmillan Publishing, 1994 / 『놀라운 가설』, 과학세대 역, 한뜻, 1996
- *The Quest for Consciousness*, Christof Koch, Roberts&Co., 2004

2 — 의식과 양자역학

펜로즈의 양자의식

신경과학이 의식을 설명할 수 있을는지에 대해 근본적인 회의를 표명하는 학자들이 적지 않다. 이들은 주로 철학과 물리학 분야의 학자들이다. 대표적인 인물은 영국의 물리학자인 로저 펜로즈(1931~)이다.

그는 1989년에 인공지능을 가장 호되게 공격한 문제작으로 평가되는 『황제의 새로운 마음 *The Emperor's New Mind*』을 펴냈다. 이 책에서 펜로즈는 인공지능의 주장처럼 컴퓨터로 인간의 마음을 결코 복제할 수 없다고 강조하면서, 그 이유로 의식이 뇌의 세포에서 발생하는 양자역학적 현상에 의하여 생성되기 때문이라고 했다. 그의 양자의식 이론은 신경과학자들로부터 마음의 수수께끼를 풀기는커녕 오히려 신비화시켰다는 비난과 함께 조롱까지 당했으나 펜로즈의 끈질긴 노력에 힘입어 대중적 관심을 얻었을 뿐만 아니라 그의 난해한 저서가 뜻밖에도 베스트셀러가 되는 행운까지 안았다.

양자역학에 의하면, 물질의 아원자적 단위, 즉 원자 이하의 모든 실체들은 우리가 보는 관점에 따라 때로는 입자처럼, 때로는 파동처럼 행동하는 양면성을 갖고 있다. 입자와 파동은 전적으로 성질이 다르다. 입자는 한곳에 응축된 물질의 작은 덩어리인 반면에 파동은 공간으로 흩어져 퍼져 갈 수 있는 형태 없는 떨림이라 할 수 있다. 그러나 아원자적 단위는 입자처럼 행동할 때에도 그 입자적 성질을 희생하며 파동적 성질을 발전시킬 수 있으며, 그 역도 그러하다. 요컨대 입자에서 파동으로, 파동에서 입자로 변형을 계속한다.

양자역학에서는 파동에서 입자로 바뀔 때 비국소성(nonlocality)을 나타내는 것으로 간주한다. 원자 이하의 실체들이 파동 상태에 있을 때에는 공간적으로 떨어져 있는 수많은 장소에 동시에 존재한다. 그러나 파동 상태가 붕괴되어 입자 상태로 되돌아갈 때에는 파동의 한 부분이 붕괴하면 아무리 멀리 떨어져 있다 하더라도 다른 부분들이 같은 순간에 정확하게 붕괴한다. 이와 같이 한 장소에서 일어난 사건이 공간적으로 격리되어 있는 다른 부분들의 행동을 즉각적으로 결정하는 전체적 연결을 비국소성이라 이른다.

펜로즈는 비국소성을 의식이 뇌세포에서 발생하는 가장 중요한 이유로 꼽는다. 사람의 뇌에는 무수히 많은 상이한 생각들이 동시에 양자역학의 파동 상태로 존재한다. 이러한 생각들은 파동 상태가 붕괴하면서 결합되어 하나의 의식적 사고가 된다. 이때 뇌의 여러 위치에 존재하는 생각들을 전체적 관련에 의하여 즉각적으로 연결시켜 의식을 발생시킬 수 있는 것은 뇌가 비국소적인 특성을 갖고 있기 때문이다. 말하자면 비국소성은 결합 문제에 대한 펜로즈 나름의 해법인 셈이다.

미세소관은 의식의 뿌리인가

펜로즈의 양자의식 이론은 큰 반향을 일으켰으나 그의 주장에는 큰 구멍이 있었다. 뇌의 어느 곳에서 양자역학이 요술을 부리는지를 몰랐기 때문이다. 그러나 1993년 행운이 찾아왔다. 그의 책을 읽은 미국의 스튜어트 하메로프(1947~)가 영국으로 건너온 것이다. 마취학 교수인 하메로프는 1987년에 펴낸 『최후의 컴퓨팅Ultimate Computing』이라는 저서에서, 의식이 미세소관(microtubule)에서 일어나는 양자역학적 과정으로부터 생긴다는 가설을 내놓은 바 있다.

미세소관은 뉴런을 비롯한 거의 모든 세포에서 골격 역할을 하는 세포 내 소기관으로서, 단백질로 만들어진 길고 가느다란 관이다. 생물의 세포가 두 개로 분열할 때 전자현미경으로 볼 수 있는 미세소관들은 마치 전화기의 다이얼처럼 9쌍의 미세소관이 주위를 둘러싸고, 그 중앙에 다시 한 쌍의 미세소관이 자리를 잡는 기이한 형태를 취하고 있다. 하메로프는 미세소관 사이의 신호 전달이 비국소적 특성을 갖고 있다는 사실을 발견하고, 미세소관을 통한 신호 전달을 양자역학적 현상으로 간주하였다. 그러나 하메로프의 이론은 신경과학의 주류로부터 관심을 끌지 못했다.

펜로즈와 하메로프는 만나자마자 의기투합했다. 펜로즈는 양자의식 이론을 갖고 있었으나 이를 뒷받침하는 생물학적 구조를 찾아내지 못한 반면에 하메로프는 뇌 안에서 양자역학적 구조를 발견했지만 이를 의식과 연결시키는 이론적 토대가 취약했기 때문에 두 사람의 만남은 극적이었다.

펜로즈는 미세소관을 의식의 뿌리로 지명하고 이를 바탕으로 그의 의식 이론을 가다듬은 저서인『마음의 그림자들 Shadows of the Mind』(1994)을 펴냈다. 그는 이 책에서 뇌가 문제를 해결할 때 미세소관 수준과 뉴런 수준의 두 개 수준이 필요하지만, 뉴런 수준은 마음의 물리적 기초인 미세소관 수준의 그림자에 불과할 따름이라고 주장했다.

참고문헌

- *Ultimate Computing*, Stuart Hameroff, Elsevier Science, 1987
- *The Emperor's New Mind*, Roger Penrose, Oxford University Press, 1989 /『황제의 새 마음』, 박승수 역, 이화여대출판부, 1996
- *Shadows of the Mind*, Roger Penrose, Oxford University Press, 1994

TIP 의식의 철학

　　　　　철학자들 중에서 의식 연구로 명성을 얻은 대표적인 인물은 미국의 대
니얼 데닛(1942~)과 데이비드 찰머스(1966~)이다.

대니얼 데닛은 1991년 펴낸 『설명된 의식 *Consciousness Explained*』에서 독특한 의식
이론을 제안하였다. 데닛은 뇌가 병렬 컴퓨터처럼 동작한다고 생각하였다. 보통 컴
퓨터는 단일 처리장치로 정보를 차례차례 처리하지만, 병렬 컴퓨터는 여러 개의 처
리장치로 동시에 여러 프로그램을 처리한다. 데닛은 병렬처리 컴퓨터처럼 뇌 안에서
다양한 시간에 다양한 부위에서 정보가 처리되기 때문에, 의식적인 경험이 발생하는
단일 영역은 없다고 주장하였다. 데닛의 이론은 마음의 주관적인 측면을 완전히 무
시한 것으로 받아들여져서 데이비드 찰머스는 의식의 신경과학적 근거를 부정한 오
류를 범했다고 공격하였다.

데이비드 찰머스는 의식을 '쉬운 문제(easy problem)'와 '어
려운 문제(hard problem)'로 나누어 뜨거운 논란을 불러일
으켰다. 쉬운 문제는 가령 뇌가 정보를 처리하는 메커니즘
을 밝히는 것이다. 예를 들면 크리스토프 코흐처럼 신경과
학자들이 의식과 상관된 신경세포(NCC)를 찾아내는 일이
다. 이러한 문제들은 21세기 안에 과학자들에 의해 해결될
것이므로 '쉬운 문제'라고 불렀다. 그러나 뇌 안에서 주관
적 경험, 곧 의식이 발생하는 메커니즘을 설명하는 것은 아
무도 그 해답을 모르고 있는 상태이기 때문에 '어려운 문
제'라고 규정하였다. 가령 음악이 그리움의 감정을 일깨우

대니얼 데닛

는 주관적 경험이 신경세포의 정보처리에 의해 발생하는 메커니즘을 설명하는 것은
현대 과학의 능력을 벗어나는 문제이기 때문에 '어려운 문제'라고 부른 것이다.

과학자들이 풀 수 있는 문제는 '쉬운 문제', 당분간 과학의 영역 밖에 머무는 문제는
'어려운 문제'라고 구분한 것이다. 찰머스의 이론에 대해 가장 격렬하게 반대한 사
람들 중에는 데닛도 포함되어 있다. 데닛은 '어려운 문제'가 있다는 아이디어 자체
를 비판하였다. 주관적 경험의 신경과학적 기초를 부인한 데닛으로서는 당연한 반응
이었다.

△ *Consciousness Explained*, Daniel Dennett, Little Brown, 1991
△ *The Conscious Mind*, David Chalmers, Oxford University Press, 1996
△ *Are You a Machine?*, Eliezer Sternberg, Humanity Books, 2007

3장 뇌 연구와 인문학의 융합

1—사회신경과학

사회과학과 신경과학의 융합

인간의 사회적 인지 및 행동의 기초가 되는 생물학적 메커니즘을 탐구하기 위하여, 사회심리학과 신경과학이 융합하여 출현한 학제 간 연구는 사회신경과학(social neuroscience)이라 불린다.

사회신경과학은 2006년부터 미국에서 전문 학술지가 창간된 것을 계기로 하나의 독립된 학문의 모습을 갖추기 시작하였다. 3월에 〈사회신경과학Social Neuroscience〉이 창간되고, 6월에는 〈사회 인지 및 정서 신경과학 Social Cognitive and Affective Neuroscience〉이 첫 호를 냈다.

인간의 사회생활과 뇌의 구조와의 관계를 연구하는 사회신경과학의 주제는 도덕적 행동, 모방심리, 정치 성향 등 갈수록 그 범위가 확대되고 있다.

트롤리 문제

사람에게 선과 악, 옳고 그름을 판별하는 능력이 없었다면 여느 짐승들처럼 야비하고 잔혹했을 것이다. 철학자들은 윤리적 판단이 이성과 감성 어느 쪽에 의해 가능한 것인지를 놓고 오랫동안 다투었으나 해답을 얻지 못했다. 관념론자인 독일의 임마누엘 칸트는 옳고 그름은 합리적으로 판단된다고 주장한 반면, 경험론자인 영국의 데이비드 흄은 '도덕은 판단되기보다는 느껴지는 것'이라고 주장하였다.

　이성과 감성이 윤리적 판단에 미치는 영향을 분석하는 과학자들이 선호하는 시나리오는 트롤리 문제(trolley problem)이다. 트롤리는 손으로 작동되는 수레이다. 트롤리 문제는 두 개의 시나리오로 구성된다. 하나는 [그

[그림 3] 트롤리 문제

가까운 친척들

사랑하는 여인

림 3]처럼 트롤리의 선로를 변경하는 시나리오이다. 트롤리가 달리는 선로 위에 다섯 명이 서 있다. 트롤리가 그대로 질주하면 모두 죽게 된다. 트롤리의 선로를 바꿔 주면 모두 살릴 수 있다. 하지만 다른 선로 위에 한 사람이 서 있다. 트롤리의 선로를 변경하면 그 사람은 죽을 수밖에 없다. 다른 하나의 시나리오는 트롤리 앞으로 한 사람을 밀어 넣는 것이다. 선로 위의 다섯 명을 구하기 위해 사람의 몸으로 트롤리를 가로막아 정지시키는 경우이다. 두 시나리오는 트롤리를 저지하는 방법이 다르지만 다섯 명을 살리기 위해 한 사람을 희생시킨다는 점에서는 매한가지이다.

하버드 대학의 심리학자인 조슈아 그린은 사람들이 트롤리 문제의 딜레마에 대처하는 심리상태를 연구하였다. 실험 대상자 거의 모두가 첫 번째 시나리오에는 공감했으나 두 번째 시나리오는 반대했다. 다섯 명을 살리기 위해 트롤리의 선로를 바꿀 수는 있어도 트롤리 앞으로 사람을 떠밀어 죽게 할 수는 없다고 대답한 것이다. 결과가 같은 두 시나리오 중에서 한 개는 동의하고 다른 하나는 거부하는 이유를 알아보기 위해 그린은 대상자들의 뇌 속을 기능성 자기공명영상 장치로 들여다보았다. 두 번째 시나리오가 첫 번째 시나리오보다 더 강력하게 정서와 관련된 부위를 활성화시키는 것으로 나타났다. 2001년 과학전문지 〈사이언스Science〉 9월 14일자에 발표한 논문에서 그린은 이성이 윤리적 판단을 좌우한다는 대다수 철학자들의 주장과 달리 감정이 중요한 역할을 한다고 주장하였다. 정서가 예상 외로 윤리적 문제에 지대한 영향을 미친다는 사실을 과학적으로 밝혀낸 최초의 연구로 평가된다.

거울 뉴런

신생아실의 아기들이 부모의 얼굴 표정을 흉내 내는 모습을 종종 볼 수 있다. 출생 직후에 모방이 가능한 것은 우리가 다른 사람의 행동을 지켜볼 때 마치 자신이 그 행동을 하는 것처럼 활성화되는 신경세포 집단이 뇌 안에 존재하기 때문이다. 이 뉴런은 남의 행동을 보기만 해도 관찰자가 직접 그 행동을 할 때와 똑같은 반응을 나타내므로, 남의 행동을 그대로 비추는 거울 같다는 의미에서 거울 뉴런(mirror neuron)이라 불린다.

거울 뉴런은 우연히 발견되었다. 이탈리아 파르마 대학의 신경

어린이가 부모의 행동을 흉내 내는 것은 거울 뉴런이 있기 때문이다.

과학자인 지아코모 리조라티는 짧은꼬리원숭이의 전운동 피질(premotor cortex)에 전극을 꽂고 운동과 관련된 뇌 기능을 연구하고 있었다. 원숭이가 어떤 행동을 할 때 활성화된 뉴런 집단이 다른 원숭이가 그 행동을 하는 것을 지켜볼 때에도 똑같이 반응하는 현상이 발견되었다. 리조라티는 1996년 〈브레인Brain〉 4월호에 거울 뉴런 발견을 보고하는 논문을 발표하였다.

거울 뉴런의 존재는 우리가 관찰한 타인의 행동은 무엇이든지 마음속에서 그대로 본뜰 수 있다는 것을 의미한다. 거울 뉴런 덕분에 우리는 웃고,

춤추고, 운동하는 방법을 배울 수 있는 것이다. 거울 뉴런을 이해하면 왜 다른 사람이 하품하는 모습을 보면 전염이 되어 입을 벌리게 되고, 왜 영화를 보다가 주인공이 눈물을 흘리면 감정이입(empathy)이 되어 따라서 울게 되는지 알 수 있다. 사람은 거울 뉴런을 이용하여 남의 행동을 모방할 뿐만 아니라 그 의미를 깨달을 수 있다.

참고문헌 ─────────

- *Foundations in Social Neuroscience*, John Cacioppo, Gary Berntson, MIT Press, 2002
- *Social Neuroscience: Key Readings*, John Cacioppo, Gary Berntson, Psychology Press, 2004
- "Social Neuroscience", John Cacioppo, Gary Berntson, *The Cognitive Neuroscience III*, MIT Press, 2004
- *The Naked Brain: How the Emerging Neurosociety is Changing How We Live, Work, and Love*, Richard Restak, Harmony Books, 2006
- *Social Intelligence*, Daniel Goleman, Bantam, 2006 / 『사회지능』, 장석훈 역, 웅진지식하우스, 2006
- *Social Neuroscience: Integrating Biological and Psychological Explanations of Social Behavior*, Eddie Harmon-Jones, Piotr Winkielman, Guilford Press, 2007
- *The Political Brain*, Drew Westen, Perseus Books, 2007 / 『감성의 정치학』, 뉴스위크한국판 역, 중앙일보 시사미디어, 2007
- *The Neuroscience of Fair Play*, Donald Pfaff, Dana Press, 2007
- "네 안에 내가 있다", 이인식의 멋진 과학, 〈조선일보〉(2008. 2. 16.)
- "인류의 도덕 유전자", 이인식의 멋진 과학, 〈조선일보〉(2008. 3. 8.)
- "뇌 연구, 학문의 벽을 허문다", 이인식, 〈월드사이언스포럼 2008 서울〉(2008. 4. 30.)
- *Mirroring People: The New Science of How We Connect with Others*, Marco Iacoboni, Farrar, 2008
- *The Political Mind*, George Lakoff, Viking Penguin, 2008
- "Social Intelligence and the Biology of Leadership", Daniel Goleman, Harvard Business Review(2008년 9월호)

경제학과 신경과학의 융합

경제학에 신경과학과 심리학을 융합하여 인간의 선택과 의사 결정을 연구하는 분야를 신경경제학(neuroeconomics)이라 한다. 신경경제학은 1999년 신경과학자인 미국의 폴 글림셔가 과학 전문지인 〈네이처Nature〉에 원숭이의 뇌에서 의사 결정에 관련된 신경세포를 연구한 논문을 발표한 것이 계기가 되어 새로운 학문으로 모습을 드러냈다.

신경경제학은 행동경제학의 연장선상에 있다고 할 수 있다. 1979년 대니얼 카너먼과 아모스 트버스키가 발표한 논문을 계기로 태동한 행동경제학은 심리학과 경제학이 융합된 학문이다. 신경경제학은 행동경제학의 접근방법에 추가로 신경과학의 연구를 융합한 셈이다. 카너먼 등 유수의 행동경제학자들이 신경경제학의 연구에 착수하는 것도 그 때문이다.

손실회피와 VMPC

1979년 카너먼과 트버스키가 발표한 '프로스펙트 이론'은 불확실한 조건에서 인간이 잠재적 손실과 이익을 판단하여 결정을 내리는 행동을 새롭게 설명하였다. 프로스펙트 이론의 전제가 되는 핵심 개념의 하나는 손실회피(loss aversion)이다.

손실회피는 행동경제학에서 사람들이 이익을 얻는 것보다 손해를 보지 않으려는 쪽으로 결정하는 성향을 의미한다. 한마디로 손실회피는 밑지는 건 참을 수 없다는 뜻이다. 프로스펙트 이론에 따르면, 사람들은 잠재적 이득과 관련된 선택을 할 때 기꺼이 위험을 감수하는 경향이 있다. 그러나 손실에 의한 심리적 효과는 이득에 의한 심리적 효과보다 적어도 두 배는 큰 것으로 여겨진다. 다시 말해 대부분의 사람들은 잠재적 이득이 잠재적 손실보다 최소한 두 배가 되지 않을 경우에는 돈을 벌거나 잃을 확률이 50대 50으로 전망될지라도 이를 거부한다는 것이다.

2007년 미국 신경과학자인 러셀 폴드랙과 행동경제학자인 크레이그 폭스는 〈사이언스〉 1월 26일자에 사람이 손실회피를 나타낼 때 뇌 안에서 일어나는 반응을 연구한 논문을 발표하였다. 그들은 기능성 자기공명영상 장치로 실험 대상자의 뇌 안을 들여다보았다. 실험 대상자들에게는 돈을 벌거나 잃을 확률이 50대 50으로 전망되는 도박에 참여하거나 거부할 수 있는 재량권이 주어졌다. 도박에서 잠재적 이득이 올라가면서 뇌 안의 도파민 계통에서 활동이 증가했다. 신경전달물질인 도파민은 음식을 먹거나 성교를 할 때처럼 행복한 순간에 분비된다.

한편 잠재적 손실이 증가할 때는 같은 부위에서 활동이 감소하였다. 흥미롭게도 손실과 이득이 뇌의 같은 부위, 곧 보상체계와 관련된 것으로 확인된 셈이다. 특히 복내측 전전두피질(ventromedial prefrontal cortex)에서 손실과 이득에 대한 반응이 활발하였다. 대뇌피질의 앞쪽에 위치한 VMPC는 공감, 동정, 수치, 죄책감 같은 사회적 정서 반응과 관련된다.

손실회피가 뇌 안에서 정서를 처리하는 부위와 관련되었다는 사실은 프로스펙트 이론의 입지를 더욱 강화하였다. 프로스펙트 이론은 신고전파 경제학과 달리 경제 주체의 의사 결정이 반드시 합리적으로 이루어지는 것은 아니라고 주장하기 때문이다. 신고전파 경제학에서는 경제 활동의 주체가 자신의 이익을 극대화하기 위해 완전히 합리적 결정을 내리는 경제적 인간, 곧 호모 에코노미쿠스라고 전제한다. 따라서 신고전파 경제학으로는 손실회피와 같은 불합리한 행동을 수용할 수 없다.

신경경제학에 의해 뇌 안에서 손실회피의 생물학적 근거가 밝혀짐에 따라 호모 에코노미쿠스는 이미 사라지고 없다는 표현이 설득력을 가질 법도 하다.

신뢰와 옥시토신

미국의 신경경제학자인 폴 자크는 사람들이 협동할 때 가장 긴요한 인간적 속성인 신뢰의 본질을 밝히기 위해 뇌 안에서 신뢰의 행동을 일으키는 생리적 메커니즘을 탐색한다.

2005년 자크는 〈네이처〉 6월 2일자에 발표한 논문에서, 인체에서 신뢰와 관련된 화학물질은 오로지 한 종류뿐이며 옥시토신(oxytocin)이라고 주장하였다.

1909년 발견된 옥시토신은 뇌의 시상하부에서 합성되어 뇌하수체를 통해 혈류로 방출된다. 아기를 낳을 때 자궁을 수축시켜 태아의 분만을 쉽게 해 준다. 또한 아기의 울음소리가 들리면 어머니의 몸에서 옥시토신이 분비되기 시작하여 그 결과 젖꼭지가 꼿꼿이 서게 되므로 당장 젖을 먹일 채비를 하게 된다. 말하자면 옥시토신은 출산과 수유 등 모성애와 직결된 호르몬이다.

옥시토신은 1970년대에 새로운 기능이 발견되면서 오늘날 신경과학의 가장 흥미로운 연구 주제가 되었다. 옥시토신이 성생활이나 대인관계에서 중요한 역할을 하는 것으로 밝혀졌기 때문이다. 옥시토신은 부드러운 근육을 자극하고 신경을 예민하게 하므로 남녀가 상대방을 꼭 껴안고 싶은 충동에 사로잡히게 된다. 성적 충동이 강렬할수록 옥시토신이 더 많이 분비되기 때문에 오르가슴 동안에 쾌감은 더욱 증대된다.

안고 싶은 충동을 불러일으키는 옥시토신은 신뢰에 영향을 미친다.

옥시토신은 남녀는 물론이고 부모와 자식 사이에 안지 않고는 못 배길 것 같은 기분이 들게 만들기 때문에 '포옹의 화학물질(cuddle chemical)' 이라 불린다.

자크는 사랑과 유대감을 촉진하는 옥시토신이 신뢰감을 증대시키는 기능을 갖고 있다고 주장했다. 그의 주장처럼 시상하부, 곧 원시적인 뇌에서 합성되는 옥시토신이 신뢰 행동에 관련된 유일한 화학물질이라면 경제 주체가 완전한 합리성을 갖고 있다고 전제하는 신고전파 경제학은 도전을 받게 된다. 다시 말해 자크는 인간의 신뢰 행동이 이성에 의해 의식적으로 결정되는 것이 아니라 정서에 의해 무의식적으로 유발된다고 주장한 셈이다.

참고문헌

- *Decisions, Uncertainty, and the Brain: the Science of Neuroeconomics*, Paul Glimcher, MIT Press, 2003
- *Your Money and Your Brain: How the New Science of Neuroeconomics Can Help Make You Rich*, Jason Zweig, Simon&Schuster, 2007 / 『머니 앤드 브레인』, 오성환·이상근 역, 까치, 2007

- 『행동경제학』, 도모노 노리오, 이명희 역, 지형, 2007
- *Neuroeconomics: A Guide to the New Science of Making Choice*, Peter Politser, Oxford University Press, 2008
- "옥시토신의 쓰임새", 이인식의 멋진 과학, 〈조선일보〉(2008. 6. 7.)
- "The Neurobiology of Trust", Paul Zak, Scientific American(2008년 6월호)
- *Neuroeconomics: Decision Making and the Brain*, Paul Glimcher, Russell Poldrack, Academic Press, 2008

TIP 신경마케팅

코크 대 펩시. 코카콜라와 펩시콜라의 승부만큼 마케팅 전문가들을 괴롭히는 것도 없다. 왜냐하면 피시험자가 예비지식이나 선입감 없이 치르는 검사인 블라인드 테스트(blind test)에서 항상 펩시가 코크를 이기는 것으로 나타났음에도 불구하고 시장에서는 열세이기 때문.

2004년 미국의 신경과학자들은 기능성 자기공명영상 장치로 두 콜라 제품에 대한 소비자의 뇌 반응을 조사하였다. 먼저 두 음료의 상표를 알려 주지 않고 실시한 실험에서 피시험자들의 만족감과 관련된 뇌 영역이 거의 비슷한 반응을 나타냈다. 그러나 두 음료의 상표를 알려 준 실험에서 피시험자들의 75퍼센트가 코크의 맛이 더 좋다고 말했으며 평가와 관련된 뇌 영역이 펩시보다 코크에 대해 훨씬 더 활성화되었다. 신경과학자들은 코카콜라의 장기간에 걸친 광고가 소비자의 기호와 관련된 뇌 영역에 영향을 미치는 데 주효한 결과라고 결론을 내렸다.

기능성 자기공명영상 장치를 사용하여 소비자의 구매 동기에 영향을 미치는 뇌의 구조와 기능을 연구하는 분야를 신경마케팅(neuromarketing)이라 이른다. 신경마케팅이 기대를 모으는 이유는 종래의 방법, 즉 표준질문서로 잠재고객을 면접하는 방법은 소비자의 편견이 개입될 소지가 많은 데 비해 보다 객관적인 조사가 가능하다고 여겨지기 때문이다.

△ *Neuromarketing: Understanding the Buy Buttons in Your Customer's Brain*, Patrick Renvoise, Christophe Morin, Thomas Nelson, 2007

간질 발작과 신비체험

인간이 영성(spirituality)을 주관적으로 체험할 때 뇌 안에서 발생하는 현상을 연구하여, 영성과 뇌 사이의 관계를 밝히려는 학문은 신경신학(neuro-theology) 또는 영적 신경과학(spiritual neuroscience)이라 불린다. 신경신학은 신과 종교의 기원을 신경과학에 바탕을 두고 연구한다.

기독교이건 불교이건 무릇 종교의식이 노리는 목표는 두 가지이다. 하나는 종교적 경외감을 이끌어 내는 것이다. 의식에서 향을 피우거나, 사제가 기묘한 제스처를 하거나, 신도들이 노래를 합창하는 까닭은 종교적 경외감을 강화시킬 수 있기 때문이다. 종교의식의 두 번째 목표는 신자들이 자신을 초월하여 자신보다 더 큰 실체에 몰입하게 만드는 데 있다. 신자들이 기도와 명상을 통해 절대자와 영적으로 일체감을 느끼는 것을 신비체험이라 한다.

종교의식은 1970년대까지만 해도 순전히 문화적 현상으로 간주되었다. 의식을 생물학적인 산물로 여기지 않았기 때문에 의식행위의 신경과학적 측면을 연구해 보려는 시도는 거의 없었다. 그러나 1975년 행동신경학의 창시자인 미국의 노먼 게슈빈트(1926~1984)는 간질 발작이 머리 양옆을 따라 위치한 측두엽에서 발생하는 것을 처음으로 밝혀내고, 간질이 때때로 종교적 체험을 유발한다고 주장하였다. 사도 바울, 잔 다르크, 아빌라의 성녀 테레사(1515~1582), 도스토예프스키는 간질 발작에 의해 신비체험을 한 것으로 알려졌다. 바울에게 예수의 목소리로 들리는 환청을 일으켰던 밝은 빛, 잔 다르크가 들었던 하느님의 목소리, 아빌라의 성녀 테레사가 본 환각은 간질 발작 상태가 그 원인일 가능성이 매우 높다. 도스토예프스키는 간질 발작 중에 신을 접견한 적이 있다고 술회하였다.

　미국의 신경과학자인 빌라야누르 라마찬드란(1951~)은 실험을 통해 측두엽 간질병 환자가 종교적 언어에 대해 유별나게 뚜렷한 정서 반응을 나타내는 현상을 확인하였다. 그는 1998년 펴낸 『두뇌 속의 유령Phantoms in the Brain』에서 정서를 관장하는 변연계의 역할을 강조하였다. 측두엽과 변연계를 연결하는 신경회로망을 강화하면 간질병 환자들이 종교적 감정을 느끼게 된다고 주장하였다. 종교의식에서 냄새, 색다른 제스처, 반복적인 소리를 결합하면 변연계가 자극되어 종교적 경외감이 증대되는 것으로 알려졌다. 또한 뇌 수술을 집도한 의사들은 변연계에 자극을 받은 환자들이 가끔 종교적 감정을 느꼈다고 말한 적이 있다고 보고하였다. 라마찬드란의 연구를 계기로 측두엽이나 변연계뿐만 아니라 다른 부위에서도 다양한 종교적 감정이 발생할 가능성이 제기되었다.

뇌 전체로 신을 만난다

이러한 발상으로 괄목할 만한 연구 성과를 거둔 대표적 인물은 미국의 신경과학자인 앤드루 뉴버그이다. 그는 뇌 영상 기술을 사용하여 명상에 빠진 티베트 불교 신자와 기도에 몰두하는 가톨릭의 프란치스코회 수녀가 아주 강렬한 종교적 체험의 순간에 도달할 때 뇌의 상태를 촬영했다. 2001년 펴낸 『신은 왜 우리 곁을 떠나지 않는가Why God Won't Go Away』에서 뉴버그는 명상이나 기도의 절정에 이르렀을 때 머리 꼭대기 아래에 자리한 두정엽 일부에서 기능이 현저히 저하되고 이마 바로 뒤에 있는 전두엽 오른쪽에서 활동이 증가되었다고 밝혔다. 뉴버그는 이러한 뇌 활동의 비정상적인 변화로 말미암아 자신을 초월하는 종교적 체험, 곧 신비체험을 현

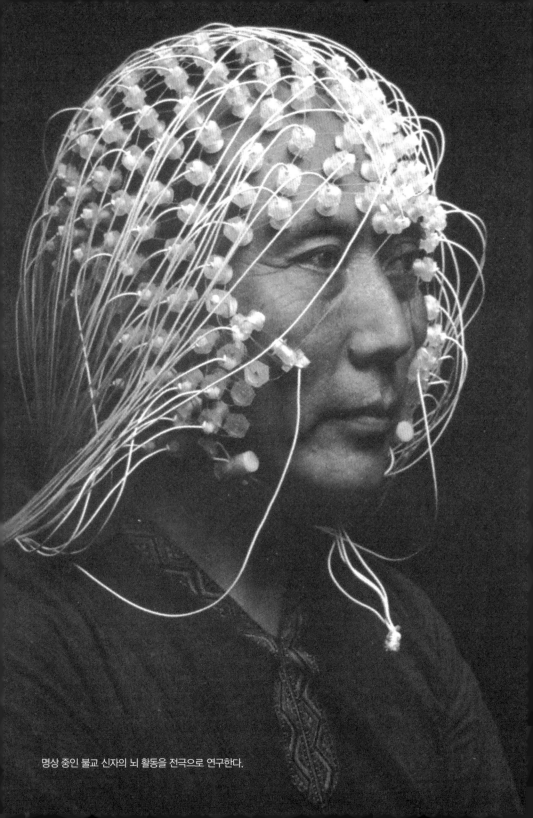

명상 중인 불교 신자의 뇌 활동을 전극으로 연구한다.

실보다 더 생생하게 느끼게 된다고 주장하였다. 다시 말해서, 프란치스코회 수녀들이 기도의 절정에 다다른 순간 하느님에게 가까이 다가가 하느님과 섞이는 것을 생생하게 느꼈다고 말하거나, 티베트 불교 명상 수행자들이 자아에 의해 만들어진 제한적인 감각 세계를 초월하여 우주와 궁극적인 일체를 느끼는 상태에 도달했다고 표현하는 것은 결코 희망적인 생각이 환각이나 망상으로 나타난 것이 아니라, 객관적으로 관측할 수 있는 일련의 신경학적 사건들과 관련이 있다는 것이다. 뉴버그의 이러한 결론은 신이 진실로 존재한다면 신이 자신의 존재를 드러낼 수 있는 유일한 장소는 뇌밖에 없다는 의미를 함축하고 있다.

2002년 미국의 신경과학자인 리처드 데이비드슨 역시 기능성 자기공명영상 장치로 명상 중인 불교 신자 수백 명의 뇌를 들여다보고 뉴버그와 비슷한 연구 결과를 발표하였다.

전두엽이 신비체험에 관련된 것으로 밝혀짐에 따라 신경신학 연구는 뇌의 다른 영역으로도 확대되었다. 캐나다의 신경과학자인 마리오 보리가드는 기능성 자기공명영상 기술을 사용해 카르멜파 수녀 15명의 뇌를 들여다보고 수녀들이 하느님과의 영적인 교감을 회상할 때 비로소 활성화되는 부위를 여섯 군데 발견하였다. 예컨대 로맨틱한 감정과 관련된 부위인 미상핵의 활동이 더욱 증대되었다. 아마도 절대자에 대한 수녀들의 무조건적인 사랑의 감정이 초래한 결과인 듯하다. 2006년 〈신경과학 통신 Neuroscience Letters〉 9월 25일자에 발표한 논문에서, 보리가드는 수녀들의 종교적 경험에 관련된 뇌의 부위가 다양한 것은 그만큼 인간의 영성이 복잡한 현상임을 방증한다고 주장하였다. 보리가드의 연구 결과는 신비체험이 가령 측두엽과 같은 특정 부위에 국한되지 않고 뇌 전체에 분포한 신경회로망에 의해 발생하는 현상임을 보여 준 셈이다. 2007년 9월 보리가드는『영적인 뇌*The Spiritual Brain*』를 펴냈다.

　신경신학의 연구 결과를 곧이곧대로 받아들이면 신은 인간의 뇌가 만들어 낸 개념에 불과하며 뇌 안에 항상 머무는 존재라고 여길 수 있다. 신앙 생활에서 경험하는 신과의 일체감과 경외감을 단순히 뇌세포의 전기화학적 깜박임이 만들어 낸 결과물로 치부한다면 신의 은총은 말할 것도 없고 인간의 의지는 아무짝에도 쓸모가 없게 될 터이다. 종교인들은 신경과학자들에게 신이 그 안에 존재한다는 그런 복잡한 뇌를 누가 만들었는지 묻는다.

참고문헌 ————————————

- *Phantoms in the Brain*, Vilayanur Ramachandran, William Morrow and Co., 1998 /『두뇌 실험실』, 신상규 역, 바다출판사, 2007
- *Why God Won't Go Away*, Andrew Newberg, Eugene d'Aquili, Ballantine Books, 2001 /『신은 왜 우리 곁을 떠나지 않는가』, 이충호 역, 한울림, 2001
- *Neurotheology: Brain, Science, Spirituality, Religious, Experience*, Rhawn Joseph, University Press, 2002
- *Why We Believe What We Believe*, Andrew Newberg, Mark Waldman, Free Press, 2006
- *The Spiritual Brain*, Mario Beauregard, HarperCollins, 2007

뇌 연구와 과학기술의 융합

1─계산신경과학

컴퓨터 과학과 신경과학의 융합

뇌의 기능을 신경계를 구성하는 물질이 정보를 처리하는 과정, 곧 계산에 의하여 설명하기 위하여 컴퓨터 과학과 신경과학이 융합하여 출현한 학제 간 연구는 계산신경과학(computational neuroscience)이다. 계산신경과학이라는 용어는 1985년 미국의 컴퓨터 과학자인 에릭 슈워츠(1947~)가 처음 사용하였지만, 정보처리 개념으로 뇌의 기능을 연구한 역사는 그 뿌리가 깊다.

계산신경과학의 역사는 1940년대로 거슬러 올라간다. 1943년 미국의 워런 매컬럭과 월터 피츠가 함께 발표한 논문이 그 효시라 할 수 있다. 이 논문은 뉴런의 형식 모델을 묘사하고, 뉴런이 학습과 같은 정신과정을 수행하기 위하여 어떻게 서로 연결되어 신경망이 형성되는가를 보여 주었다. 그들의 신경망 연구는 1949년 캐나다의 도널드 헤브에 의해 한 걸음 더 발전된다. 헤브는 그의 저서인『행동의 체제』에서 처음으로 신경망의 학습 규칙을 제안했다. 그는 뉴런이 제멋대로 연결되지 않고 학습의 결과에 따라 연결되어 신경망을 형성한다고 주장하였다.

1956년 인공지능과 인지과학이 하나의 학문으로 발족함에 따라 뇌를 컴퓨터와 유사한 정보처리 체계로 간주하는 연구가 다각도로 전개되면서 계산신경과학의 토대가 마련되었다.

계산 이론에 도전

계산신경과학에서 초창기에 기록될 만한 연구 성과로 손꼽히는 것은 영국의 생리학자들인 앨런 호지킨(1914~1998)과 앤드루 헉슬리(1917~)의 업적이다. 1952년 두 사람은 뉴런 사이에 신호가 전달되는 메커니즘을 밝혀내서 그 공로로 1963년에 노벨상을 받았다. 두 사람은 뉴런의 신경충격(활동전위)이 이온의 이동에 의해 일어난다는 이론을 내놓은 것이다.

1959년 미국의 데이비드 허블과 스웨덴의 토르스텐 비셀은 뉴런이 독립적으로 정보를 처리하며, 뉴런 사이의 정보는 계층구조에 따라 처리된다는 이론을 제안하였다. 두 사람은 원숭이 뇌의 시각피질에 미세전극을 꽂은 다음에 막대기를 여러 위치에서 보여 주고 이 자극들에 대한 각 세포의 신경 흥분을 오실로스코프로 측정했다. 측정 결과 최소한 세 종류의 시각피질 세포가 제각기 상이한 반응을 나타내는 것을 발견했다. 시각 정보를 계층구조에 따라 독립적으로 처리하는 뉴런의 집단이 원숭이의 시각피질에 배열되어 있음을 처음으로 알아낸 것이다. 두 사람의 획기적인 발견은 1981년 노벨상의 영광을 안겨 주었다.

한편 미국의 컴퓨터 과학자인 데이비드 마는 컴퓨터 과학과 신경과학을 융합하여 인간의 시지각에 대한 계산 이론을 내놓았다. 1980년 35세에 요절한 뒤 1982년에 출간된 『시각』에 그의 계산 이론이 총정리되어 있다.

1985년 미국에서 정보처리 개념으로 뇌의 기능에 접근하는 연구를 유기적으로 추진하기 위한 학술대회가 열렸다. 이 대회는 에릭 슈워츠가 주도하였으며 그는 '계산신경과학'이라는 용어를 처음 사용했다. 이어서 1990년 이 학술대회에서 발표된 논문을 편집해서 『계산신경과학Computational Neuroscience』을 펴냈다. 이 책에는 계산신경과학의 핵심 이론가인 미국의 신경과학자 테렌스 세이노브스키와 심리철학자인 퍼트리샤 처치랜드(1943~)가 함께 기고한 논문도 실려 있다. 이들은 "컴퓨터 과학, 신경과학, 인지심리학 연구의 융합으로 마음과 뇌의 관계를 설명하려는 희망은 실현 가능성이 높아지고 있다."고 결론을 맺었다.

참고문헌

- *Computational Neuroscience*, Eric Schwartz, MIT Press, 1990
- 『사람과 컴퓨터』, 이인식, 까치, 1992
- *The Computational Brain*, Patricia Churchland, Terrence Sejnowski, MIT Press, 1992
- *The Bit and the Pendulum*, Tom Siegfried, John Wiley & Sons, 2000 / 『우주, 또 하나의 컴퓨터』, 고중숙 역, 김영사, 2003

뇌를 공학적으로 조작

신경과학이 발달함에 따라 사람의 뇌를 조작하는 기술, 곧 신경공학(neuro-technology)이 출현했다. 신경공학은 뇌의 질환을 치유하는 것이 주요 목적이지만, 결국에는 뇌의 기능을 향상시키는 쪽으로 활용 범위가 확대될 것임에 틀림없다.

신경공학의 대표적인 기술은 뇌-기계 인터페이스(brain-machine interface)이다. 이는 뇌의 활동 상태에 따라 주파수가 다르게 발생하는 뇌파의 특성을 이용하여 생각만으로 컴퓨터 등 기계를 제어하는 기술이다.

먼저 머리에 띠처럼 두른 장치로 뇌파를 모은다. 이 뇌파를 컴퓨터로 보

뇌-기계 인터페이스가 사람의 생각을 컴퓨터 화면에 글자로 나타낸다.

내면 컴퓨터가 뇌파를 분석하여 적절한 반응을 일으킨다. 컴퓨터가 사람의 마음을 읽어서 스스로 동작하는 셈이다. 이미 뇌파로 조작하는 비디오 게임 장치가 판매되고 있으며 전신마비 환자들이 생각하는 것만으로 휠체어를 운전할 수 있는 기술이 연구되고 있다. 손을 쓰지 못하는 척추 장애인들이 원하는 시간과 장소에서 소변을 볼 수 있게끔 뇌파로 작동하는 방광장치가 개발된다. 궁극적으로는 걷지 못하는 하반신 불수 환자의 다리 근육에 전기장치를 이식하고 뇌파로 제어하여 보행을 가능하게 만드는 장치가 개발될 것으로 기대된다.

2020년경에는 비행기 조종사들이 손 대신 단지 머릿속 생각만으로 각종 계기를 움직여 비행기를 조종하게 될 것으로 전망된다.

언어가 사라진다

뇌의 손상된 부위를 전자장치로 대체하는 뇌 보철(brain prosthesis) 기술도 활발히 전개되고 있다. 2003년 미국의 신경과학자들은 세계 최초로 뇌 보철 장치를 개발했다. 이들은 해마의 기능을 대체할 수 있는 반도체 칩을 선보였다. 말하자면 인공해마를 만들어 낸 셈이다. 인체의 손상된 부위는 인공장기와 신경보철에 의해 부분적으로 보완되었지만 뇌 보철은 기술적으로 난관이 적지 않았기 때문에 인공해마의 개발은 획기적인 업적으로 평가되었다. 사람 뇌에 인공해마 칩을 이식하면 알츠하이머병이나 뇌졸중으로 뇌가 손상된 환자들의 고통을 줄여 줄 수 있을 것으로 기대된다. 이를테면 인공해마로 보철하면 새로운 정보를 기억하는 능력을 되찾을 수 있다.

뇌 보철 기술은 뇌질환 치료에서 한 걸음 더 나아가 뇌 기능 향상에 사용될 가능성이 많다. 가령 신경세포 안에서 뇌의 활동을 직접 관찰하거나 측정하는 장치가 개발될 수 있다. 이러한 장치는 신경세포 활동의 정보를 무선신호로 바꾸어 뇌 밖으로 송신한다. 거꾸로 무선신호를 신경정보로 변환하는 수신장치를 뇌에 삽입할 수 있다. 송수신기 모두 반도체 소자처럼 그 크기가 작아야 함은 물론이다. 사람 뇌에 무선 송수신기가 함께 설치되면 뇌에서 뇌로 직접 정보 전달이 가능하다. 이러한 통신방식은 무선 텔레파시(radiotelepathy)라 불린다.

미국의 물리학자인 프리먼 다이슨(1923~)이나 영국의 로봇공학자인 케빈 워릭(1954~)의 전망대로 2050년경 무선 텔레파시 기술이 실용화되면 인류의 의사소통 체계가 송두리째 바뀌게 될 것이다. 이러한 뇌 이식(brain implant) 장치를 가진 사람들이 전 세계의 컴퓨터 네트워크에 접속이 되면 생각으로 보내는 신호만으로 서로 의사소통을 하게 되므로 전화나 텔레비전은 물론 언어마저 무용지물이 되어 사라지게 될지 모른다. 열 길 물속은 알아도 한 길 사람 속은 모른다는 속담이 정녕 옛말이 되는 날이 오긴 올 모양이다.

참 고 문 헌 ─────

- *Imagined Worlds*, Freeman Dyson, Harvard University Press, 1997 / 『상상의 세계』, 신중섭 역, 사이언스북스, 2000
- *I, Cyborg*, Kevin Warwick, Century, 2002 / 『나는 왜 사이보그가 되었는가』, 정은영 역, 김영사, 2004
- *Natural-Born Cyborgs*, Andy Clark, Oxford University Press, 2003
- *Converging Technologies for Improving Human Performance*, Mihail Roco, Kluwer Academic Publishers, 2003
- *The Singularity is Near: When Humans transcend Biology*, Ray Kurzweil, Viking Adult, 2005 / 『특이점이 온다』, 김명남 · 장시형 역, 김영사, 2007
- *More than Human*, Ramez Naam, Random House, 2005 / 『인간의 미래』, 남윤호 역, 동아시아, 2007
- *Radical Evolution*, Joel Garreau, Doubleday, 2005 / 『급진적 진화』, 임지원 역, 지식의숲, 2007
- 『미래교양사전』, 이인식, 갤리온, 2006

뇌 중심의 생명철학

신경과학과 신경공학의 발전은 필연적으로 윤리적 문제를 야기한다. 가령 인공해마로 뇌 보철을 한 환자가 기억능력을 스스로 제어할 수 없게 된다면 망각하는 능력까지 상실하게 되어 엄청난 정신적 고통을 치르게 될지도 모를 일이다. 이와 같이 뇌 보철과 뇌 이식에 따른 윤리적 문제를 성찰하려는 시도를 신경윤리(neuroethics)라 이른다.

신경윤리의 정의는 크게 두 가지로 나뉜다. 2003년 '신경윤리'라는 용어를 처음 사용한 미국의 칼럼니스트 윌리엄 새파이어(1929~)는 신경윤리를 '사람 뇌의 질환 치료 또는 기능 향상에 관한 옳고 그름을 검토하는 철학의 한 분야'라고 정의했다.

한편 미국의 신경과학자인 마이클 가자니가(1939~)는 새파이어의 신경윤리 정의는 뇌에 대한 생명윤리(bioethics)에 국한시키고 있으므로 불완전하다고 비판하고, 2005년 펴낸 『윤리적 뇌 The Ethical Brain』에서 '뇌의 기초를 이루는 메커니즘을 이해함으로써 알려지게 된 질병, 정상 상태, 죽음, 생활양식, 생활철학 등의 사회적 쟁점을 우리가 어떻게 다루기 바라는지를 검토하는 분야'라고 정의했다. 그는 신경윤리가 뇌의 질병 치료에 국한되지 않고, 광범위한 사회적 및 생물학적 맥락에서 개인의 책임을 따지는, 뇌에 기반을 둔 생명철학을 지향하는 노력이라고 강조했다.

생명윤리는 21세기 들어서 광범위한 토론의 주제로 부상하기 시작했다. 2002년 들어 신경윤리 학술대회가 미국과 영국에서 네 차례나 열렸다. 2008년에는 신경윤리를 전문적으로 다루는 국제 학술지가 창간되었다.

인지기능 향상의 윤리

신경윤리가 관심을 갖는 주제는 두 범주로 나뉜다. 하나는 새파이어의 정의에 따른 좁은 의미의 신경윤리 문제이고, 다른 하나는 가자니가의 정의에 따른 넓은 의미의 신경윤리 문제이다. 전자의 경우, 신경공학으로 뇌의 인지기능을 향상시키는 기술, 예컨대 뇌-기계 인터페이스(BMI), 뇌 보철 또는 뇌 이식 등의 윤리적 문제가 해당된다. 후자의 경우는 뇌의 기능과 마음, 예컨대 성격, 사랑, 도덕 감정 등의 관계에 대해 철학적 질문을 던진다.

신경윤리에서 가장 구체적으로 거론되는 문제는 정상적인 사람의 뇌를 정신약리학 또는 신경공학 기술로 조작하여 인지기능을 향상시키는 데 따른 윤리적 쟁점이다. 정신약리학 측면에서는 정신의약품을 투입하여 뇌의 기능을 향상시키거나, 운동선수에게 약을 주입하여 일시적으로 체력을 증강시킬 때 인간의 사고와 감정에 미치는 영향이 윤리적 쟁점이 될 수 있다.

한편 정신의약품을 사용하지 않고 전기충격요법(electroconvulsive-therapy)이나 뇌심부 전기자극술(deep-brain stimulation)로 뇌 질환을 치료할 때 역시 윤리적 문제가 야기된다. 전기충격요법(ECT)은 심한 우울증을 치료할 때처럼 뇌에 전기적 충격을 가하는 반면, 뇌심부 전기자극술(DBS)은 뇌에 심은 전극으로 미세한 전류를 흘려보내 자극하는 시술법이다.

참고문헌 ──────
- *Neuroethics: Mapping the Field*, Steven Marcus, Dana Press, 2004
- "Bioethical Issues in the Cognitive Neurosciences", Martha Farah, *The Cognitive Neuroscience III*, MIT Press, 2004
- *The Ethical Brain*, Michael Gazzaniga, Dana Press, 2005
- *The Future of the Brain: The Promise and Perils of Tomorrow's Neuroscience*, Steven Rose, Oxford University Press, 2005

- *Neuroethics: Defining the Issues*, Judy Illes, Oxford University Press, 2005
- *Neuroethics: Challenges for the 21st Century*, Neil Levy, Cambridge University Press, 2007
- *Defining Right and Wrong in Brain Science: Essential Readings in Neuroethics*, Walter Glannon, Dana Press, 2007

3부

진화론과 지식 융합

자연선택과 지식 융합

1 — 자연선택 이론

다윈주의의 다섯 가지 이론

1859년 찰스 다윈(1809~1882)이 펴낸 『종의 기원*On the Origin of Species*』은 진화에 관한 이론을 발표하여 진화생물학(evolutionary biology)이라고 하는 새로운 생명과학 분야를 창시하였다.

　독일 태생의 미국 진화생물학자인 에른스트 마이어(1904~2005)에 따르면, 다윈의 진화 이론은 다음과 같은 다섯 가지 이론들이 하나로 통일된 것으로 볼 수 있다.

(1) 종의 가변성 — 현대의 진화 개념 그 자체인 이 이론은 세계가 항상 일정하거나, 최근에 만들어졌거나, 영원히 순환하는 것이 아니라, 꾸

찰스 다윈(1840년의 모습)

준히 변화하고 있으며, 생물들 역시 시간에 따라 변화한다는 이론이다.

(2) 공동 후손 — 지구상의 모든 종이 하나의 공동 조상에서 기원했으며 동물·식물·미생물 등 모든 생물이 궁극적으로는 지구상에 단 한 번 나타났던 생명체에서 유래했다는 이론이다.

(3) 종의 증가 — 생물 다양성에 관한 이 이론은 한 종에서 다른 종으로 진화가 일어나 새로운 종의 수가 증가한다고 설명한다.

(4) 단계주의 — 진화는 특별한 단절 또는 불연속성이 없이 점진적으로 일어난다는 개념이다.

(5) 자연선택 — 다윈의 진화 이론, 곧 다윈주의(Darwinism)의 핵심 개념으로서 진화의 메커니즘에 관한 이론이다.

자연선택의 의의

현대인의 세계관과 사고방식을 혁명적으로 바꾸어 놓은 자연선택 이론은 그 개념이 단순하기 그지없다. 자연선택은 다윈과 같은 시대의 철학자인 허버트 스펜서(1820~1903)가 만들어 낸 용어인 적자생존(survival of the fittest)으로 규정된다. 적자는 냉혹한 생존경쟁에서 살아남아 그들의 유리한 형질을 자신의 집단 속으로 퍼뜨리고 부적자는 도태되는 것이 자연선택이다.

다원주의의 핵심은 자연선택이 단순히 부적자를 멸망시키는 데 그치지 않고, 진화를 창조적으로 추진하는 원동력 역할을 한다는 것이다. 다시 말해 자연선택은 세대를 거듭하면서 생물의 기능 중에서 유리한 부분만을 선택하여 보전시킴으로써 반드시 적자를 발전시킨다.

마이어에 따르면, 자연선택의 발견은 그 자체가 획기적인 철학적 진보로도 간주되어야 한다. 자연선택의 원리가 그리스 시대에서 흄, 칸트, 빅토리아 시대에 이르기까지 2,000년이 넘는 철학의 역사에서 알려지지 않았기 때문이다.

마이어가 이러한 주장을 펼친 가장 중요한 이유는 자연선택 이론이 목적론(teleology)을 전혀 상정할 필요가 없게 해 주었기 때문이다. 그리스 시대부터 이 세계에는 좀 더 큰 완전성으로 이끄는 목적론적인 힘이 존재한다는 보편적인 믿음이 있었다. 특정한 결과에 이르게 하는 어떠한 목적론적인 힘, 곧 궁극적 원인(final cause)은 아리스토텔레스가 꼽은 여러 원인 중의 하나였다. 칸트도『판단력 비판 *Kritik der Urteilskraft*』(1790)에서 생물학적 현상을 물리주의적인 뉴턴적 해석에 따라 기술하려고 시도했지만 성공하지 못하게 되자 결국 목적론적인 힘을 들추어냈다.

마이어는 "자연선택 이론의 진실로 탁월한 성과는 궁극적 원인을 상정할 필요가 없게 해 주었다는 것이다. 사실상, 어떤 것도 미리 예정되어 있는 것은 없다. 더욱이, 자연선택의 목적조차 주변 환경이 변화함에 따라 한 세대에서 다른 세대로 바뀐다."고 덧붙였다.

참고문헌 ─────────────

- *Ever Since Darwin*, Stephen Jay Gould, Norton, 1977 / 『다윈 이후』, 홍동선·홍욱희 역, 범양사출판부, 1988
- *Microcosmos*, Lynn Margulis, Dorion Sagan, Simon&Schuster, 1986 / 『마이크로 코스모스』, 홍욱희 역, 범양사출판부, 1987
- *The Blind Watchmaker*, Richard Dawkins, Norton, 1986 / 『눈먼 시계공』, 과학세대 역, 민음사, 1994
- *One Long Argument*, Ernst Mayr, Harvard University Press, 1991 / 『진화론 논쟁』, 신현철 역, 사이언스북스, 1998
- "Darwin's Influence on Modern Thought", Ernst Mayr, Scientific American(2000년 7월호) / "현대인의 사고에 미친 다윈의 영향", 〈과학과 사회〉, 김영사, 2001
- *Evolution*, Carl Zimmer, HarperCollins, 2001 / 『진화』, 이창희 역, 세종서적, 2004

2 ── 진화심리학

진화생물학과 인지심리학의 융합

찰스 다윈의 자연선택 이론에 따르면, 생물이 자신의 집단 안에서 경쟁하는 다른 개체보다 생존 가능성이 높은 자손을 더 많이 생산하기 위해서는 변화하는 환경에 적응(adaptation)하는 능력을 갖지 않으면 안 된다. 생물학에서 적응이란 자연선택이 오랜 세월 지속적으로 작용하여 생물의 기능 중에서 효과적인 부분만을 선택하여 단계적으로 진화시키는 것을 의미한다. 요컨대 자연선택에 의한 적응은 생존을 위해 유리하게 설계된 생물의 기능을 차등적으로 보전함으로써 끊임없이 변화하는 국지적 환경을 따라잡는 과정이다.

사람의 마음을 이러한 적응의 산물로 간주하는 학문이 진화심리학(evolutionary psychology)이다. 진화심리학을 간단히 정의하면 진화생물학과 인지심리학이 융합된 것이다.

진화심리학은 1992년『적응하는 마음 *The Adapted Mind*』의 출간을 계기로 하나의 독립된 연구 분야가 되었다. 이 책은 아내인 심리학자 레다 코스미데스(1957~)와 남편인 인류학자 존 투비가 공동으로 편집했다. 진화심리학의 최고 이론가로 손꼽히는 이들 부부에 따르면, 진화심리학은 '진화생물학, 인지과학, 인류학, 신경과학의 융합에 근거를 두고 인간의 마음을 설명하려는 접근방법'이다. 이들은 진화심리학이 이를테면 지각, 기억 또는 추리와 같은 마음의 기능을 연구하는 심리학의 일개 분과가 아니라, 심리학의 모든 연구 주제에 적용될 수 있는 새로운 사고방식이라고 강조한다.

자연적 능력의 집합체

1859년『종의 기원』이 출간된 이후 30여 년이 지나서 윌리엄 제임스(1842~1910)가 이끄는 미국의 심리학자들이 생물학적 원리를 심리학에 적용했다. 기능주의(functionalism)라 불리는 이 학파는 사람의 감각이나 지각의 내용에 관심을 두기보다는, 감각이나 지각 능력을 어떻게 활용하여 환경에 잘 대처할 수 있는가 하는 적응적인 행동에 연구의 초점을 맞추었다. 예를 들면 시각의 경우 무엇을 보았는가가 중요한 것이 아니라, 어떻게 물건을 볼 수 있느냐가 더 중요한 문제라고 보았다.

진화론의 영향을 받은 제임스는 1890년에 펴낸『심리학의 원리 *Principles of Psychology*』에서 본능에 대한 새로운 개념을 제시했다. 동물은 본능의 지배를 받는 반면에 사람은 본능 대신에 이성에 의해 지배되므로 사람이 동물보다 훨씬 지능적이라고 생각하는 것이 통념이다. 그러나 제임스는 정반대의 의견을 제시하였다. 그는 사람이 다른 동물보다 많은 본능을 갖고 있기 때문에 사람의 행동이 동물의 행동보다 지능적이라고 주장한 것이다. 이러한 본능은 정보를 공들이지 않고 손쉽게 자동적으로 처리한다. 따라서 사람들은 본능의 존재에 대해 눈을 감으려는 경향이 있다. 제임스는 이러한 본능장님(instinct blindness)이 심리학 연구에 걸림돌이 된다고 생각했다.

대부분의 심리학자들은 자연적 능력(natural competences), 이를테면 보고 말하고 사랑에 빠지고 은혜를 갚고 공격을 하는 본능적인 능력의 연구를 회피했다. 제임스의 지적처럼, 이러한 자연적 능력을 발휘하는 메커니즘이 자동적으로 작동됨에 따라 심리학자들이 그것이 존재한다는 사실을 깨닫지 못했기 때문이다. 결과적으로 심리학에서 사람의 마음을 자연적 능력의 집합체로 간주하는 연구는 발을 붙이지 못했다. 따라서 사람이 생각하고 느끼는 모든 것은 외부 환경으로부터 유래하는 것으로 간주되었다. 말하자면 마음의 내용은 완전히 사회적 구성물이라는 의미이다. 이러한 견해를 표준사회과학 모델(Standard Social Science Model)이라 한다.

코스미데스와 투비에 따르면, 인지심리학, 신경과학, 진화생물학의 연구 성과로 표준사회과학 모델이 사람의 마음을 설명하는 데 부적합한 것으로 판명되었으며 그 대안으로 진화심리학이 등장하게 되었다.

진화심리학은 본능장님 문제를 해소하기 위해 진화론으로 접근해서 마음을 연구한다. 따라서 진화심리학은 사람에게 어떠한 자연적 능력이 존재하는지를 연구하고, 이러한 자연적 능력의 집합체가 마음이라는 것을 입증하려고 시도한다. 요컨대 진화심리학의 목표는 진화에 의해 설계된 마음의 구조를 밝히는 데 있다.

진화심리학의 다섯 가지 원리

진화생물학의 이론과 원리가 마음의 이해에 응용됨에 따라, 심리학은 생물학의 한 분파가 되었다. 이를테면 심리학은 뇌가 정보를 처리하는 방법과 뇌의 정보처리 프로그램이 행동을 일으키는 방법을 연구하는 생물학의 지류가 된 셈이다. 따라서 진화심리학은 생물학에서 도출된 다섯 가지 원리를 적용하여 마음의 구조를 연구한다.

원리1 ─ 뇌는 컴퓨터이다. 뇌를 구성하는 신경회로망은 환경에 적절한 행동을 일으키도록 설계되어 있다.

뇌는 화학 및 물리 법칙에 의해 동작하는 물리적 체계이다. 즉 우리의 사고, 희망, 꿈, 감정은 모두 뇌 안에서 진행되는 화학반응에 의해 발생한다. 뇌의 기능은 정보처리이다. 다시 말해서 뇌는 실리콘 대신 탄소화합물로 만들어진 컴퓨터이다. 뇌는 신경세포(뉴런)로 구성된다. 뉴런은 독립적으로 정보처리를 하는 세포이다. 뉴런은 서로 연결되어 있다. 이러한 연결은 회로망으로 볼 수 있다. 이 회로망이 뇌의 정보처리 기능을 수행한다. 어떤 뉴런은 근육에 연결된 운동뉴런으로 정보를 보낸다. 운동뉴런은 근육을 움직이게 한다. 이러한 근육의 운동을 행동(behavior)이라 부른다. 요컨대 뇌의 기능은 환경에 적절한 행동을 일으키는 것이다.

원리2 ─ 뇌의 신경회로망은 석기시대에 수렵채집 생활을 하던 인류의 조상들이 진화의 과정에서 직면했던 문제를 해결하기 위해 자연선택에 의해 설계되었다.

뇌의 신경회로망은 진화 과정에 의해 설계되었다. 이처럼 복잡하게 조직된 메커니즘을 창조할 수 있는 유일한 진화의 힘은 자연선택뿐이다. 자연선택은 개체의 생존에 영향을 미치는 문제들, 가령 무엇을 먹고 타인과 어떻게 어울릴 것인가 하는 따위의 적응문제의 해결을 위해 신경회로망을 설계했다.

원리3 ― 우리가 쉽게 해결한다고 느껴지는 문제들은 대부분 의외로 복잡한 신경회로망을 필요로 한다.

사람의 마음속에서 일어나는 일들은 대부분 무의식적으로 진행된다. 의식은 단지 빙산의 일각일 뿐이다. 따라서 일상적인 문제들, 이를테면 사랑에 빠지거나 아름다움을 느끼는 행동이 눈으로 사물을 보는 것처럼 별로 힘들이지 않고 일어나기 때문에 간단한 신경회로망이 관련된다고 착각하기 일쑤이다. 가령 시각의 경우 눈만 뜨고 있으면 우리는 세상을 다 볼 수 있다. 별다른 힘이 들지도 않고 특별히 사고를 할 필요도 없어 보인다. 그러나 결코 그렇지 않다. 우리가 이 글의 첫 줄을 바라본 순간에 글자를 읽을 수 있었던 것은 뇌의 3분의 1 이상이 동원되는 대규모의 계산이 진행되었기 때문이다. 이와 같이 시각은 눈의 감각능력뿐만 아니라 뇌의 정보처리 능력에 의존하고 있다.

원리4 ― 상이한 문제 해결을 위해 제각기 전문화된 상이한 신경회로망이 존재한다.

사람의 신체가 심장이나 허파처럼 고유의 기능을 가진 기관으로 구성된 것처럼, 마음 역시 기능적으로 전문화된 수많은 신경회로망으로 구성된다. 예컨대 시각이나 청각은 제각기 고유의 신경회로망을 갖고 있다. 여러 가지 적응문제를 동일한 메커니즘으로 해결할 수 없었기 때문에 문제의 유형에 따라 제각기 전문화된 신경회로망이 진화된 것이다. 이러한 전문화된 회로망은 한 가지 문제의 해결을 위한 전용 컴퓨터라 할 수 있다. 이들을 일러 모듈(module)이라 한다. 일반적으로 모듈은 하나의 과정을 독립적으로 이해될 수 있는 단위로 나누었을 때 그 단위를 지칭하는 용어이다. 다시 말해서 모듈은 독립적이고 자율적인 하부체계를 의미한다. 요컨대 뇌는 수많은 모듈의 집합체이다.

마음을 모듈 개념으로 접근한 대표적인 인물은 미국의 철학자이자 심리학자인 제리 포더이다. 1983년 펴낸 『마음의 단원성 *The Modularity of Mind*』에서 포더는 뇌가 열 개를 상회하는 모듈로 구성되었다고 주장한다. 그러나 많은 진화심리학자들은 포더와 달리 뇌가 수백 또는 수천 개의 모듈로 분할 가능하다고 믿는다.

원리5 ─ 현대인의 두개골 안에는 석기시대 조상들의 마음이 들어 있다.

자연선택이 복잡한 신경회로망을 설계하는 데는 오랜 시간이 걸렸다. 자연선택은 마치 바람에 휘날리는 모래알이 돌에 자국을 새기는 것처럼 상상할 수 없을 정도로 느리게 진행된다. 아무리 간단한 변화일지라도 수만 년이 소요된다. 인류의 조상은 진화의 시간표에서 99퍼센트 이상을 수렵채집 사회에서 살았다. 이 동안에 자연선택은 유목생활에서 날마다 부딪히는 문제들, 이를테면 사냥을 하고 양식을 구하고 짝짓기를 하고 자식을 기르고 좋은 잠자리를 찾고 공격을 물리치는 따위의 일상적인 문제를 해결하는 데 적합한 신경회로망을 서서히 사람의 뇌 안에 새겨 놓았다. 요컨대 사람의 마음은 수렵채집하던 조상들이 직면했던 적응문제를 해결하기 위해 자연선택에 의해 설계된 수많은 정보처리 장치들의 집합체인 것이다.

코스미데스와 투비는 뇌의 신경회로망이 오늘날 일상생활의 문제가 아니라 수렵채집 생활의 일상적 문제 해결을 위해 설계되었다는 것을 깨달을 때 비로소 현대인의 마음이 어떻게 작용하는지를 이해할 수 있다고 주장하고, 이러한 다섯 가지 원리가 사람의 마음과 행동을 설명하는 데 적용될 수 있는 유용한 도구라고 강조한다.

언어는 본능이다

진화심리학으로 자신의 연구 분야에서 성과를 거둔 대표적인 인물은 미국의 심리학자인 스티븐 핑커(1954~)이다. 1994년 펴낸 『언어본능*The Language Instinct*』으로 명성을 얻은 그는 '언어는 인간의 본능' 이라고 주장한다. 그가 언어를 본능이라 보는 까닭은, 첫째 어린 시절에 의식적인 노력이나 교육 없이 자발적으로 발달되며, 둘째 밑바탕에 놓인 논리를 몰라도 사용할 수 있고, 셋째 모든 사람에게 질적으로 동일하며, 넷째 정보를 처리하거나 지능적으로 행동하는 일반적인 능력과 구별되는 기술이기 때문이다.

핑커는 언어가 뇌 안의 특수 회로망에 의해 야기되는 본능이라는 주장을 뒷받침하는 증거를 두 가지 들었다.

첫째, 보편성이다. 인류학자들은 지구상의 여러 사회를 연구하면서 예외 없이 모든 인간 사회가 복잡한 문법을 지닌 언어를 가지고 있다는 사실을 확인하게 되었다. 언어가 지닌 복잡한 문법의 보편성, 즉 사람들의 대화능력의 밑바탕에 깔린 일종의 정신적 알고리즘은 언어가 본능임을 보여주는 첫 번째 증거이다.

둘째, 어린이들의 언어 발달이다. 모든 문화에서 언어 발달은 동일한 과정을 밟게 된다. 그 과정은 어느 부모도 믿기 어려울 만큼 신속하게 이루

어진다. 아이들은 세 살이 되기
전에 모국어를 익숙하게 사용한
다. 이 경우 아이들이 상당히 어
려운 알고리즘으로 설계된 문제
를 해결한 셈이다. 또한 아이들
은 잘못된 발음을 정확히 가려
내는 능력을 갖고 있다. 문법 교
육을 받지 않은 어린이들이 복
잡한 구문의 언어를 사용하는
것은 언어가 본능임을 보여 주
는 두 번째 증거이다.

스티븐 핑커

　이러한 논리하에 핑커는 세 가지 아이디어를 개진했다.

　첫째, 언어에 대한 기존의 견해, 즉 언어는 인류 역사의 어느 시점에 발
명된 문화의 산물이며, 교육과 학습에 의해 아이들에게 전수된다는 생각
은 잘못되었다는 것이다.

　둘째, 언어가 정신기관이라면 신체기관과 동일한 근원으로부터 유래된
다는 것이다. 그 근원은 자연선택의 산물, 즉 적응이다. 언어가 인간의 선
천적 능력이라는 증거를 믿는다면 언어 역시 다른 신체기관처럼 자연선택
의 결과라는 결론에 동의할 수밖에 없다.

　셋째, 언어가 본능이므로 마음의 나머지 부분 또한 본능의 집합체라는
것이다. 이를테면 지능이나 학습능력 따위는 존재하지 않는다. 마음은 여
러 개의 칼로 구성된 스위스 군용 나이프에 비유될 수 있다. 언어는 석기
시대에 인류의 조상들이 직면했던 일을 처리하기 위해 자연선택에 의해
연마된 칼 중의 하나일 따름이다. 인류의 조상들은 언어를 사용하여 도구

를 만들거나 사냥할 때 학습한 기술을 공유할 수 있었다. 따라서 언어 구사능력이 뛰어난 사람일수록 생존경쟁에서 유리하여 남보다 더 많은 자식을 낳을 수 있었다.

어떤 의미에서 핑커를 비롯한 진화심리학자들은 모두 노엄 촘스키의 후계자들인 셈이다. 1957년 펴낸『통사구조론』에서 인간의 언어가 창조적인 것임을 강조하고 사람이 태어날 때부터 언어능력(linguistic competence)을 갖고 있다고 주장하여 당시 미국을 풍미하던 행동주의 언어학에 치명적인 타격을 가했기 때문이다. 촘스키는 가장 영리한 원숭이가 말을 할 수 없지만 가장 우둔한 사람도 말을 할 수 있고, 누구나 그 전에 들어 본 적이 없는 새로운 문장을 얼마든지 말하고 이해할 수 있는 까닭은 인간이면 누구나 언어능력을 타고나기 때문이라고 설명하였다.

그러나 촘스키는 매사추세츠 공과대학의 동료 교수인 핑커의 이론에 동의하지 않는다. 그는 언어가 두뇌 진화 과정의 우연한 부산물일 따름이며, 결코 적응의 산물이 아니라고 생각하기 때문이다.

살인에서 출생순서까지

캐나다의 심리학 교수 부부인 마고 윌슨과 마틴 데일리는 가장 사악한 인간 행동으로 간주되는 부모의 자식 살해를 진화론으로 설명했다. 이들은 미국과 캐나다의 살인기록을 분석하고 두 살 미만 아기들은 친부모보다 의붓어버이에 의해 살해될 가능성이 60배 높다는 결론을 얻었다. 윌슨과 데일리는 이 결과가 인간이 가장 가깝게 관련된 사람들에게 특별히 우호적으로 된다는 진화론과 일치한다고 주장했다.

진화심리학자들이 그들의 이론을 가장 확실하게 뒷받침하는 사례로 내세우는 것은 프랭크 설로웨이(1947~)의 연구 결과이다. 미국의 역사학자인 설로웨이는 25년 가까이 출생순서와 성격 사이의 상관관계에 대한 자료를 수집하고 흥미로운 사실을 발견했다.

설로웨이에 따르면, 첫 번째 태어난 아이들은 동생들보다 보수적이고 현상 유지를 원하며 새로운 아이디어를 배격하는 경향이 있는 반면에, 늦게 태어난 아이들은 형들보다 모험을 즐기고 급진적이며 편견이 적은 것으로 나타났다. 설로웨이는 현대사에서 정치와 과학 분야의 혁명은 대부분 늦게 태어난 아우들에 의해 주도되었으며, 장남들은 늘 반대편에 서 있었다고 주장했다. 예컨대 다윈은 여섯 남매 중에서 다섯 번째로 태어났다.

설로웨이는 자신의 연구 결과가 진화심리학에 의해 설명된다고 주장했다. 자식이 오래 생존할수록 더 많은 자손을 낳게 되므로 부모의 유전자를 전파할 가능성이 많다. 따라서 부모들은 일찍 태어난 아이들에게 더 많은 투자를 하려는 경향이 있다. 장남은 부모와 밀접한 관계를 유지하여 이러한 상황을 활용하고 싶어 하기 때문에 보수적이 될 수밖에 없다. 그러나 동생들은 형들보다 잃을 게 많지 않으므로 변화를 추구하고 모험을 즐기게 된다는 것이다.

설로웨이는 1996년 자신의 이론을 정리한 『타고난 반항아 *Born to Rebel*』를 펴냈다.

여성미가 진화된 이유

여성의 아름다움을 진화론으로 설명하는 이론들도 발표되고 있다. 인도 출신의 미국 심리학자인 데벤드라 싱은 18개 문화권에서 여성의 몸매에 대한 남성들의 선호도를 조사했다. 그는 여성의 엉덩이 치수에 대한 허리

허리/엉덩이 비율이 0.7인 여성이 가장 매력적인 몸매의 소유자이다.
(왼쪽부터 밀로의 비너스 0.68, 배우 마릴린 몬로 0.66, 모델 케이트 모스 0.68)

치수의 비율(WHR)을 연구하여 모든 남자들이 이 비율이 낮은 여자를 선호함을 밝혀냈다. 싱은 허리/엉덩이 비율이 0.7인 여성이 가장 매력적인 몸매의 소유자라는 결론을 얻었다.

싱은 모든 남자들이 허리/엉덩이 비율이 낮은 여자, 즉 큰 엉덩이에 잘록한 허리를 가진 여체를 본능적으로 좋아하는 까닭은 뇌 속의 신경회로망이 그러한 여자들의 생식능력이 우수함을 알고 있기 때문이라고 설명했다. 다시 말해서 몸매의 아름다움은 자연선택에 의한 적응의 결과라는 것이다.

싱의 이론은 여자의 아름다움을 문화의 소산으로 보는 표준사회과학 모델(SSSM)과 정면으로 배치된다.

미국의 심리학자인 낸시 에코프 역시 싱과 동일한 맥락에서 여성미의 본질을 분석한 『미인생존 *Survival of the Prettiest*』(1999)을 펴냈다. 에코프는 아름다움에 민감한 마음의 모듈에 의해 좌우대칭적인 몸매, 부드러운 피부, 윤기 나는 머리카락을 소유한 여자가 자손을 많이 낳을 수 있는 배우자로 해석된다고 주장했다. 가장 아름다운 여자가 짝짓기 경쟁에서 가장 유리하므로 여성미가 진화되었다는 것이다. 요컨대 여성미는 결코 남성을 위해 만들어진 사회적 구성물일 수 없으며 여성 자신을 위해 진화된 적응의 산물이다.

진화심리학에 대한 공격

인간의 모든 행동은 예외 없이 개인의 심리적 구조와 환경적 배경이 결합되어 생겨난다. 이를테면 유전과 환경, 천성과 문화, 본성과 양육 사이의 복잡한 상호작용이 사람의 행동에 영향을 미친다. 그러나 진화심리학이 생물학에 뿌리를 두고 있음에 따라 일부에서는 사회생물학의 지류 또는 행동유전학의 닮은꼴이라고 공격한다.

진화심리학자들은 개미에서 사람에 이르기까지 모든 사회적 행동의 생물학적 기초를 연구하는 사회생물학이 본성과 행동 사이의 상관관계를 설명함에 있어 마음의 역할을 무시하고 있기 때문에 마음을 강조하는 진화심리학을 사회생물학의 일개 지류로 격하시키는 것은 부당하다고 반박한다.

진화심리학자들이 가장 혐오하는 것은 진화심리학을 행동유전학과 유사한 학문으로 보는 견해이다. 행동유전학은 유전이 인간 행동의 많은 유형에서 중심적인 역할을 한다고 전제한다. 따라서 진화심리학자들은, 개인 행동의 차이가 유전적 차이에서 비롯되는 것으로 보는 행동유전학과는 달리 진화심리학에서는 유전자가 모든 인간에 보편적인 행동의 기초를 이루고 있지만 환경이 개인 행동의 차이에 영향을 미친다고 보기 때문에 결코 진화심리학을 행동유전학과 한 묶음으로 간주해서는 안 된다고 주장한다.

어쨌든 진화심리학에서는 모든 인류가 공유하는 것으로 간주한 행동 특성들, 이를테면 언어, 폭력성, 미적 감수성, 질투심, 기만행위, 이타주의 등이 자연선택에 의한 적응의 산물임을 밝히기 위해 노력하고 있다. 따라서 많은 논란 속에서도 마음의 구조에 대해 새로운 해석을 시도하는 진화심리학의 가능성에 대해 우리가 관심을 갖게 되는 것이다.

참고문헌 ─────────────

△ 진화심리학 개론서
- *How the Mind Works*, Steven Pinker, Norton, 1997 / 『마음은 어떻게 작동하는가』, 김한영 역, 소소, 2007
- *Introducing Evolutionary Psychology*, Dylan Evans, Icon Books, 1999 / 『진화심리학』, 이충호 역, 김영사, 2001
- "진화심리학", 이인식, 〈과학과 사회〉, 김영사, 2001
- *Evolutionary Psychology*, David Buss, Allyn&Bacon, 2003 / 『마음의 기원』, 권선중 역, 나노미디어, 2005
- *Evolutionary Psychology*, Robin Dunbar, Oneworld Publications, 2007

△ 진화심리학 관련 도서
- *The Language Instinct*, Steven Pinker, William Morrow&Co., 1994 / 『언어본능』, 김한영 역, 그린비, 1998
- *Born to Rebel*, Frank Sulloway, Little, 1996 / 『타고난 반항아』, 정병선 역, 사이언스북스, 2008
- *Survival of the Prettiest*, Nancy Etcoff, Doubleday, 1999 / 『미』, 이기문 역, 살림, 2000
- *Dangerous Passion*, David Buss, Diane Publications, 2000 / 『위험한 열정 질투』, 이상원 역, 추수밭, 2006
- *The Blank Slate*, Steven Pinker, Viking Adult, 2002 / 『빈 서판』, 김한영 역, 사이언스북스, 2004
- 『살인의 진화심리학』, 최재천·김호·장대익 외, 서울대출판부, 2003
- *The Murderer Next Door*, David Buss, Penguin Press, 2005 / 『이웃집 살인마─진화심리학으로 파헤친 인간의 살인본성』, 홍승효 역, 사이언스북스, 2006
- *The Stuff of Thought*, Steven Pinker, Viking Adult, 2007

자연선택 이론과 경제학의 융합

진화생물학, 곧 다윈의 진화 이론의 관점에서 경제 현상을 분석하려는 시도는 진화경제학(evolutionary economics)이라 이른다. 진화경제학은 1980년대에 신생 학문으로 모습을 드러냈으나 그 뿌리는 아주 깊다.

1859년『종의 기원』발간을 계기로 진화 이론에 대한 학문적 관심이 충만한 시기에 활약한 노르웨이 출신의 미국 경제학자인 소스타인 베블런(1857~1929)은 경제는 하나의 진화 시스템이라고 주장하는 논문을 썼다. 1898년 그가 발표한 이 논문의 제목은「왜 경제학은 진화과학이 아닌가? Why Is Economics Not an Evolutionary Science?」이다.

베블런의 뒤를 이어 20세기 초반에 저명한 경제학자들이 경제학과 진화 이론 사이의 관계에 주목했는데, 대표적인 인물은 오스트리아 경제학자인 조지프 슘페터(1883~1950)이다. 그는 신고전파 경제학에서 기업이 이윤을 극대화하기 위해 할 수 있는 일은 오로지 생산량을 증가시키는 것뿐이라고 보는 견해에 대해 동의하지 않는다. 그는 기업이 성장하려면 고객을 만족시키기 위해 항상 변화를 추구해야 한다고 생각했다. 그 변화의 내용이 바로 혁신(innovation)이다. 신고전파는 혁신을 경제의 외부적인 변수로 간주하는 경향이 있었지만, 슘페터는 혁신을 경제 내부의 핵심적인 요소로 보자고 주장한 것이다. 이러한 혁신의 원천을 기업가로 본 슘페터는, 기업가는 기술 진보를 가로막는 수많은 장벽을 파괴함으로써 혁신의 홍수를 터뜨려 시장으로 쏟아 보낸다고 설명했다. 요컨대 경제 발전은 기업가들의 영웅적인 노력에 의해서, 슘페터의 표현에 따르면 '질풍처럼 밀려오는 창조적 파괴(creative destruction)'에 의해서 촉발된다.

슘페터는 신고전파 경제학에서 무시되었던 변화와 경쟁의 의미를 혁신 이론을 통해 부활시킨 셈이다.

슘페터가 말한 변화는 진화 이론의 기본이며, 경쟁은 자연선택 이론의 핵심에 다름 아니다. 이런 관점에서 새로운 경제 이론을 개척한 대표적인 인물은 미국의 리처드 넬슨(1930~)과 시드니 윈터이다. 1982년 두 사람은 『경제 변화의 진화 이론_An Evolutionary Theory of Economic Change_』이라는 기념비적인 저서를 펴냈다. 이 책은 진화 이론을 경제학에 융합하여 진화 경제학의 이론적 토대를 만든 선구적인 업적으로 평가된다.

넬슨과 윈터는 기업이 보유한 기술과 관행(routine)의 변화를 중점적으로 분석하였다. 관행은 기업이 오랜 기간의 시행착오를 통하여 내부적으로 채택하고 있는 지식, 이를테면 인사제도, 생산기술, 연구개발 정책 등을 정리해 둔 것을 의미한다. 두 사람은 시장에는 자연선택의 이론이 적용된다고 전제하고, 관행을 지속적으로 혁신하는 기업만이 경쟁에서 살아남을 수 있다고 주장한다. 성공적인 기업의 관행은 자연선택 과정을 통해, 더 많이 살아남아 모방, 확산, 승계된다.

넬슨과 윈터는 자연선택 이론을 바탕으로 슘페터의 변화 이론을 수용하여 자신들의 진화경제학 이론을 구축했다. 다윈의 생물학에 기반을 둔 진화경제학의 출현은 뉴턴의 물리학에서 영감을 얻은 신고전파 경제학에 대한 새로운 도전이라 할 수 있다.

시장의 마음

진화경제학의 관점으로 인간의 본성이 진화된 과정을 추적하여 경제 현상을 설명하려는 움직임도 나타나고 있다. 2007년 12월 미국의 과학저술가인 마이클 셔머(1954~)가 펴낸『시장의 마음 *The Mind of the Market*』이 좋은 사례이다. 이 책에서 셔머는 인간의 도덕성이 진화된 과정을 탐구하고 기업인과 자본주의에 대한 부정적 편견은 옳지 않다는 주장을 펼쳤다.

셔머는 미국 기업인 엔론과 구글의 분석을 통해 인간의 본성을 독특하게 설명했다. 엔론은 미국 굴지의 에너지 회사였으나 회계 부정으로 도산하여 부패의 상징이 된 반면에 인터넷 벤처기업인 구글은 세계 1위 검색 서비스 회사로 승승장구하고 있다.

엔론은 한때 미국 7대 기업에 올랐지만 2001년 수백억 달러의 빚을 지고 파산했다. 회사가 급성장한 1990년대 전반기와 몰락의 길로 들어선 1990년대 후반기의 최고경영자는 완전히 상반된 성향의 인물이었다. 성장을 주도한 사장은 무엇보다 경영의 투명성을 강조했다. 그는 직원들로부터 분 단위로 갱신되는 보고서를 받았기 때문에 항상 누가 언제 누구에게 무엇을 하는지 잘 알고 있었다. 또한 정례 회의에서 간부진과 얼굴을 맞대고 토론을 하면서 회사가 돌아가는 상황을 상세히 알려 주었다. 간부진 역시 사장의 방침에 따라 부하직원들과 자주 토론하고 회사의 경영 상태를 숙지시켰다. 따라서 사장에서 말단 직원까지 모두 회사 경영에 관해 동일한 정보를 공유했다. 이러한 투명 경영으로 회사가 부정이나 부패에 휘말릴 소지가 별로 없었다.

그러나 그의 후임자는 정반대의 방식으로 회사를 운영했다. 하버드 경영대학원 출신인 그는 사회생물학자인 리처드 도킨스(1941~)의『이기적 유전자 *The Selfish Gene*』(1976)를 탐독하고 인간은 치열한 생존경쟁을 통해 진화된 탐욕스러운 존재라는 결론을 얻었다. 그는 인간의 탐욕과 공포를 자극하는 인사제도를 만들어 종업원들을 적자생존의 싸움터로 내몰았다. 이러한 분위기에 주눅이 든 직원들은 살아남기 위해 권모술수를 서슴지 않았으며 회사는 불신과 부패의 늪으로 추락했다.

한편 구글은 철두철미하게 윤리 경영을 실천했다. '사악하지 말자(Don't Be Evil)'라는 표어를 내걸고 부도덕한 행위의 사례를 종업원들에게 주지시켰다. 이 표어에 담긴 핵심 목표는 소비자와 경쟁자로부터 신뢰를 받는 기업 문화를 구축하는 것이다. 구글은 무엇보다 양질의 제품을 공급하여 사용자로부터 신뢰를 얻는 것을 최고의 가치로 생각한다. 또한 시장에서 경쟁업체를 무너뜨려야 할 상대로 여기지 않고 공생하는 동반자로 간주한다. 모든 상황에서 공명정대하게 경쟁하기 위해 항상 '사악하지 말자'고 다짐한다. 요컨대 경쟁은 하지만 속이지는 않겠다는 뜻이다.

구글의 사옥은 유리로 만들어져 내부가 통째로 들여다보인다. 이러한 물리적 투명성도 회사 내에 신뢰를 조성하는 데 한몫을 한다. 특히 날마다 수천 명의 직원에게 공짜로 식사를 제공하여 밖에 나가 밥 먹는 시간을 아껴 준다. 회사 안에는 세탁소, 오락실, 탁구장 등 각종 편의시설이 갖추어져 있어 누구나 세탁, 이발, 세차 등이 가능하다. 이러한 환경은 종업원들의 애사심을 고양시킴은 물론 동료애를 진작시키는 것으로 알려졌다. 회사 안팎으로 신뢰를 구축한 구글은 윤리 경영이 성공의 지름길임을 확인시켜 준 셈이다.

셔머는 엔론의 실패와 구글의 성공은 인간이 경쟁도 하지만 협동도 하고, 이기적이지만 이타적이기도 한 양면성을 타고난 존재임을 보여 준 것이라고 분석했다. 하지만 인간의 본성은 악한 쪽보다 선한 쪽에 크게 기울어 있다고 덧붙였다. 시장 역시 도덕적이며 현대 경제는 인간의 선한 본성 위에 자리를 잡고 있다. 만일 그렇지 않았다면 시장자본주의는 오래전에 붕괴되었을 것임에 틀림없다.

셔머는 구글의 성공이 기업가들을 탐욕적인 장사꾼으로, 자본주의를 살벌한 약육강식으로 매도하는 것은 정당하지 않음을 보여 주고 있다고 강조하였다.

참고문헌
- "진화경제학", 송경모, 〈과학과 사회〉, 김영사, 2001
- *The Evolutionary Foundations of Economics*, Kurt Dopfer, Cambridge University Press, 2005
- *The Origin of Wealth*, Eric Beinhocker, Harvard Business School Press, 2006 / 『부의 기원』, 안현실·정성철 역, 랜덤하우스, 2007
- *The Mind of the Market: Compassionate Apes, Competitive Humans, and Other Tales from Evolutionary Economics*, Michael Shermer, Times Books, 2007

4 — 다원의학

진화생물학과 의학의 융합

현대 의학은 인체의 해부학적 구조와 생리적 현상을 연구하여 질병의 원인을 설명하고 치료법을 찾아낸다. 이와는 대조적으로 진화의 관점에서 자연선택이 왜 인체를 좀 더 잘 설계하지 못했으며, 왜 인체를 질병에 취약하게 만들었는지를 연구하여 의학문제를 해결하려고 시도하는 새로운 학문이 출현하였다. 미국에서 태동한 이 학문은 진화생물학을 의학에 융합한 것이므로 찰스 다윈의 이름을 따서 다원의학(Darwinian medicine)이라 불린다.

다원의학은 1991년 미국의 진화생물학자인 조지 윌리엄스(1926~)와 랜덜프 네스(1948~)가 공동으로 발표한 논문이 계기가 되어 하나의 학문으로 출발했다. 1994년 두 사람은 다윈의학을 일반 대중에게 널리 알릴 목적으로 『인간은 왜 병에 걸리는가*Why We Get Sick*』를 펴냈다.

질병은 적응에 실패한 결과

다윈의학의 핵심은 인체의 기능을 자연선택에 의한 적응의 결과로 보는 것이다.

가령 다윈의학은 기침, 빈혈, 입덧처럼 흔히 겪는 증상은 질병이라기보다 오히려 적응에 의해 진화된 우리 몸의 방어체계라고 주장한다. 가장 분명한 보기는 기침이다. 허파로부터 이물질을 제거하지 못하면 폐렴으로 죽기 쉬우므로 기침을 한다. 빈혈 역시 세균이 필요로 하는 철분을 얻지 못하게 함으로써 인체를 방어하는 수단이다. 여자의 입덧 역시 특유의 방어체계이다. 산모가 메스꺼움을 느끼는 시기는 태아의 조직분화 기간과 일치한다. 태아의 성장이 독소의 공격에 가장 취약할 때이다. 입덧이 심하면 태아가 해로운 음식을 먹게 될 기회가 줄어든다.

다윈의학이 가장 많은 관심을 기울이는 의료문제는 현대인들에게 많은 질병이다. 예컨대 비만, 당뇨, 심장질환, 각종 암은 수렵채집을 하던 석기시대의 조상들에게는 없던 병이다. 현생인류는 진화가 느리게 진행되었기 때문에 오늘날까지 수렵채집 생활에 맞게 설계된 인체의 기능을 그대로 갖고 있다. 그러나 과학기술의 발달로 수명이 늘어나고 역사상 어느 때보다 풍족하게 지방, 설탕, 소금을 섭취하게 됨에 따라 석기시대의 음식을 먹었더라면 걸릴 확률이 훨씬 낮았을 비만, 당뇨, 동맥경화 따위에 시달리게 된 것이다. 요컨대 이런 질병은 석기시대에 완성된 인체의 적응력과 현대 산업사회의 환경이 조화를 이루지 못해 생기게 된 것이다. 말하자면 현대의 각종 질병은 자연선택이 현대 환경의 새로운 조건들에 대해 인체의 적응력을 키울 기회를 갖지 못한 데서 비롯되었다고 볼 수 있다.

참 고 문 헌 ────────────

- *Why We Get Sick: The New Science of Darwinian Medicine*, Randolph Nesse, George Williams, Crown, 1994 / 『인간은 왜 병에 걸리는가』, 최재천 역, 사이언스 북스, 1999
- *The Pony Fish's Glow*, George Williams, Basic Books, 1997 / 『진화의 미스터리』, 이명희 역, 두산동아, 1997
- "다윈의학에 대하여", 이인식, 〈녹색평론〉(1999년 1 · 2월호)

2장 성적 선택과 지식 융합

1—성적 선택 이론

2차 성징의 존재 이유

동물의 암컷과 수컷은 같은 종이라도 신체적 특징이 서로 다르다. 이러한 성적 이형(dimorphism)은 찰스 다윈에 의해 1차 성징과 2차 성징으로 구분되었다.

다윈은 수컷의 고환이나 암컷의 난소처럼 생식에 직접적으로 필요한 것은 1차 성징이라 부르고 이러한 암수의 차이는 자연선택에 의해 진화된 것으로 설명했다. 그러나 남자의 수염처럼 한쪽 성에만 나타나는 2차 성징은 생식에 필요한 것이 아니므로 자연선택과는 거리가 멀다. 1871년 다윈은 이 딜레마를 해결하기 위해 성적 선택(sexual selection)을 제안했다. 2차 성징은 생존경쟁보다는 성적 선택의 과정에서 진화된 형질이라는 뜻이다.

공작 수컷의 긴 꼬리는 짝짓기를 위해 진화되었다.

　다윈에 따르면, 성적 선택은 두 가지 방식으로 진행된다. 첫 번째 성적 선택은 암컷을 서로 차지하려는 수컷들 사이의 경쟁을 통해 일어난다. 사슴의 뿔이나 사자의 갈기는 이러한 과정에서 출현한 형질이다. 사슴의 뿔은 암컷을 얻기 위한 싸움에서 무기로 사용된다. 사자의 갈기는 다른 수컷과 다투는 동안 목을 보호하는 역할을 한다.

　성적 선택의 두 번째 형태는 수컷이 암컷의 관심을 끌어서 짝짓기의 상대로 선택되는 방식이다. 이러한 선택의 대표적인 보기는 공작의 수컷이 지닌 화려하고 긴 꼬리이다. 암공작은 부챗살처럼 펼쳐진 현란한 깃털에 매혹되어 그 수컷과 짝짓기를 한다. 요컨대 공작의 수컷이 생존에 별로 쓸모가 없는 우스꽝스러운 꼬리를 달고 있는 것은 순전히 암컷의 탓이다.

　다윈에 의해 수컷 공작이 암컷에게 구애할 때 꼬리를 이용하는 사실이 관찰됨에 따라 공작의 장식용 꼬리는 성적 선택의 상징이 되기에 이르렀다. 그러나 다윈은 암공작이 긴 꼬리를 좋아하는 이유를 밝혀내지 못했다. 더욱이 장식용 꼬리는 생존의 측면에서 수컷에게 상당한 부담이 된다. 화려한 빛깔은 포식자의 눈에 띄기 쉽고 긴 꼬리는 도망갈 때 장애가 되기 때문이다. 따라서 암공작이 수컷의 화려한 몸치장을 선호하는 이유를 놓고 두 개의 이론이 맞서 있다. 하나는 잘생긴 아들(sexy-son) 이론이고 다른 하나는 좋은 유전자(good-gene) 이론이라 불린다.

잘생긴 아들을 낳기 위하여

1930년 영국의 로널드 피셔(1890~1962)는 수공작의 요란한 꼬리가 진화된 이유를 순환논리의 표현으로 교묘하게 설명했다. 암컷이 긴 꼬리를 지닌 수컷을 좋아하는 까닭은 다른 암컷들도 그러한 꼬리를 좋아하기 때문이라는 것이다.

한때 대부분의 암컷들은 꼬리의 길이를 선택 기준으로 삼아 긴 꼬리의 수컷들하고만 짝짓기를 했다. 일종의 유행이었다. 이러한 유행이 못마땅한 일부 암컷들은 일부러 꼬리가 짧은 수컷을 골라서 교미를 했는데, 꼬리가 짧은 아들을 낳게 되었다. 이 아들 새는 어미 새가 유행을 거역한 대가를 톡톡히 치렀다. 대부분의 암컷들이 긴 꼬리의 수컷을 찾았으므로 짧은 꼬리의 아들 새는 짝을 구할 수 없었기 때문이다. 따라서 자신의 새끼를 독신으로 남기고 싶지 않은 한, 암공작은 꼬리가 긴 수컷을 선호하는 풍조로부터 감히 벗어날 엄두를 내지 못했다.

한편 수컷들은 꼬리가 길수록 짝짓기에 유리했기 때문에 더 긴 꼬리를 가지려고 노력했다. 결과적으로 꼬리가 긴 잘생긴 아들을 낳으려는 암공작의 욕망과 성적 매력이 있는 꼬리를 가지려는 수공작의 노력이 성적 선택 과정에서 상승작용을 일으켰다. 수컷의 깃털 발달과 그러한 발달을 향한 암컷의 성적 선호가 동시에 진행되면서 바로되먹임(positive feedback) 작용을 하게 된 것이다.

마이크를 확성기에 가깝게 두면 확성기에서 나온 소리가 마이크를 통해 되먹임되어서 소음이 나는 것처럼 증폭 기능을 보여 주는 것을 바로되먹임이라 한다. 바로되먹임에 의해 작은 소리가 반복적으로 증폭되기 때문에 시간이 흐를수록 소리가 커지게 되는 것이다. 요컨대 처음에는 장식용 꼬리를 가진 수컷에 대한 암컷의 선호가 우연히 시작된 사소한 유행에 불과했지만 이 유행은 바로되먹임에 의해 수컷의 깃털이 발달하는 속도를 고삐 풀린 말이 폭주하듯이 끊임없이 증가시켰다. 말하자면 수공작의 장식 꼬리는 폭주적 진화(runaway evolution)의 산물인 것이다.

자하비의 장애 이론

피셔의 폭주적 진화론은 다윈의 성적 선택 이론을 보강했으나 1970년대까지 40여 년간 많은 생물학자들로부터 외면당했다. 생물의 형질이 환경에 대한 적응의 결과로 유전된 것이 아니라 유행에 의해 진화되었다는 논리에 수긍이 가지 않았기 때문이다. 그 대신에 많은 학자들은 좋은 유전자 이론을 지지했다.

이 이론에 따르면, 암공작은 자식들이 짝짓기를 잘하는 것보다는 생존을 잘하도록 하기 위해 길고 화려한 장식 꼬리의 공작을 선택한다. 수컷의 장식이 개체의 건강, 체력 또는 적응력을 가늠하는 잣대 역할을 하기 때문이다. 따라서 암공작은 빛깔이 좋은 깃털의 수컷은 건강하므로 그 수컷과 짝짓기를 한다.

그러나 좋은 유전자 이론에는 자기모순적인 약점이 있었다. 공작의 기다란 꼬리는 생존 가능성을 높여 주는 좋은 형질이라고 볼 수 없기 때문이다. 결국 깃털은 수컷의 생존에 장애가 된다. 이러한 모순을 재치 있게 해결한 사람이 이스라엘의 아모츠 자하비(1928~) 교수이다. 1975년 자하비는 장애 이론(handicap theory)을 제안했다.

장애(핸디캡) 이론에 따르면, 수공작의 꼬리가 수컷에게 장애가 되면 될수록 수컷이 암컷에게 보내는 신호는 그만큼 더 정직하다. 왜냐하면 긴 꼬리의 수컷이 장애가 있었음에도 불구하고 살아 있다는 바로 그 사실은 암컷에게 그 수컷이 난관을 극복할 능력이 있음을 확인시켜 주는 증거이기 때문이다. 수컷은 핸디캡으로 인한 대가를 치르면 치를수록 암컷에게 자신의 유전적 자질이 우수하다는 사실을 더 잘 알릴 수 있는 것이다. 다시 말해서 남보다 더 길고 화려한 깃털을 가진 수컷일수록 더 좋은 유전자를 갖게 마련이다.

따라서 수공작의 꼬리는 장애가 되지 않을 때보다 장애가 될 때 더 빨리 진화하게 된다. 신체적 장애가 결국 좋은 유전자를 갖고 있음을 정직하게 드러내는 반증이 될 수 있다는 자하비의 기발한 논리는 '정직이 최선의 전략'이라는 격언과 일맥상통하는 점이 없지 않다.

참고문헌 ──────

- *Sexual Selection*, James Gould, Carol Grant Gould, Scientific American Library, 1989
- *The Ant and the Peacock*, Helena Cronin, Cambridge University Press, 1991
- 『이인식의 성과학 탐사』, 이인식, 생각의나무, 2002
- 『짝짓기의 심리학』, 이인식, 고즈윈, 2008

2―짝짓기 심리학

짝짓기 전략

진화심리학은 기본적으로 모든 인간의 마음이 보편적인 특성을 공유하고 있다고 전제한다. 그러나 한 가지 결정적인 예외는 불가피하게 인정한다. 진화심리학자들은 남녀의 성 역할이 다르기 때문에 진화 과정에서 남녀의 마음이 다르게 형성되었다고 본다. 따라서 자연선택보다는 성적 선택으로 접근하여 인간의 짝짓기 행위를 분석한다. 이러한 접근방법으로 연구 성과를 거둔 대표적인 인물은 미국 진화심리학자인 데이비드 버스(1953~)와 제프리 밀러(1965~)이다.

데이비드 버스는 6대륙 37개 문화권에 속한 1만여 명의 남녀를 대상으로 5년간 인간의 성의식을 연구한 결과를 『욕망의 진화*The Evolution Of Desire*』(1994)로 펴냈다. 그는 이 책에서 오늘날 남녀의 성 전략(sexual strategy)은 수렵채집하던 인류의 조상들이 짝짓기 문제를 해결하는 과정에서 진화된 것이라고 주장했다.

버스는 성적 선택이 오랜 세월 동안 인간의 내면에 형성한 성의식을 실증적으로 추적하여, 성 전략의 다양한 측면을 분석했다. 이를테면 남자와 여자가 각각 상대방에게 원하는 것들을 열거했으며, 짝을 유혹하는 전략, 혼외정사를 하는 이유, 성적 갈등의 본질과 해결책 등을 제시하였다.

버스에 따르면, 남자들은 얼굴과 몸매가 아름답고 순결한 여자를 선호하는 반면에, 여자들은 경제적 능력이 있고 사회적 지위가 높고 야망과 지성을 갖춘 배우자와 짝짓기하기를 바라는 것으로 나타났다.

남녀 간의 상이한 짝짓기 전략이 진화 과정에서 형성되어 무의식적인 심리 구조로 굳어졌다는 버스의 주장은 페미니스트들의 분노를 촉발하기에 안성맞춤이다. 여성의 사회적 불평등을 개선하려는 페미니스트들은 남녀의 성 역할이 태생적인 것이 아니라 사회적으로 구축되었다고 보기 때문이다.

버스는 2003년『욕망의 진화』의 개정판을 내고 혼외정사, 배란기 전후의 성 심리 변화 등 여성의 은밀한 성 전략에 관한 내용을 새로 추가하였다.

성적 선택으로 마음을 설명

한편 제프리 밀러는 성적 선택 이론으로 성의식과 성 전략을 분석하는 데 머물지 않고 인간의 마음에서 독특한 여러 능력들, 이를테면 예술, 창의성, 도덕성 등이 우리 조상들의 짝 고르기 과정에서 진화되었다고 주장하였다.

밀러는 2000년에 펴낸『짝짓기 하는 마음*The Mating Mind*』에서 "20세기의 과학은 오로지 자연선택만으로 마음의 진화를 설명하려고 애썼다." 면서 "짝 고르기를 통한 성적 선택이 인간 마음의 진화에서 무시되었다." 고 지적했다. 그는 대부분의 진화심리학자들이 자연선택으로 인류의 조상들이 낮에 부딪혔던 생존 문제에 관심을 가졌지만, 자신은 성적 선택으로 그들이 밤에 겪었던 구애의 고민을 풀어 보고 싶다고 강조하면서, "성적 선택에 대한 노골적인 관심 없이 인간의 진화를 논하는 것은 로맨스 없는 드라마와 같다."고 말했다.

밀러는 20세기 과학이 성적 선택 이론을 무시한 대가로 가령 경제학자들은 인간의 사치품 소유 욕망과 과시적 소비를 설명하지 못했으며, 사회학자들은 남성이 여성보다 재물과 권력을 더 탐하는 이유를 알 수 없었다고 주장하였다.

경제학에서 과시적 소비(conspicuous consumption)라는 개념을 최초로 도입한 인물은 소스타인 베블런이다. 1899년 펴낸『유한계급 이론*The Theory of the Leisure Class*』에서 베블런은 현대 도시 사회의 사람들이 비싼 사치품으로 장식하여 자신의 재력을 과시하려는 성향이 농후하다고 주장했다. 상대방이 얼마나 부유한지를 직접적으로 알 수 없는 상황에서는 과시적 소비만이 신뢰할 만한 재력의 지표가 된다는 의미이다.

밀러는 생물학에서 과시적 소비에 해당되는 개념은 1975년 아모츠 자하비가 제안한 장애 이론이라고 주장했다. 자하비는 수공작이 생존에 장애(핸디캡)가 되는 긴 꼬리를 달고 있는 까닭은 핸디캡을 극복할 능력, 곧 우수한 유전적 자질을 갖고 있는 사실을 암컷에게 확인시켜 주는 증거이기 때문이라고 설명하였다. 이를테면 수컷의 긴 꼬리는 짝짓기를 위해 자신의 능력을 과시하는 성적 장식으로 진화된 셈이다.

장애 이론에 따르면 인간의 로맨틱한 사랑은 필연적으로 과시적 소비인 셈이다. 상대의 사랑을 위해 과도한 선물 공세, 과도한 웃음, 과도한 외모 가꾸기를 하기 때문이다. 이러한 낭비는 자연선택 이론의 적자생존 관점에서는 적응과는 무관한 어리석은 행동이기 때문에, 성적 선택 이론이 아니면 설명이 될 수 없다고 밀러는 주장한다.

짝짓기 지능지수

1995년 어느 날, 미국의 빌 클린턴 대통령은 백악관 집무실에서 근무시간 중에 여직원인 모니카 르윈스키와 펠라티오(fellatio)를 포함한 성행위에 탐닉하고 있었다. 펠라티오는 여자가 페니스를 입 안에 넣고 빨거나 혀로

클린턴 성추문 사건은 짝짓기 지능의 상징적인
사례로 손꼽힌다(클린턴 곁은 르윈스키).

핥는 구강성교이다.

1997년 12월 클린턴 대통령은 르윈스키와의 성추문 사건이 공개되어 정치적으로 궁지에 몰렸다. 하원에서 클린턴에 대한 탄핵안이 가결되는 수모를 겪기도 했다. 클린턴 성추문 사건은 인간의 짝짓기 심리를 연구하는 진화심리학자들에게 짝짓기 지능(mating intelligence)의 상징적인 사례로 손꼽힌다.

짝짓기 지능(MI)은 제프리 밀러가 미국의 사회심리학자인 글렌 게어와 함께 편집한 『짝짓기 지능 Mating Intelligence』(2007)에 의해 학문적인 용어가 되었다. 게어와 밀러는 이 책의 서문에서 짝짓기 지능에 대해 다음과 같이 설명한다.

짝짓기 지능은 심리학 연구의 두 주요 분야인 인간 짝짓기와 지능 사이에 다리를 놓기 위해 고안된 새로운 개념이다. 인간 짝짓기의 이해에 첨예한 관심을 가진 진화심리학자로서, 우리는 짝짓기에 관련된 심리적 과정의 진화가 인간 지능의 진화에 필수적인 것이었다고 확신한다. 이러한 관점에서, 짝짓기 심리와 지능이 인간의 마음에서 서로 관계가 없는 측면이라고 보는 것은 잘못이다.

게어와 밀러에 따르면, 짝짓기 지능은 '인간의 짝짓기, 섹슈얼리티, 남녀가 정을 통하고 있는 관계 등에 적용되는 인지 과정'이다.

짝짓기 지능은 사회지능(social intelligence) 및 정서지능(emotional-intelligence)과 깊은 관련이 있다. 사회지능은 타인을 믿음과 욕망을 가진 존재로 이해하는 능력을 뜻한다. 대표적인 것은 마키아벨리주의 지능 (Machiavellian intelligence)과 마음 이론(Theory of Mind)이다. 마키아벨리주의 지능은 인간이 타인의 행동을 예측하고 조종하기 위해 진화된 능력이다. 마음 이론은 타인의 행동을 더 잘 이해하기 위해 타인에게 그들 나름의 믿음과 욕망이 있다고 생각할 수 있는 능력이다. 마음 이론은 마키아벨리주의 지능의 핵심 요소이다. 성공적인 짝짓기를 하려면 무엇보다 상대방의 마음을 읽는 능력이 중요하다. 따라서 짝짓기 지능과 사회지능이 서로 관련된다고 보는 것이다.

정서지능(EI)은 1990년 도입된 개념으로 타인의 정서를 지각하고 이해하여 자신의 사고와 행동에 보탬이 되도록 활용하는 능력을 뜻한다. 인간의 짝짓기는 인간 정서의 거의 모든 영역, 이를테면 욕망, 사랑, 행복, 슬픔, 질투, 쾌락, 고통 등과 관련된다. 따라서 짝짓기 지능과 정서지능은 불가분의 관계에 있는 것이다.

클린턴 대통령은 유복자로 태어나 결손가정에서 소년 시절을 보냈지만 옥스퍼드 대학에 장학생으로 유학을 가고 예일 대학 법학대학원을 졸업할 정도로 학업 성적이 좋았다. 1978년 32세에 미국 최연소 주지사로 당선되었으며 1992년 46세에 제42대 대통령에 당선되어 연임에 성공하였다. 그러한 그가 백악관의 일개 여직원과 몇 초간의 짧은 성적 쾌락을 즐기기 위해 집무실에서 펠라티오를 한 사실은 짝짓기 지능을 연구하는 학자들의 연구 주제가 될 수밖에 없었다.

우선 클린턴은 언변이 뛰어나고 글 솜씨가 빼어났으며 매우 머리 좋은 대통령으로 평가되었다. 특히 짝짓기와 관련한 능력이 탁월하였다. 그는 여러 여자들과 혼외정사를 했던 것으로 알려졌다. 1995년 당시 클린턴은 49세, 1973년생인 르윈스키는 22세, 1947년생인 부인 힐러리는 48세였다.

르윈스키는 젊어서 자식을 여러 명 낳을 수 있었지만, 힐러리는 폐경을 앞둔 상태였다. 지적인 측면에서는 변호사 출신인 힐러리와 일개 임시직 원인 르윈스키가 비교가 될 수 없었지만, 임신 능력 측면에서는 르윈스키가 힐러리를 압도했다. 짝짓기 심리의 관점에 국한하면, 클린턴이 르윈스키에게 접근한 것이 하등 잘못되었다고 할 수 없기 때문에 클린턴이 짝짓기 지능의 진면목을 과시한 것으로 여겨진다. 말하자면 클린턴은 이른바 짝짓기 지능지수, 곧 MQ(Mating Intelligence Quotient)가 상당히 높은 셈이다.

참고 문헌 ─────────

- The Evolution of Desire, David Buss, Basic Books, 1994 / 『욕망의 진화』, 김용석 · 민현경 역, 백년도서, 1995
- The Mating Mind, Geoffrey Miller, Doubleday, 2000 / 『메이팅 마인드』, 김명주 역, 소소, 2004
- Mating Intelligence, Glenn Geher, Geoffrey Miller, Lawrence Erlbaum Associates, 2007
- 『짝짓기의 심리학』, 이인식, 고즈윈, 2008

과학과 종교

1—진화론과 창조론

천동설 대 지동설

과학은 16세기부터 종교, 특히 가톨릭교회와 세계를 해석하는 방법에서
첨예하게 대립했다. 가톨릭의 우주관에 대한 최초의 도전은 1543년 폴란
드의 니콜라우스 코페르니쿠스(1473~1543)가 제창한 태양중심설이다. 무
려 1,500년간이나 천동설이 받아들여졌기 때문에 그의 지동설은 엄청난
충격을 몰고 왔다.

가톨릭의 저항은 극렬했다. 지구를 우주의 중심이 아니라고 생각하면
기존의 종교적 원리가 붕괴될 수밖에 없었기 때문이다.

가톨릭교회는 1600년 지동설을 지지한 이유로 시인인 조르다노 브루노
(1548~1600)를 화형에 처했고, 1616년 코페르니쿠스의 책을 판금시켰으

며, 1633년 갈릴레오 갈릴레이(1564~1642)에게 종교재판에서 유죄판결을 내렸다. 로마 교황청은 360년 뒤인 1992년 갈릴레이를 복권시켰다.

지적 설계

19세기에는 생명의 기원을 놓고 신학과 과학 사이에 일대 혈전이 전개되었다. 창조론과 진화론이 격돌한 것이다. 기독교 신자들은 하느님의 말씀에 절대로 오류가 있을 수 없다고 생각하기 때문에 『성경』의 「창세기」에서 우주와 인류의 기원에 관해 서술한 내용은 엄연한 역사적 사실이라고 주장한다. 이러한 창조론의 대표적인 이론가는 영국 신학자인 윌리엄 페일리(1743~1805)이다. 1802년 발표한 논문에서 기계적인 완벽성을 갖춘 척추동물의 눈을 시계에 비유하고, 시계의 설계자가 있는 것과 똑같은 이치로 눈의 설계자가 반드시 존재한다는 논리를 펼쳤다. 페일리가 내세운 설계자는 다름 아닌 하느님이다. 생물체는 하느님이라는 시계공이 만든 살아 있는 시계라는 것이다.

페일리의 창조론이 19세기 초반까지 통용되었기 때문에 1859년 찰스 다윈의 『종의 기원』이 출간되었을 때 대부분의 사람들은 진화론을 이해하기는커녕 관심조차 갖지 않았다. 그러나 진화론은 창조론을 뿌리째 흔들어 놓았다. 결국 과학은 종교와의 싸움에서 승리를 거두었고 종교적 세계관은 권위를 상실했다.

20세기 들어 유례없는 과학기술의 진보로 과학과 종교의 괴리는 더욱 크게 벌어졌다.

숨을 죽이고 있던 창조론자들은 1960년대부터 본격적인 반격을 개시한다. 1961년 미국에서 출간된 『창세기의 대홍수 *The Genesis Flood*』는 빅뱅(Big Bang) 이론을 부정하고 어린 지구 이론(young-Earth creationism)을 제시했다. 약 150억 년 전에 일어난 대폭발에 의해 우주가 생성되었다는 빅뱅 이론과 달리 우주는 1만 년 전쯤에 창조되었다고 주장한다.

또한 창조론자들은 진화론에 대해 지적 설계(Intelligent Design) 가설로 맞섰다. 이들의 주장은 1991년 미국의 법학 교수인 필립 존슨(1940~)이 펴낸 『심판대의 다윈 *Darwin on Trial*』, 1996년 생화학자인 마이클 베히(1952~)가 출간한 『다윈의 블랙박스 *Darwin's Black Box*』, 1998년 영국 수학자인 윌리엄 뎀스키(1960~)가 베히의 주장을 수학적으로 논증한 논문에 체계화되어 있다. 가령 베히는 세포의 복잡한 생화학적 구조는 진화론의 자연선택 과정에 의해 우연히 만들어졌다고 볼 수 없을 만큼 복잡하고 정교하기 때문에 생명은 오로지 지적 설계의 산물일 수밖에 없다고 주장한다. 지적 설계란 과학으로 입증이 불가능한 지적인 존재, 곧 하느님의 손길에 의한 설계를 뜻한다. 요컨대 지적 설계 가설은 생명이 하느님의 창조물이라는 주장을 과학적으로 설득하려는 시도이다. 예전의 창조론자들처럼 맹목적으로 『성경』에 매달리는 대신, 과학이 밝혀낸 사실을 아전인수식으로 원용하는 새 창조론을 창조과학(creation science)이라 부른다. 『성경』 대신 과학을 무기 삼아 진화론을 공격하는 고등 전술의 창조론인 셈이다.

종교 없는 과학은 절름발이

1926년 펴낸 『과학과 근대세계 *Science and the Modern World*』에서 알프레드 화이트헤드가 갈파한 것처럼 과학과 종교는 경쟁관계가 아닐 수 있다. 종교는 신의 섭리를 통해 정신세계에 의미와 가치를 부여하는 반면 과학은 자연법칙을 통해 물질세계의 이해를 시도한다. 요컨대 과학과 종교는 신비로운 세계의 서로 다른 측면을 설명하려고 노력한다. 따라서 종교와 과학은 상대방이 보고 있는 것에 대해 알지 못하므로 양쪽 모두 진리를 독점하고 있다고 강변할 수는 없다. 과학과 종교 모두 스스로의 한계를 인정하고 상대방을 존중하면 충돌을 피하고 접점을 찾아낼 수 있을 터이다.

아인슈타인(1879~1955)은 "종교 없는 과학이나 과학 없는 종교는 절름발이"라고 설파했다.

21세기에는 엄청난 과학적 진보가 예상된다. 그러나 과학적 합리주의가 종교적 신앙의 막강한 영향력을 허물어뜨리지는 못할 것이다. 인간은 나약한 존재이므로.

참고문헌 ─────────
- *Science and the Modern World*, Alfred North Whitehead, Cambridge University Press, 1926 / 『과학과 근대세계』, 오영환 역, 서광사, 1989
- *God and the New Physics*, Paul Davies, Simon&Schuster, 1983 / 『현대물리학이 발견한 창조주』, 류시화 역, 정신세계사, 1988
- *Darwin on Trial*, Phillip Johnson, Regnery Publishing, 1991 / 『심판대의 다윈』, 이승엽·이수현 역, 까치, 2006
- *Darwin's Black Box*, Michael Behe, Simon&Schuster, 1996 / 『다윈의 블랙박스』, 김창환 역, 풀빛, 2001
- *Tower of Babel: The Evidence against the New Creationism*, Robert Pennock, MIT Press, 1999
- *When Science Meets Religion*, Ian Barbour, HarperOne, 2000 / 『과학이 종교를 만날 때』, 이철우 역, 김영사, 2002
- *Responses to 101 Questions on God and Evolution*, John Haught, Paulist Press, 2001 / 『신과 진화에 관한 101가지 질문』, 신재식 역, 지성사, 2004
- *Darwin's Cathedral*, David Sloan Wilson, University Of Chicago Press, 2002 / 『종교는 진화한다』, 이철우 역, 아카넷, 2004
- *Deeper Than Darwin*, John Haught, Basic Book, 2003 / 『다윈 안의 신』, 김윤성 역, 지식의숲, 2005
- *Why Darwin Matters: The Case Against Intelligent Design*, Michael Shermer, Times Books, 2006 / 『왜 다윈이 중요한가』, 류운 역, 바다출판사, 2008
- 『다윈 & 페일리』, 장대익, 김영사, 2006
- "창조론의 진화", 이인식의 멋진 과학, 〈조선일보〉(2007. 6. 2.)

종교 무용론

21세기 초반부터 신을 부정하고 종교를 비판하는 책들이 쏟아져 나와 미국에서 베스트셀러가 되었다.

2004년 8월 미국의 신진 철학자인 샘 해리스(1967~)가 펴낸『종교의 종말 The End of Faith』을 비롯해서 2006년 2월 철학자인 대니얼 데닛(1942~)이 내놓은『주문 깨기 Breaking the Spell』, 같은 해 9월 사회생물학자인 영국의 리처드 도킨스(1941~)가 저술한『만들어진 신 The God Delusion』과 샘 해리스가 두 번째 펴낸『기독교 국가에 보내는 편지 Letter to a Christian Nation』, 2007년 5월 영국의 저널리스트인 크리스토퍼 히친스(1949~)가 출간한『신은 위대하지 않다 God Is Not Great』와 같은 문제작들이 꽤나 잘 팔렸다.

이러한 책들은 한결같이 종교를 경멸하고 신을 조롱한다. 종교는 일종의 폭력행위이며(해리스), 나쁜 역할도 많이 했고(데닛), 한마디로 터무니없는 생각일 따름(도킨스)인데다가, 인류 역사에 지은 죄가 헤아릴 수 없이 많다(히친스)고 주장한다. 심지어 히친스는『성경』이 인종청소, 노예제도, 대량학살의 명분을 제공해 왔다고 맹공한다.

특히 무신론자의 대표 격인 도킨스는 저술 활동에 머물지 않고 행동에 옮기기도 했다. 그의 웹사이트에서는 무신론자를 뜻하는 영어

리처드 도킨스

(Atheist)의 첫 글자가 주홍색으로 인쇄된 티셔츠를 판매할 정도였다. 도킨스는 무신론자들이 서로 연대하여 종교를 공격하는 집단행동에 나서야 한다고 주장했다.

종교와 도덕

종교 무용론 내지는 유해론을 뒷받침하는 가장 핵심적인 논거는 인류가 도덕관념을 본성으로 지니고 있다는 것이다. 2006년 8월 미국의 진화생물학자인 마크 하우저(1959~)가 펴낸 『도덕적 마음*Moral Minds*』은 사람이 태어날 때부터 뇌 안에 옳고 그름을 따지는 능력을 갖고 있다고 주장한다. 사람이 도덕성을 타고나는 존재라면 신의 이름으로 악행을 일삼는 종교가 구태여 존재할 필요가 없다는 것이 무신론자들의 공통된 견해이다.

물론 무신론자들의 주장처럼 인간은 도덕적인 존재가 되기 위해 반드시 종교를 필요로 하지는 않는다. 하지만 거의 모든 문화에서 종교는 번창하고 있다. 그 이유는 여러 가지 각도에서 설명되고 있다. 가령 미국의 진화생물학자인 데이비드 슬론 윌슨(1949~)은 집단의 응집력을 높이기 위해 종교와 도덕성이 함께 진화했다고 설명한다. 요컨대 종교가 도덕적 행위의 유일한 근원은 아니며, 종교와 도덕 둘 다 인간의 뿌리 깊은 본성이라는 것이다. 다시 말해 인간은 도덕적인 삶을 살기 위해 반드시 종교가 필요한 것은 아니지만, 종교가 없이는 도덕성이 결코 진화할 수 없었다는 것이다. 이런 맥락에서 무신론이 유일한 합리적 방법이라고 생각할지라도, 종교가 인류 진화의 역사에서 중추적인 역할을 했다는 사실조차 부인할 수는 없다는 주장이 설득력을 갖게 된다.

참고문헌 ───────────

- *The End of Faith*, Sam Harris, Norton, 2004 / 『종교의 종말』, 김원옥 역, 한언, 2005
- *Breaking the Spell: Religion as a Natural Phenomenon*, Daniel Dennett, Viking, 2006
- *The God Delusion*, Richard Dawkins, Houghton Mifflin, 2006 / 『만들어진 신』, 이한음 역, 김영사, 2007
- *Letter to a Christian Nation*, Sam Harris, Knopf, 2006 / 『기독교 국가에 보내는 편지』, 박상준 역, 동녘사이언스, 2008
- *God Is Not Great: How Religion Poisons Everything*, Christopher Hitchens, Twelve Books, 2007 / 『신은 위대하지 않다』, 김승욱 역, 알마, 2008
- "Is God Good?", Helen Phillips, New Scientist(2007. 9. 1.)
- *God and the New Atheism: A Critical Response to Dawkins, Harris, and Hitchens*, John Haught, Westminster John Knox Press, 2007

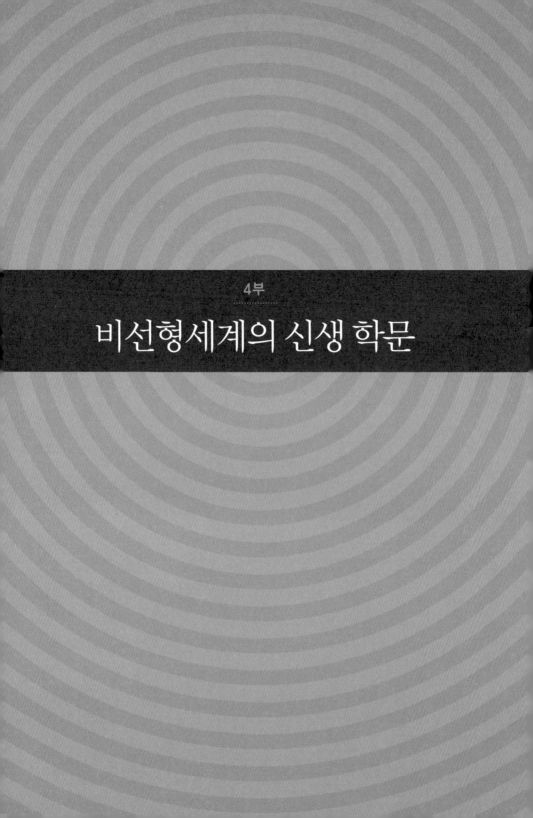

4부
비선형세계의 신생 학문

1장 카오스와 프래탈

1—카오스 이론

선형 대 비선형

수도꼭지를 처음 열 때 나오는 둥근 모양의 층류는 규칙적이며 예측 가능한 행동을 나타내지만 수도꼭지를 좀 더 열 때 물줄기가 가닥을 이루며 발생하는 난류는 불규칙적이며 예측하기 어려운 행동을 보여 준다.

층류는 작은 입력으로 균등하게 작은 효과를 거둘 수 있는 선형적(linear) 행동을 보여 준 반면에 난류는 작은 입력으로 막대한 효과를 유발시킬 수 있는 비선형적(nonlinear) 행동을 나타낸 것이다.

1686년 아이작 뉴턴(1642~1727)이 발표한 운동의 법칙에서는 기계의 반복동작이나 포탄의 궤적 등 다양한 자연현상이 선형 미분방정식으로 표현된다. 뉴턴의 방정식에서는 작은 변화로 작은 효과를 얻고, 여러 개의 작은 변화를 합쳐서 큰 효과를 거둘 수 있기 때문에 선형이라는 용어를 쓴다. 따라서 어떤 물체의 초기조건, 곧 위치와 속도를 알고 있으면 운동방정식을 사용하여 그 물체의 다음 궤도를 미리 결정할 수 있다. 요컨대 고전물리학자들은 자연현상을 선형계로 간주하여 결정론적이고, 예측 가능하며, 질서정연한 것으로 보았다.

그러나 고전물리학의 기대와는 달리 대부분의 복잡다단한 자연현상은 비선형적인 행동을 보여 준다. 날씨를 비롯해서 인간의 뇌와 심장, 생물이나 사회의 진화 현상, 세계의 경제는 모두 비선형 방정식으로 표현된다. 비선형 방정식에서는 어떤 변수의 작은 변화가 다른 변수에 비례하지 않고 파괴적인 충격을 가할 수 있다. 따라서 고전물리학자들은 비선형 방정식의 해(solution)를 구하는 수학적인 방법을 알 수 없었기 때문에 선형 개산(槪算) 방법을 사용하였다. 초기조건의 근사치를 알면 근사한 해를 구할 수 있다고 믿은 것이다. 거의 정확한 입력은 역시 거의 정확한 출력을 낳는다는 생각으로 선형 개산 방법을 정당화시켰다.

이와 같이 고전물리학의 한계로 말미암아 비선형 방정식으로 기술되는 대부분의 자연현상은 흥미로운 현상임에도 불구하고 그 해를 구할 수 없었기 때문에, 컴퓨터가 등장할 때까지 오랫동안 신비에 싸여 있었다. 컴퓨터의 출현으로 비로소 비선형 방정식으로 기술되는 현상을 연구하는 비선형 과학이 탄생하게 되었다.

비선형 과학의 연구 목표는 입력에서 발생하는 작은 변화가 출력에서는 엄청나게 큰 변화를 야기시키는 현상이다. 초기조건에 대한 민감한 의존성(sensitive dependence on initial condition)이라는 용어로 표현되는 현상이다. 기상학에서는 특별히 나비 효과(butterfly effect)라고 부른다. 오늘 북경에서 공기를 살랑거리는 나비의 움직임 때문에 다음 달에 뉴욕에서 폭풍우가 몰아치게 된다는 뜻이다. 나비의 날갯짓처럼 작은 변화가 폭풍우처럼 큰 변화를 유발시킨다는 나비 효과의 개념은 완전히 새로운 것은 아니다. 바늘 도둑이 소 도둑이 된다는 속담에서처럼 작은 사건이 연쇄적으로 확대되어 위기를 맞게 되는 경우가 비일비재한 것이 우리네의 인생살이이다. 그러나 나비 효과는 뉴턴주의로 불리는 기계론적 세계관이 300년 가까이 서양과학의 사고를 지배했기 때문에 철저하게 무시되었다.

푸앵카레의 탁견

나비 효과와 같은 비선형적인 특성에 대해 학문적인 설명을 최초로 시도한 인물은 프랑스 수학자인 자크 아다마르(1865~1963)이다. 그는 30대 초반인 1898년에 발표한 논문에서 만일 초기조건에 오차가 있다면 그 계의 행동은 장기적으로 예측할 수 없다고 언급했다.

아다마르 논문의 중요성을 이해한 사람은 프랑스 수학자인 앙리 푸앵카레(1854~1912)이다. 그는 1908년에 발간된 저서 『과학과 방법Science et Methode』에서 "우리가 간과하는 하나의 매우 작은 원인이 우리가 무시할 수 없는 중요한 결과를 결정한다. 그리고 우리는 그 결과가 우연 때문이라고 말한다. …… 초기조건에서의 작은 차이가 최종 현상에서 매우 큰 차이를 유발하게 될지 모른다."고 지적하고, 일기예보를 믿을 수 없는 까닭이 초기조건에 대한 민감성 때문이라고 주장했다.

푸앵카레의 통찰력은 진실로 놀라운 것이었다. 배타적 개념인 결정론과 우연이 조화될 수 있음을 강조했기 때문이다. 요약하자면 '물체의 운동은 초기조건에 의하여 정확하게 결정된다. 그러나 그 궤적을 예측함에 있어서는 근본적인 한계가 있다. 그러므로 우리는 결정론을 갖고 있음과 동

컴퓨터가 보여 주는 카오스의 아름답고 기묘한 이미지

시에 장기적으로는 예측 불가능성을 갖고 있다'는 것이다. 그러나 놀랍게도 푸앵카레가 뿌린 씨앗은 개념적으로 매우 중요한 발견임에도 불구하고 1960년대 초에 카오스(chaos) 이론의 싹이 발아할 때까지 망각된 채 아무런 기여를 하지 못했다.

프랑스 물리학자인 다비드 뤼엘(1935~)은 그의 저서 『우연과 혼돈Chance and Chaos』(1991)에서 그 이유를 두 가지로 분석했다. 한 가지 이유는 양자역학의 출현이다. 양자역학이 우연의 보다 본질적인 근원을 밝혀냈기 때문에 과학자들은 초기조건에 대한 민감성에 의하여 고전물리학에서의 우연을 설명하려고 공들일 필요가 없었다는 것이다. 또 다른 이유는 그 아이디어가 너무 빨리 나왔다는 점이다. 푸앵카레의 탁견을 활용할 수 있는 도구, 예컨대 수학이론이나 컴퓨터가 없었다는 뜻이다.

혼돈 속의 질서

푸앵카레가 지적한 날씨의 나비 효과는 1963년 미국의 기상학자인 에드워드 로렌츠(1917~2008)에 의해 발견되었다. 로렌츠는 컴퓨터를 사용하여 지구의 기상을 모형화한 미분방정식을 풀고 있었다. 고전물리학에서 늘 다루는 완전히 결정론적인 방정식이었다. 따라서 동일한 초기조건의 자료를 사용했다면 그 방정식의 결과는 시간이 경과하더라도 그 전의 것과 반드시 동일하지 않으면 안 된다. 그러나 로렌츠가 역사적인 순간에 컴퓨터 화면에서 발견한 결과는 그렇지 못했다. 초기조건 값의 아주 미세한 차이가 엄청나게 증폭되어 판이한 결과가 나타난 것이다. 로렌츠가 발견한 나비 효과가 다름 아닌 결정론적 카오스(deterministic chaos)이다.

카오스는 대기의 무질서, 하천의 급류, 인간의 심장에서 나타나는 불규칙적인 리듬, 주식가격의 난데없는 폭등과 같이 우리 주변에서 불시에 나타난다. 이와 같이 카오스는 오랫동안 우리 곁에 존재해 왔다. 카오스는 이해받게 될 날이 오기를 기다리면서 결정론적 방정식에 숨어 있었다. 단지 로렌츠에 의하여 학문적으로 발견되었을 따름이다.

로렌츠가 카오스를 찾아냈을 때 컴퓨터 화면이 보여 준 기상계의 행동은 [그림 1]처럼 한없이 복잡한 궤도가 일정한 범위에 머무르면서 서로 교차되거나 반복됨이 없이 나비의 날개 모양을 끝없이 그려 내고 있었다. 카오스를 나타내는 이 그림은 놀랍게도 일정한 모양새를 갖고 있었다. 혼돈(불규칙성) 속에 모양(규칙성)이 숨어 있었던 것이다. 1971년 뤼엘과 네덜란드의 플로리스 타켄스(1940~)는 난류 발생에 관한 이론을 발표하면서 로

[그림 1] 기이한 끌개

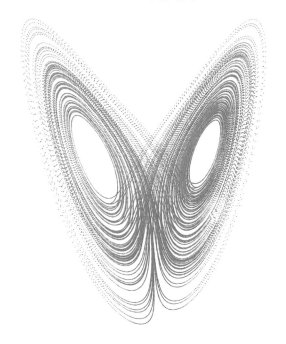

렌츠가 발견한 그림을 기이한 끌개(strange attractor)라고 명명했다.

우리 주변의 도처에서 난류는 끊임없이 출몰하고 있다. 하늘의 난기류나 바위 주변의 소용돌이는 비행기를 추락시키거나 거대한 홍수를 일으키면서 인류에게 엄청난 재앙을 안겨 준다. 그럼에도 불구하고 난류에 관한 연구는 오랫동안 불모지로 남아 있었다. 난류는 '이론의 묘지'라고 불릴 정도였다. 카오스가 또 하나의 다른 이름인 난류 속에 숨어 있었기 때문이다.

카오스와 난류의 수수께끼가 풀리고 카오스의 이면에 질서가 내재되어 있다는 사실이 확인됨에 따라 새로운 패러다임이 태동했으며 이름을 얻게 되었다. 다름 아닌 카오스이다. 1975년 미국의 제임스 요크(1941~)는 '초기조건에 민감한 의존성을 가진 시간 전개'를 카오스라 명명했다. 비선형 방정식으로 기술되는 자연 및 사회 현상의 광대한 영역에 비추어 볼 때 카오스의 발견은 아마도 빙산의 일각에 불과할지 모른다. 그러나 컴퓨터 기술에 힘입어 20세기 과학이 거둔 실로 위대한 승리임에는 틀림없다.

카오스의 발견으로 카오스 과학이 등장했다. 카오스 과학이 시작되는 곳에서 고전물리학은 종지부를 찍는다. 미국의 물리학자인 조지프 포드는 카오스 과학을 20세기 물리학의 세 번째 혁명이라고 목청을 높였다. 상대성이론과 양자역학처럼 고전물리학의 결정론을 거부하고 있기 때문이다.

인체 안의 카오스

카오스 이론은 1980년대부터 다양한 분야에서 이용되고 괄목할 만한 성과를 얻고 있다. 생리학의 경우, 뇌와 심장에서 카오스 현상이 발견되었다. 30년 이상 지각을 연구한 미국의 월터 프리먼(1927~)은 1980년대 중반에 뇌에서 카오스의 끌개를 발견하고, 지각을 가능하게 하는 뇌의 특성은 다름 아닌 카오스라고 제안했다. 그는 냄새에 반응하는 기관인 후구(嗅球)와 시각중추에서 수백만 개의 신경세포가 보여 주는 행동이 카오스임을 발견해 낸 것이다. 뉴런 집단의 복잡한 활동은 무작위적으로 보이지만 그 이면에는 질서가 숨어 있다는 것이다. 요컨대 뇌의 복잡한 구조로 말미암아 카오스는 필연적으로 부산물로 나타난다. 뇌의 활동이 카오스이기 때문에 뇌가 외부 세계에 유연하게 반응하고, 새로운 아이디어를 내놓을 수 있다는 주장이다. 다른 학자들이 잇따라 신경계의 구성요소에서 카오스를 발견함에 따라 프리먼 교수의 주장은 더욱 설득력을 갖게 되었다.

1980년대 초에 카오스 이론을 생리학에 적용하기 시작했을 때 카오스가 질병이나 노화와 연관되었을 것으로 짐작되었다. 진실로 의학상식과 직관은 그렇게 생각할 만한 충분한 근거가 있었다. 건강한 사람의 심장에 청진기를 대고 귀를 기울여 보면 심장의 리듬은 규칙적인 것처럼 느껴진다. 따라서 심박(심장 박동) 횟수의 규칙적인 변화는 건강과 젊음의 청신호로 간주되었다.

그러나 1980년대 후반에 미국의 에어리 골드버거는 의학상식을 뒤엎는 이론을 발표했다. 그는 젊고 건강할 때 심장이 가장 불규칙적으로 움직이는 것을 알아낸 것이다. 심장에서 카오스가 발생할수록 건강하며, 심박수가 규칙적일수록 질병에 걸릴 조짐이 높다는 이론이다. 그렇다고 해서 심장의 모든 질병이 규칙적인 리듬에서 비롯되는 것은 아니다. 예컨대 심장의 부정맥(不整脈)은 맥박수가 불규칙적일 때 사람들이 가슴이 두근거림을 호소하는 증상이다.

어쨌든 인체는 카오스 연구의 소재가 무궁무진한 실험실이다. 생리학의 카오스 연구가 질병과 노화로부터 연유되는 각종 기능장애의 원인을 밝혀내는 단서를 찾아내게 될 것으로 기대된다.

그 많은 나비들

인류는 마침내 카오스를 단순히 이해하는 수준을 넘어서 카오스를 정복하는 단계에 이르렀다. 카오스는 한때 다스릴 수 없는 골칫덩어리였지만 이제는 인간의 수중에 들어왔다. 카오스 제어 연구는 아직 초기 단계이지만 희망적인 출발이라 아니할 수 없다.

미래의 카오스 제어 연구 중에서 가장 흥미로운 분야는 난류이다. 예컨대 다랑어는 같은 크기의 성능을 가진 수중장치보다 훨씬 효율적으로 빨리 나아갈 수 있다. 다랑어 특유의 파동 치는 듯한 몸짓 때문이기도 하겠지만 물속에서 움직이는 물체가 일으키는 난류가 수중장치의 속도를 떨어뜨리는 것으로 보인다. 따라서 카오스 제어 기술로 난류 발생을 감소시키면 수중장치의 성능을 향상시킴과 아울러 연료 소모량을 줄일 수 있을 것으로 전망된다.

이 대목에서 많은 사람들은 다양한 카오스 시스템이 제어될 수 있다면 날씨도 제어할 수 있지 않겠느냐는 질문을 하고 싶을 줄로 안다. 허리케인이나 태풍을 다스릴 수 있다면 인류를 자연의 횡포로부터 보호할 수 있을지 모른다. 그러나 유감스럽게도 기상계는 단순한 카오스 시스템과는 달리 변수가 너무 많아서 정확하게 모델을 만들 수 없다. 나비의 날갯짓처럼 아주 미세한 요인에 의하여 폭풍우 같은 엄청난 일기변화가 유발되긴 하지만 나비의 날갯짓이 언제 어느 곳에서 기상계에 영향을 미치게 될지를 알아내는 것은 인간의 능력을 넘는 일이기 때문이다. 하물며 어느 누가 그렇게 많은 나비를 모조리 추적하는 일에 그 많은 시간과 땀을 쏟아붓겠는가.

참고문헌 ────────
- *Chaos*, James Gleick, Penguin Books, 1987 / 『카오스』, 박배식 · 성하운 역, 동문사, 1993
- *Turbulent Mirror*, John Briggs, David Peat, Harper&Row, 1989 / 『혼돈의 과학』, 김광태 · 조혁 역, 범양사출판부, 1990
- *Exploring Chaos*, Nina Hall, Norton, 1991
- *Fractals, Chaos, Power Laws: Minutes from an Infinite Paradise*, Manfred Schroeder, W.H. Freeman, 1991
- *Chance and Chaos*, David Ruelle, Princeton University Press, 1991 / 『우연과 혼돈』, 안창림 역, 이화여대 출판부, 2000
- 『사람과 컴퓨터』, 이인식, 까치, 1992
- *Chaos Theory in the Social Sciences*, Euel Elliott, University of Michigan Press, 1996
- 『카오스의 날갯짓』, 김용운, 김영사, 1999

금융시장의 카오스

카오스 이론을 경제학에 접목한 대표적인 인물은 미국의 수리경제학자인 윌리엄 브락이다. 응용수학 박사 출신인 브락은 1980년대 중반부터 경제 이론에서 비선형 모형의 적용 가능성에 대한 연구를 중점적으로 수행하면서, 금융시장에서 나비 효과, 곧 결정론적 카오스의 존재 여부를 검증하는 기법을 개발했다. 금융시장이 카오스의 특성을 가진다면, 어떤 사건이 발생했을 때 시간을 두고 파급효과를 일으켜 미래의 시장가격에 영향을 미치게 된다고 보기 때문이다.

브락의 연구는 국민총생산, 실업률, 물가, 통화량 등의 거시경제 변수와 주가, 이자율, 환율 등 금융시장 자료에 비선형성과 카오스가 존재하는지 여부를 밝히는 작업이기 때문에 주목을 받게 되었다.

카오스 이론으로 제일 먼저 본격적인 돈벌이에 나선 사람은 미국의 제임스 도인 파머(1952~)와 노먼 팩커드(1954~)이다. 쟁쟁한 카오스 이론가인 두 사람은 1991년에 회사를 창업하고 주식시장이 비선형적이라는 데 착안하여 카오스 이론으로 주가변동을 예측하는 소프트웨어 개발에 착수했다. 예측 소프트웨어가 성공리에 개발된다면 주가를 마

제임스 도인 파머(왼쪽)와 노먼 팩커드

음대로 조종하게 될 수 있다고 생각했기 때문이다. 그러나 창업 동기는 매우 순수했다. 그동안 정부출연 연구소에 근무하면서 연구비를 따 내기 위해 두툼한 서류뭉치를 작성하거나 고압적인 관료들을 설득하는 일에 기진맥진했던 그들로서는 돈의 굴레로부터 해방되는 일이 급선무였던 것으로 알려졌다.

△ "Chaos and Nonlinear Dynamics: Application to Financial Market", The Journal of Finance(1991년 12월)
△ "Chaos Hits Wall Street", Discover(1993년 3월호)
△ 『카오스와 금융시장』, 조하현, 세경사, 2002
△ The Misbehavior of Markets: A Fractal View of Risk, Ruin and Reward, Benoit Mandelbrot, Richard Hudson, Basic Books, 2004

2─프랙탈 기하학

코흐 곡선

1924년 폴란드에서 태어난 유대인인 베노이트 만델브로트는 프랙탈(fractal) 기하학을 창안하여 2천 년의 역사를 가진 유클리드 기하학이 절대적 진리가 아님을 보여 주었다.

유클리드 기하학에서 모양은 직선, 원, 평면 또는 원추 등으로 표현된다. 그러나 만델브로트의 기하학적 직관으로는 "구름은 둥글지 않고, 산은 원추형이 아니며, 나무껍질은 반듯하지 않고, 번개는 직선으로 이동하지 않는다." 그는 울퉁불퉁하며, 둥글지 않고, 매끄럽지 않은 모양을 가진 우주의 삼라만상을 제대로 표현하기 위하여 새로운 기하학이 필요하다는 결론에 도달했다.

만델브로트의 사고에 전환점이 된 것은 해안선이다. 영국의 해안선은 그 길이가 얼마인가. 그는 1967년 논문에서 이와 같이 질문하고 그를 일약 유명하게 만든 해답을 발표했다. 영국의 해안선은 그 길이가 무한대라는 충격적인 해답이었다.

해안선의 길이는 정밀한 지도를 만들어 계산할 수 있다. 지도가 정밀할수록 들쭉날쭉한 것이 더욱 세밀하게 표시되기 때문에 해안선의 길이는 지도의 정밀도에 비례해서 그만큼 늘어나게 된다. 따라서 해안선에 있는 모든 세세한 것들, 이를테면 수많은 바위와 조약돌까지 모두 포함하여 길이를 측량한다면 결국 해안선의 길이는 무한대가 된다는 주장이다. 만델브로트의 논리에 의하면 영국의 해안선이나 울릉도의 둘레는 그 길이가 똑같다. 모두 그 길이가 무한대이기 때문이다.

만델브로트의 이론은 20세기 초의 수학자들을 괴롭힌 코흐 곡선(Koch

[그림 2] 코흐의 눈송이

curve)에 맥이 닿아 있다. 1904년 스웨덴의 수학자인 헬게 폰 코흐(1870~
1924)는 다윗의 별처럼 생긴 눈송이를 만들었다.

코흐 곡선은 각 변의 길이가 1인 정삼각형에서 시작된다. 각 변을 3등분
하여 가운데 부분에 새로운 정삼각형을 추가한다. 이 삼각형의 변은 길이
가 3분의 1이다. 동일한 방법으로 이러한 삼각형을 계속하여 추가시키면
[그림 2]처럼 아주 상세한 윤곽을 가진 눈송이의 모양이 나타난다. 그 둘
레는 길이가 3×4/3×4/3……가 되어 결국 무한하다.

코흐 곡선에서 매우 흥미로운 특성은 출발점이 된 첫 번째 삼각형 주위
로 원을 그렸을 때 코흐 곡선이 결코 그 원 밖으로 그려지지 않는 것이다.
요컨대 눈송이의 면적은 항상 이 원의 면적보다 클 수 없다. 다시 말해서
반복을 거듭하여 작은 삼각형을 제아무리 무수히 추가시더라도 코흐 곡
선 안의 전체 면적은 유한하다. 무한한 길이의 곡선이 유한한 면적을 둘러

싸게 되는 패러독스가 생긴 것이다.

이러한 패러독스 때문에 코흐 곡선은 수학자들에게 모양에 대한 합리적인 생각을 파괴하는 '괴물' 또는 '병리학적 구조'로 여겨졌다. 그러나 만델브로트는 코흐의 눈송이를 해안선 모델과 유사한 것으로 보고 코흐 곡선을 통하여 해안선의 길이가 무한대라는 확신을 얻었다.

자연의 자기유사성

코흐 곡선의 둘레는 유클리드 기하학으로 보면 선이므로 1차원이다. 그러나 만델브로트는 유한한 면적을 둘러싸고 있는 무한한 길이의 곡선이므로 단순한 선 이상의 것으로 보았다. 그렇다고 해서 코흐 곡선의 둘레를 2차원의 평면으로 볼 수는 없다. 요컨대 코흐 곡선은 1차원 이상이지만 2차원은 아니다.

만델브로트는 이러한 특이한 성격의 차원을 표현하기 위하여 1919년 독일 수학자 펠릭스 하우스돌프(1868~1942)가 제안한 분수(fraction) 차원의 개념을 체계화하였다. 분수 차원은 유클리드 기하학에서 점은 0차원, 평면은 2차원 등 정수(整數)로 표현되는 개념을 정면으로 거부한 것이다. 분명하게 정의될 수 없는 물체의 성질들, 예컨대 불규칙적이거나 울퉁불퉁한 성질은 정수가 아니라 분수로 측정해야 된다는 혁명적인 발상이다.

만델브로트는 유효(有效) 차원의 개념으로 분수 차원을 계산하는 방법을 제시했다. 이를테면 공의 경우, 멀리서 보면 점같이 보이므로 0차원이지만 가까이 보면 3차원이 되고 다시 물러서서 보면 0차원으로 돌아간다. 공의 유효 차원은 관찰 대상의 위치에 따라 0차원과 3차원 사이에서 분수로 표현된다.

[그림 3] 자기유사성을 나타내는 텔레비전 안테나

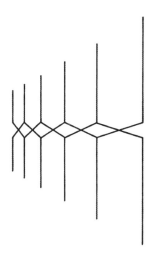

그의 이론에 따르면 영국의 해안선은 1.25차원, 코흐 곡선은 1.2618차원, 단백질 표면은 2.4차원, 인간의 동맥은 2.7차원으로 계산된다. 한마디로 분수 차원은 차원에 대한 고정관념을 완전히 뒤엎는 획기적 발상이었다.

만델브로트는 분수 차원의 개념으로 자연현상의 불규칙적인 패턴을 연구하여 자기유사성(self-similarity) 개념을 창안했다. 이 세계의 자연현상은 대부분 질서가 있으나 혼돈스러운 현상이다. 한마디로 규칙적인 불규칙성(regular irregularity)을 보여 주고 있다. 그러한 불규칙성의 정도는 규모(scale)가 크건 작건 항상 일정하다. 이와 같이 모든 구조가 그 기초에 갖고 있는 기하학적 규칙성을 자기유사성 또는 규모불변성(scale invariance)이라 이른다.

자기유사성은 물체를 다른 크기의 규모로 들여다보면 동일한 기본요소가 반복적으로 나타나서 규모에 무관하게 스스로 닮은 성질이다. 예컨대 코흐의 눈송이, 나무의 잔가지, 신체의 혈관이나 축색돌기가 좋은 본보기이다. 이들은 〔그림 3〕처럼 모두 규모가 점진적으로 작아지면서 상세한 모양을 되풀이해서 나타내고 있음을 보여 준다.

카오스의 기하학

자기유사성은 카오스 이론과 밀접한 관계가 있다. 자기유사성은 규모에 근거하여 불규칙성(혼돈)의 측정을 시도하는 접근방법이기 때문이다. 말하자면 혼돈 속에 일정한 질서가 내재되어 있음을 보여 줌으로써 바다의 난류, 심장에서 나타나는 갑작스러운 진동, 주식가격의 난데없는 폭락처럼 불규칙적이고 예측하기 어려운 혼돈 현상으로부터 질서를 찾아내려는 카오스 과학을 이론적으로 뒷받침해 주고 있다. 프랙탈 기하학이 카오스의 기하학으로 간주되는 이유이다.

만델브로트는 1975년 그가 생각해 낸 새로운 모양, 차원, 기하학에 새로운 명칭이 필요하다고 생각하고 '부수다(break)'의 뜻을 지닌 라틴어에서 유래된 영어(fracture)로부터 프랙탈이라는 새로운 낱말을 만들어 냈다. 그의 새로운 모양은 프랙탈, 차원은 분수 차원, 기하학은 프랙탈 기하학으로 명명되었다. 이어서 1977년에 『프랙탈 Fractals: Form, Chance, and Dimension』이라는 저서를 펴냈다.

프랙탈 모양은 무한하게 세분되고, 무한한 길이를 가지며, 정수가 아닌 분수로 차원을 나타내고, 규모가 작아지는 방향으로 스스로 닮아 가며, 간단한 반복작용을 계속하여 손쉽게 만들어 낼 수 있는 특성을 가진 모양으

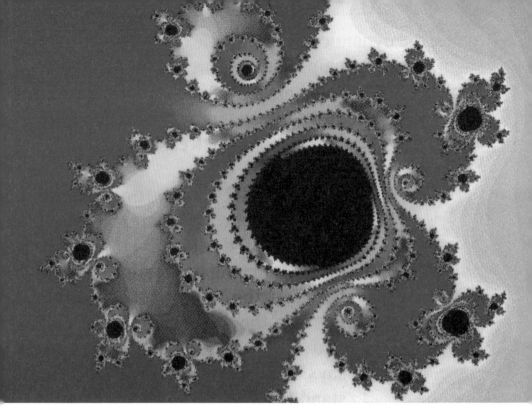

로 요약된다.

프랙탈 기하학은 무한과 카오스를 표현해 주는 새로운 기하학이며, 우주와 자연의 본질을 완전히 새로운 눈으로 이해하는 수단이다. 한 가지 특기할 만한 사항은 카오스 과학과 함께 프랙탈 기하학은 컴퓨터 시대의 산물이라는 것이다. 컴퓨터가 없었더라면 만델브로트는 결코 그의 연구를 수행할 수 없었다는 의미이다.

프랙탈 개념이 학계에 폭발적으로 확산된 것은 만델브로트의 두 번째 저서인『자연의 프랙탈 기하학 *The Fractal Geometry of Nature*』이 출간된 1982년부터이다. 프랙탈 이론은 오늘날 거의 모든 과학 분야에 도움이 되고 있다. 왜냐하면 자연의 모든 현상이 불규칙적 특성을 다소간 갖고 있기 때문이다. 지질학에서 생리학에 이르기까지 자연 세계에 대한 이해의 폭과 깊이를 확대 또는 심화시켜 주고 있다.

프랙탈 이론의 응용

프랙탈 개념에 가장 적극적인 관심을 표명한 분야는 지질학이다. 지진의 예측이나 석유 추출에 크게 도움이 되기 때문이다. 두 개의 프랙탈 모양을 가진 지면이 서로 단층이 되는 것을 연구함으로써 지진 예상이 보다 정확해질 것으로 기대되고 있다. 또한 석유회사들은 프랙탈 이론으로 땅 속의 석유가 매장된 위치를 찾아내고 유정으로부터 기름을 효과적으로 뽑아 올리는 기법의 개발을 시도하고 있다.

프랙탈 이론을 가장 구체적으로 활용한 분야는 컴퓨터 과학이다. 미국의 수학자 마이클 반즐리 교수는 컴퓨터 이미지 정보의 저장에 관련된 아주 주목할 만한 발견을 했다.

그에 따르면 이미지는 그것의 프랙탈 내용에 의하여 해석될 수 있으며 그 프랙탈 형식에 의하여 재구성될 수 있다는 것이다. 이 원칙에 입각하면 이미지의 압축이 가능하므로 이미지의 저장이나 전송에 필요한 데이터의 양을 상당한 수준까지 줄일 수 있다. 종래에는 이미지의 저장에 막대한 기억용량이 요구되었으나 반즐리 교수의 방법에 의하면 종전의 1만분의 1에 해당되는 용량으로 동일한 이미지의 저장이 가능하다. 이미지 정보를 구성요소에 따라 일일이 저장하는 대신에 반복적으로 나타나는 패턴을 분석하여 저장하기 때문이다. 이와 같은 방법으로 이미지의 전송이 가능하므로 인공위성에서 지구로 이미지 정보를 전송하는 데 소요되는 시간과 비용을 대폭 감소시킬 것으로 보인다.

그 밖에도 단백질 표면의 분석, 금속의 미시적이고 깔쭉깔쭉한 표면 연구, 토양의 부식 모델 개발, 환율 변동이나 에이즈와 같은 전염병의 전파, 우주의 은하수 분포에 이르기까지 프랙탈 이론은 그 응용범위가 확대일로에 있다. 심지어 할리우드에서는 프랙탈을 영화의 특수효과에 응용하여 공상과학영화 제작을 시도하고 있다.

인체의 프랙탈 구조

프랙탈 이론의 응용 사례 중에서 가장 논쟁의 소지가 많은 쪽은 아무래도 생리학이다. 미국 하버드 의대의 에어리 골드버거 교수는 인간의 신체에서 프랙탈 구조를 확인하고 재래의 의학상식을 완전히 뒤엎는 대담한 학설을 발표하였다.

인간의 심폐기관, 혈관, 뇌의 신경조직은 모두 프랙탈 구조의 특성을 갖고 있다. 폐의 경우 가장 작은 공간 안에 가능한 한 많은 표면이 채워 넣어져야 한다. 동물의 산소 호흡능력은 폐의 표면적에 비례하기 때문이다. 전형적인 인간의 폐는 테니스 코트보다 훨씬 넓은 표면이 쑤셔 넣어져 있다. 폐가 프랙탈 구조를 갖고 있기 때문이다.

혈관 역시 대동맥에서 모세혈관에 이르기까지 가지를 쳐 가는 모양이 프랙탈을 닮아 있다. 코흐의 눈송이가 무한한 길이의 곡선을 유한한 넓이에 밀어 넣고 있는 것과 똑같이 인간의 순환계는 거대한 표면을 제한된 부피 안으로 밀어 넣고 있다. 신체에서 혈액은 매우 중요하지만 공간은 제한되어 있으므로 프랙탈 구조를 갖게 된 것이다. 대부분의 조직에서 어떠한 세포도 혈관으로부터 서너 개의 세포를 건너뛰어 떨어져 있지 않음에도

1992년 4월 베노이트 만델브로트는 포항공대를 방문하여 기념식수를 했다(왼쪽에서 네 번째).

불구하고 혈관이 신체의 공간을 크게 점유하지 않는 것은 프랙탈 구조 덕분이다. 혈관은 고작해야 인체의 5퍼센트를 점유할 따름이다. 만델브로트의 표현을 빌리면 '베니스 상인의 신드롬'이다. 피를 한 방울도 흘리지 않고서는 단 1밀리그램의 살도 떼어 낼 수 없는 것이다.

인체의 프랙탈 구조에 착안한 골드버거 교수는 심전도(EKG)의 프랙탈 파동 분석을 통하여 심장 박동의 프랙탈 리듬이 심장의 건강성 여부를 가름하는 핵심 지표라는 놀라운 결론에 도달했다. 바꾸어 말하자면 이러한 프랙탈 패턴이 갑작스럽게 소멸하면 심장 기능에 이상이 발생했음을 유추할 수 있다는 것이다.

의학계에서는 전통적으로, 질병과 노화 현상은 질서 있는 체계에 스트레스가 가해질 때 신체의 정상적인 주기적 리듬이 깨짐으로써 질서가 감소되기 때문에 발생한다고 생각하고 있다. 따라서 심장이 건강할 때 가장 불규칙적인 행동 패턴을 볼 수 있으며 심장의 행동이 규칙적일수록 질병과 노화를 수반할 가능성이 높다는 골드버거의 주장은 실로 충격적이었다. 말하자면 카오스가 심장 기능의 건강을 알리는 청신호라는 것이다. 그는 건강한 사람의 뇌전도(EEG)를 분석하여 신경계에서 카오스가 발견됨을 보여 주기도 했다. 골드버거의 이론은 프랙탈의 용도를 극적으로 보여 줬다.

프랙탈은 아름답고 매력적인 모양 때문에 일반인들까지 관심을 갖고 있다. 만델브로트의 생애를 건 연구는 갈수록 영향력을 확대하고 있다. 그는 1992년 4월 한국을 방문하여 한 그루의 나무를 심고 떠났다.

참 고 문 헌 ─────────
- *Chaos*, James Gleick, Penguin Books, 1987 / 『카오스』, 박배식 · 성하운 역, 동문사, 1993
- *Turbulent Mirror*, John Briggs, David Peat, Harper&Raw, 1989 / 『혼돈의 과학』, 김광태 · 조혁 역, 범양사출판부, 1990
- *Fractals, Chaos, Power Laws: Minutes from an Infinite Paradise*, Manfred Schroeder, W.H. Freeman, 1991
- 『사람과 컴퓨터』, 이인식, 까치, 1992
- *The Misbehavior of Markets: A Fractal View of Risk, Ruin and Reward*, Benoit Mandelbrot, Richard Hudson, Basic Books, 2004

2장 복잡성 과학과 융합 학문

1 — 복잡성 과학

프리고진의 자기조직화 이론

카오스는 비선형적 특성을 보여 주는 대표적인 현상이다. 그러나 비선형적 행동을 나타내는 자연 및 사회 현상의 광대한 영역에 비추어 볼 때 카오스의 발견은 빙산의 일각에 불과할지 모른다. 비선형계에는 혼돈 대신에 질서를 형성하는 복잡성(complexity)의 세계가 존재하기 때문이다.

복잡성은 단순한 질서와 완전한 혼돈 사이에 있는 상태를 말한다. 인간의 뇌나 생태계 같은 자연현상과 주식시장이나 세계경제 같은 사회현상은 결코 완전히 고정된 침체 상태나 완전히 무질서한 혼돈 상태에 빠지지 않고 혼돈과 질서가 균형을 이루는 경계면에서 항상 새로운 질서를 형성하고 유지한다.

일리야 프리고진

복잡성에 도전하여 학문적 성과를 거둔 대표적 인물은 벨기에의 화학자인 일리야 프리고진(1917~2003)이다. 그는 1977년 비평형열역학의 비선형 과정에 대한 연구 업적으로 노벨상을 받았다.

열역학에서 비평형 상태의 계는 외부로부터 유입되는 에너지의 양에 따라 평형에 가깝거나 또는 평형에서 먼 상태가 된다. 계에 작용하는 열역학적 힘이 선형적이면 평형에 가까운 상태가 되고, 비선형적이면 평형에서 멀리 떨어진 상태가 된다.

프리고진은 열역학적으로 평형에서 먼 상태에 있는 계에서 질서가 갑자기 자연발생적으로 나타나는 현상의 기초가 되는 것은 비선형성이라는 결론을 얻고 '요동을 통한 질서(order through fluctuation)'라고 명명된 이론을 발표했다. 비평형 상태의 계는 불안정하므로 끊임없이 요동한다. 작은 요동은 비선형 과정에 의해 거대한 요동으로 증폭된다.

요동이 증폭되는 것은 바로되먹임(positive feedback)의 결과이다. 증폭된 요동이 격심해지면 종래의 구조는 파괴되지만 자기조직화(self-organization) 과정을 통해 혼돈으로부터 새로운 질서가 자발적으로 출현한다. 프리고진은 이와 같이 미시적 요동이 평형계나 평형에 가까운 계에서 안정된 행동을 보이는 것과는 달리 평형에서 먼 계에서 새로운 거시적 질서를 만들어 내는 것을 발견하고, 요동을 통한 질서 이론을 발표한 것이다. 그리고 비평형 상태에 있는 계에서 비선형 과정에 의해 자발적으로 형성되는 구조를 무산구조(dissipative structure)라고 명명했다.

무산구조는 함축적인 의미를 지닌 명칭이다. 무산과 구조는 양립될 수 없는 뜻을 갖고 있기 때문이다. 생물이나 사회처럼 열린계는 생존을 위해 밖으로부터 에너지를 받아들이고 엔트로피를 생산하여 주위환경으로 무산시킨다. 요컨대 열린계는 에너지를 소모(무산)하여 자기의 질서(구조)를 지킨다. 엔트로피가 단순히 무질서를 향하는 것이 아니라 적어도 비평형 조건에서는 엔트로피 그 자체가 질서의 씨앗이 된다는 의미이다.

프리고진이 무산구조를 보여 주기 위해 제시하는 자기조직화의 사례는 유체역학, 아메바의 활동, 무기화학 작용 그리고 생물학에 이르기까지 그 종류가 다양하다. 특히 생명의 본질을 무산구조로 설명함에 따라 찬반논쟁이 일어났으며 프리고진은 일개 과학자가 아니라 사상가로 주목을 받기에 이르렀다. 그가 펴낸 『혼돈으로부터의 질서 Order Out of Chaos』(1984)와 『확실성의 종말 The End of Certainty』(1996)에는 결정론적 세계관에 대한 비판과 아울러 우연을 근거로 하는 확률론적 입장에서 자연을 이해하는 패러다임이 제시되어 있다.

프리고진의 표현을 빌리면, "이제 우리는 전환기를 맞이하고 있다. 더 이상 과학이 확실성을 의미할 필요도 없고, 확률이 무지를 뜻하지도 않는 새로운 합리주의가 출현하고 있다."

복잡적응계

사람의 뇌나 증권거래소처럼 복잡성을 지닌 계의 행동은 인간의 능력으로 파악이 불가능한 수많은 변수에 의해 결정된다. 컴퓨터가 등장할 때까지 비선형계의 연구가 지지부진했던 이유이다.

컴퓨터를 사용하여 복잡성을 지닌 계로부터 골라낸 수천 가지의 변수로부터 과학자들은 하나의 획기적인 사실을 발견했다. 단순한 구성요소가 수많은 방식으로 상호작용하기 때문에 복잡성이 발생한다는 사실이 확인된 것이다. 복잡성은 단순성이 그 기초를 이루고 있다는 뜻이다. 예컨대 뇌는 1,000억 개의 신경세포가 연결되어 있고 증권거래소는 수많은 투자자들로 들끓고 있다. 이러한 복잡한 계는 환경의 변화에 수동적으로 반응하지 않고 구성요소를 재조직하면서 능동적으로 적응한다. 따라서 복잡적응계(complex adaptive system)라 일컫는다. 복잡적응계에서 상호작용하면서 환경변화에 적응하는 능력을 가진 구성요소를 행위자(agent)라 한다. 뇌의 신경세포나 증권 투자자들이 행위자에 해당한다.

복잡적응계는 산타페 연구소(SFI)의 상징이다. 1984년 미국 뉴멕시코주의 산타페에 설립된 이 연구소는 복잡성 과학(sciences of complexity)의 메카이다. SFI의 목표는 복잡적응계에서 자발적으로 질서가 형성되는 자기조직화의 원리를 밝히는 데 있다.

복잡적응계는 자기조직화 능력을 갖고 있으므로 단순한 구성요소가 상호 간에 끊임없는 적응과 경쟁을 통해 보다 높은 수준의 복잡한 구조를 형성할 수 있다. 예컨대 단백질 분자는 생명체를, 기업이나 소비자는 국가경제를 형성한다.

여기서 반드시 유의해야 할 대목은 행위자가 개별적으로 갖지 못한 특성이나 행동을 복잡적응계가 보여 준다는 것이다. 가령 단백질은 살아 있지 않지만 그들의 집합체인 생물은 살아 있다. 이와 같이 구성요소를 함께 모아 놓은 전체 구조에서 솟아나는 새로운 특성이나 행동을 창발(emergence) 현상이라 한다. 창발은 복잡성 과학의 기본 주제이다. 창발은 상호작용하는 수많은 행위자로 이루어진 복잡한 체계 안에서 질서가 자발적으로 돌연히 출현하는 것을 뜻한다.

증권거래소는 전형적인 복잡적응계이다.

복잡성 과학을 모든 과학자가 인정하는 것은 아니다. 일부에서는 복잡성이라는 말 자체를 부정하면서 연구 자금을 끌어들이기 위해 사용되는 유행어라고 격하시키고 있으며 모든 현상을 아우르는 자기조직화 이론을 찾는 일은 끝내 도로에 그칠 것으로 보고 있다.

물론 복잡성 과학의 장래가 반드시 낙관적인 것만은 아니다. 그러나 한 가지 분명한 사실은 자연을 해석하는 새로운 틀을 제공하고 있다는 것이다. 지난 3세기 동안 서양과학은 환원주의에 의존했다. 결정론적인 선형계는 간단한 구성요소로 나누어 이해하면 그것들을 조합하여 전체를 이해할 수 있기 때문이다. 그러나 복잡적응계와 같은 비선형계는 전체가 그 부분들을 합쳐 놓은 것보다 항상 크므로 분석적인 틀로는 도저히 이해할 수 없다. 대부분의 자연 및 사회 현상은 성질상 종합적이고 전일적이다. 따라서 복잡성 과학의 등장으로 사물을 하나의 통합된 전체로 이해하는 전일주의가 부상하게 되었다.

복잡성 과학은 학제 간의 공동 연구이므로 SFI에는 물리학, 생물학, 경제학, 컴퓨터 과학의 기라성 같은 인물들이 둥지를 펴고 있다. 노벨상을 받은 원로들인, 1969년 물리학상의 머레이 겔만(1929~), 1977년 물리학상의 필립 앤더슨(1923~), 1972년 경제학상의 케네스 애로우(1921~)를 비롯해서 스튜어트 카우프만(1939~), 크리스토퍼 랭톤(1949~), 윌리엄 브라이언 아더(1945~) 등의 중견 학자들이 대거 참여했다.

혼돈의 가장자리

자기조직화의 연구에서 가장 활발한 이론가는 생물학자인 카우프만이다. 그는 개체발생에 각별한 관심을 가졌다. 하나의 수정란이 성체가 되기까지에는 세포분열 과정이 무수히 거듭된다. 초기에는 모든 세포가 동일하지만 분열이 진행되면서 눈이나 간장 따위의 기관을 구성하는 세포로 분화된다. 다시 말해서 모든 세포는 거의 동일한 유전정보를 갖고 있음에도 불구하고 세포의 형태는 각양각색이다. 세포가 그 역할에 합당한 구조와 기능을 갖도록 변화해 가는 세포분화는 생물학이 오랫동안 풀지 못한 수수께끼였다.

세포분화를 체계적으로 설명한 학자는 1965년 노벨상을 받은 프랑스의 자크 모노(1910~1976)이다. 모노에 따르면, 세포의 형태가 서로 다르게 분화되는 까닭은 유전자의 활동 패턴이 서로 다르게 조절되기 때문이다. 그러나 카우프만에게는 모노의 이론이 새로운 궁금증을 갖게 했다.

사람의 게놈은 수많은 유전자로 구성된다. 이처럼 복잡하고 거대한 게놈의 조절체계에서 유전자의 활동이 제어되는 과정에 대해 의문을 갖게 된 것이다. 이 의문을 풀기 위해 카우프만은 게놈의 조절체계를 비선형계로 상정하고 반혼돈(antichaos)이라는 수학적 개념을 창안했다. 비선형계가, 무질서에서 자발적으로 질서가 형성되는 반혼돈 특성을 갖고 있다는 아이디어이다. 이러한 질서는 자연발생적으로 존재하는 질서라는 의미에서 부존질서(order for free)라고 명명했다. 부존질서는 자기조직화의 산물에 다름 아니다.

카우프만은 생물체의 진화는 자연선택과 자기조직화의 결합으로 이해되어야 한다는 독창적인 이론을 개진했다. 생물체가 갖고 있는 질서는 오로지 자연선택의 결과라고 믿고 있는 생물학의 통념에 도전한 것이다.

카우프만은 그의 저서인 『우주의 안식처에서 *At Home in the Universe*』(1995)에서 무작위적인 돌연변이로 작용하는 자연선택이 질서의 유일한 원천이 될 수는 없다고 주장하고, 자기조직화가 자연선택보다 더 중요한 질서의 근원이라고 강조했다. 다시 말해서 자기조직화에 의해 나타나는 자발적인 질서가 모든 생물에서 볼 수 있는 질서 대부분의 기초가 된다는 것이다.

카우프만은, 생명은 자발적인 질서와 그 질서를 정교하게 하는 자연선택의 상호협력에 의존하고 있다고 결론을 내렸다. 말하자면 생물체가 우연의 산물임과 동시에 질서의 산물이라는 주장을 한 셈이다.

생명체와 같은 복잡적응계는 혼돈의 가장자리(edge of chaos)로 진화한다. 카우프만은 행위자(구성요소)가 완전히 고정되거나 완전히 무질서한 행동을 할 경우에는 복잡적응계에서 생명이 솟아날 수 없다고 주장했다. 질서와 혼돈 사이에 완벽한 평형이 이루어지는 영역에서 생명의 복잡성이 비롯된다는 것이다. 이와 같이 혼돈과 질서를 분리시키는 극도로 얇은 경계선을 혼돈의 가장자리라고 한다. 요컨대 생명은 혼돈의 가장자리에서 출현하는 것이다. 생명은 혼돈의 가장자리에서, 한쪽으로는 너무 많은 질서, 다른 한쪽으로는 너무 많은 혼돈 속으로 언제든지 빠져들 위험을 간직한 채 평형을 지키려는 유기체의 특성이라 할 수 있다. 결론적으로 카우프만은 생명은 혼돈의 가장자리에서 자기조직화에 의해 창발하는 질서에 의존해서 유지된다고 주장하였다.

계산적 견해

비선형 세계의 연구는 전적으로 컴퓨터에 의존한다. 로렌츠는 컴퓨터의 화면에서 결정론적 혼돈을 발견했고, 만델브로트의 프랙탈은 컴퓨터가 아니고서는 결코 그려 낼 수 없는 자연의 모습이다. 이처럼 컴퓨터는 자연현상을 새로운 창문으로 바라볼 수 있는 기회를 제공했다. 컴퓨터가 보여준 세계는 진실로 복잡하였다. 질서와 혼돈의 이분법으로 파악되지 않는 복잡성의 세계가 새로운 과학의 출현을 요구했다. 이른바 복잡성 과학이 탄생하게 된 것이다.

복잡성 과학은 복잡적응계를 연구하여 질서가 창발하는 자기조직화의 원리를 탐구한다. 복잡성 과학이 관심을 갖는 주제는 크게 두 가지로 요약된다. 하나는 비선형 동역학(nonlinear dynamics)의 중요성이고, 다른 하나는 자연현상에 대한 계산적 견해(computational view)의 중요성이다.

비선형 동역학은 복잡성 과학의 선두에 자리 잡고 있다. 자연과학에서 부딪히는 복잡한 역학계의 대부분은 비선형 시스템이기 때문이다. 사람의 심폐기관, 생체의 면역반응, 생물이나 사회의 진화 현상, 세계의 경제는 모두 비선형 방정식으로 기술된다. 이러한 복잡적응계는 컴퓨터의 출현으로 비로소 수수께끼를 풀 수 있게 되었다.

컴퓨터는 비선형계의 복잡성을 이해할 수 있는 기회뿐만 아니라 자연현상의 복잡적응계를 모형화해서 모의실험(simulation)하는 방법을 제공해주었다.

컴퓨터로 모델을 만들어 실험을 하는 컴퓨터 모델링 기법의 등장으로 자연현상을 컴퓨터를 통해 이해하는 계산적 견해가 출현했다. 예컨대 물리학의 계산적 견해에 따르면, 물리적 세계와 그 안에 존재하는 역학계, 가령 일기, 태양계 등을 모두 컴퓨터로 간주하며 자연의 법칙은 컴퓨터의 프로그램으로 여긴다. 태양의 주위를 돌고 있는 행성(컴퓨터)은 뉴턴의 법칙(프로그램)에 의하여 자기의 궤도를 결정(계산)하는 것으로 본다. 한편 생물학에서는 계산적 견해를 적용하여 두뇌, 면역계, 생물의 성장에 관한 컴퓨터 모델을 개발하여 생물학적 과정을 새로운 사고방식으로 이해하게 되었다.

복잡성 이론은 비선형 동역학뿐만 아니라 경제 및 사회 현상의 연구에도 막대한 영향을 미쳤다. 복잡성 이론을 경제에 융합한 복잡계 경제학은 신고전파 경제학의 대안으로 부상했다. 어떠한 복잡적응계에도 네트워크는 반드시 포함되기 때문에 새로 출현한 네트워크 과학은 사회 및 자연 현상의 분석에 새로운 접근방법을 제공하고 있다. 또한 복잡적응계의 창발 개념은 생명의 이해에 새로운 시각을 제공하여 인공생명의 이론적 토대가 되었다. 특히 인위적으로 창발 현상을 출현시키는 인공창발(artificial emergence)은 정치 분야에서 집단의 행동을 분석하는 데 활용되고 있다.

참고문헌

- *The Sciences of the Artificial*, Herbert Simon, MIT Press, 1969
- *The Self-Organizing Universe*, Erich Jantsch, Pergamon Press, 1980 / 『자기조직하는 우주』, 홍동선 역, 범양사출판부, 1989
- *Order Out of Chaos*, Ilya Prigogine, Bantam Books, 1984 / 『혼돈으로부터의 질서』, 신국조 역, 정음사, 1988

- *Self-Organizing Systems*, Eugene Yates, Plenum Press, 1987
- *The Dreams of Reason*, Heinz Pagels, Simon&Schuster, 1988 / 『이성의 꿈』, 구현모 · 이호연 역, 범양사출판부, 1991
- 『사람과 컴퓨터』, 이인식, 까치, 1992
- *Complexity*, Mitchell Waldrop, Simon&Schuster, 1992 / 『카오스에서 인공생명으로』, 박형규 · 김기식 역, 범양사출판부, 1995
- *Complexity*, Roger Lewin, Macmillan Publishing, 1992
- *Complexification*, John Casti, HarperCollins, 1994 / 『복잡성 과학이란 무엇인가』, 김동광 역, 까치, 1997
- *Fire in the Mind*, George Johnson, Alfred Knopf, 1995
- *Frontiers of Complexity*, Peter Coveney, Roger Highfield, Fawcett Columbine, 1995
- *Hidden Order*, John Holland, Addison-Wesley, 1995 / 『숨겨진 질서』, 김희봉 역, 사이언스북스, 2001
- *At Home in the Universe*, Stuart Kauffman, Oxford University Press, 1995 / 『혼돈의 가장자리』, 국형태 역, 사이언스북스, 2002
- *The End of Certainty*, Ilya Prigogine, Free Press, 1996 / 『확실성의 종말』, 이덕환 역, 사이언스북스, 1997
- 『복잡성 과학의 이해와 적용』, 삼성경제연구소, 21세기북스, 1997
- *Emergence: From Chaos to Order*, John Holland, Addison-Wesley, 1998
- 『카오스의 날갯짓』, 김용운, 김영사, 1999
- 『과학 콘서트』, 정재승, 동아시아, 2001
- *Emergence*, Steven Johnson, Scribner, 2001 / 『미래와 진화의 열쇠 이머전스』, 김한영 역, 김영사, 2004
- *Sync: The Emerging Science of Spontaneous Order*, Steven Strogatz, Hyperion, 2003 / 『동시성의 과학, 싱크』, 조현욱 역, 김영사, 2005
- 『복잡계 워크샵』, 복잡계 네트워크, 삼성경제연구소, 2006
- *Computational Complexity*, Oded Goldreich, Cambridge University Press, 2008

TIP 정자생존

1969년 허버트 사이먼이 펴낸 『인공의 과학*The Sciences of the Artificial*』은 복잡성 이론을 일찌감치 설파한 고전으로 평가된다. 사이먼은 1978년 노벨경제학상을 받았으며, 인공지능의 선구적 이론가이다.

사이먼은 이 책에서 약 1천 개의 부품으로 시계를 조립하는 두 사람의 성공과 실패를 대비시켜 생물 진화를 설명하였다. 한 사람은 손님의 주문대로 거의 모든 부속품을 일일이 조립하여 시계를 만든 반면에 다른 시계공은 미리 기능별로 관련 부품끼리 조립해 둔 몇 개의 반제품을 짜 맞추어 시계를 완성하였다. 후자의 경우, 10개 부품을 한 뭉치로 만든 다음에 이 뭉치들을 다시 10개씩 반제품으로 조립해 두었다가 주문에 따라 10개의 반제품을 적절하게 조립하여 완제품을 만드는 방식이었다. 어쨌든 두 사람 모두 고객의 주문이 쇄도할 만큼 막상막하의 솜씨를 자랑했다. 그러나 시간이 갈수록 한 사람은 사업이 번창한 반면에 한 사람은 문을 닫을 지경이 되었다. 사이먼의 설명에 따르면, 부품을 일일이 조립한 시계공은 고객이 만족하여 주문량이 늘어날수록 그만큼 작업시간이 많이 소요되었기 때문에 결국 납기를 제대로 지키지 못해서 폐업이 불가피했지만 반제품을 사용한 시계공은 고객의 요구를 완벽하게 충족시키지는 못했을망정 납기는 충실히 지킬 수 있었기 때문에 영업을 지속할 수 있었다.

사이먼은 성공한 시계공의 조립방식에서 본 바와 같이 임의적인 과정에 의하여 단순한 요소로부터 복잡한 형태가 진화될 수 있는 것은 반제품처럼 중간 단계의 안정된 구조가 존재하였기 때문이라고 설명하고, 이를 가리켜 정자(定者)생존(survival of the stable)이라 표현했다.

이러한 맥락에서 사이먼은 단세포생물로부터 다세포생물이 진화된 까닭은 고유한 이름을 가질 만큼 충분히 독립적이고 안정된 구성요소, 이를테면 세포, 조직, 기관 등의 계층구조를 생물체가 갖고 있기 때문이라고 설명했다. 말하자면 생물 진화의 추진력인 적자생존은 보다 일반적인 법칙인 정자생존의 특수한 사례에 해당된다는 의미이다.

△ *The Sciences of the Artificial*, Herbert Simon, MIT Press, 1969
△ 『미래는 어떻게 존재하는가』, 이인식, 민음사, 1995

작은 세계

우리나라에서 대통령 선거 때마다 고질적인 지역감정이 기승을 부리는 까닭은 아마도 유권자들이 자기 고향 출신을 뽑아 놓으면 몇 다리만 건너도 청와대에 줄을 댈 수 있다고 막연히 기대하기 때문인지 모른다.

서양에서는 지구상의 모든 사람이 다섯 다리만 건너면 어느 누구와도 안면을 틀 수 있다는 속담이 있다. 다시 말해서 서로 모르는 두 사람, 가령 에스키모 남자와 프랑스의 미녀도 기껏해야 여섯 단계밖에 떨어져 있지 않다는 것이다. 이른바 여섯 단계의 분리(six degrees of separation)라는 개념이다. 이 개념은 간단한 계산법으로 설명될 수 있다.

우리들은 수백 명의 사람과 알고 지낸다. 만일 우리 모두가 각자 100명의 친구를 갖고 있다고 가정하면 1단계에서는 자신의 친구 100명밖에 모르지만 2단계에서는 친구 100명의 친구들인 1만 명, 3단계에서는 100만 명과 연결된다. 자신으로부터 두 다리만 건너도 100만 명과 연줄이 닿을 수 있다는 뜻이다. 4단계에서는 1억 명, 5단계에서는 100억 명이 되므로 세계 인구 64억 명의 어느 누구와도 아는 사이가 된다. 요컨대 우리는 네 다리만 건너면 샤론 스톤 또는 오사마 빈 라덴과 악수를 나눌 수 있다는 것이다. 지구상의 어떤 두 사람도 단 여섯 번의 악수만 거치면 서로 연결될 수 있다는 여섯 단계의 분리 개념은 인류 모두가 긴밀하게 연결될 정도로 지구가 비좁다는 의미에서 작은 세계(small world) 현상으로 알려져 있다.

속담 속에 담긴 작은 세계 현상의 본질을 학문적으로 연구한 최초의 인물은 미국의 사회심리학자인 스탠리 밀그램(1933~1984)이다. 1967년 밀

우리는 네 다리만 건너면 미국 민주당의 버락 오바마 대선후보(왼쪽)와 악수를 나눌 수 있다.

그램은 미국 중서부의 사람들에게 편지 뭉치를 보내고 그들에게 이 편지들이 보스턴에 사는 낯선 사람들에게 도착할 수 있도록 협조해 달라고 요청했다. 이 실험에 참여한 사람들은 미지의 보스턴 사람들을 알고 있을 법한 친지들에게 편지를 발송했음은 물론이다. 밀그램은 편지의 절반가량이 다섯 명의 중간 사람, 즉 여섯 단계를 거쳐 보스턴 사람들에게 전달되었음을 확인했다.

1998년 오스트레일리아 출신의 물리학자인 던컨 와츠(1971~)는 밀그램의 연구를 수학적으로 설명한 작은 세계 이론을 발표하고 거대한 미국의 영화산업을 작은 세계 현상의 대표적인 사례로 제시하였다.

와츠는 케빈 베이컨 게임(www.cs.virginia.edu/oracle)을 분석한 뒤 미국 영화산업이 여섯 단계의 분리 개념에 부합한다는 결론을 얻었다.

1994년 선보인 케빈 베이컨 게임은 영화광들의 인기를 독차지하였다. 케빈 베이컨은 영화배우이다. 이 게임의 목적은 가급적이면 적은 수의 영화를 통해 베이컨을 다른 배우와 연결시키는 것이다. 예컨대 베이컨은 단지 3단계를 거쳐 찰리 채플린과 선이 닿는다. 베이컨은 로렌스 피시번과 같은 영화에 출연했고, 피시번은 말론 브랜도와 작품을 같이했으며, 브랜도는 채플린과 공연한 적이 있기 때문이다. 이러한 방식으로 베이컨과 연줄이 닿는 배우는 무려 22만 명이 넘는다. 할리우드에서 제작된 영화에 출연했던 배우의 90퍼센트에 해당하는 숫자이다. 와츠는 케빈 베이컨 게임에서 평균적으로 한 배우가 다른 모든 배우에게 3.65단계 만에 연결될 수 있음을 확인하였다. 거대한 미국 영화산업이 사실상 작은 세계인 것으로 판명된 셈이다.

작은 세계 이론은 경제학에서 유행병학에 이르기까지 여러 학문에서 활용이 모색되고 있다. 작은 세계 효과가 현실세계의 여러 현상에서 발생할 수 있기 때문이다. 예컨대 작은 세계 효과는 한 발전소의 사고로 전체 발전체계가 작동을 멈추는 원인, 뇌 안의 신경세포가 연결되어 있는 구조, 여자들이 함께 사는 기간이 길어질수록 월경주기가 일치되는 현상, 헛소문이 삽시간에 퍼져 나가는 이유를 설명할 수 있을 것으로 기대된다. 인터넷을 작은 세계로 간주한 연구논문에서는 기껏해야 14번만 클릭하면 한 문서에서 다른 모든 문서로 이동할 수 있다고 주장한다.

특히 작은 세계 효과는 유행병학에서 에이즈 따위의 성 매개 질병이 전파되는 방식을 이해하는 데 크게 도움이 된다.

작은 세계 이론은 우리 모두가 남남이 아니라 이웃사촌이라는 평범한 진리를 다시금 일깨워 준다. 이 세상은 얼마나 좁고 연줄로 끈끈하게 얽혀 있는가!

끝없는 연구 주제

작은 세계 구조는 사람 뇌의 신경세포 네트워크, 세포를 구성하는 분자 사이의 상호작용 네트워크, 모든 생태계의 먹이사슬망 등 자연현상에서부터 경제의 거품 현상, 정치적 격변, 문화의 유행 등 사회현상에 이르기까지 거의 모든 것에서 거의 똑같이 나타난다. 작은 세계 구조가 다양한 환경에 나타난다는 사실은 그 내부에 공통적인 원리가 숨겨져 있다는 의미일 수밖에 없다. 자연 세계와 인간 사회에 존재하는 여러 형태의 네트워크 속에 공통적으로 숨겨져 있는 간단한 법칙을 찾아내기 위해 네트워크 과학(network science)이 탄생하게 되었다.

네트워크 과학은 인체, 인터넷, 인간관계 등 이 세상의 모든 것들을 서로 연결된 네트워크로 바라보고 공통점을 발견하려는 학문이다. 따라서 물리학, 생물학, 경제학, 사회학, 인류학, 컴퓨터 과학 등의 학제 간 연구가 불가피하다. 복잡한 세상을 네트워크라는 단순한 개념을 통해 바라본다는 측면에서 네트워크 과학은 복잡성 과학에 포함된다. 복잡성 과학의 근본 목적은 복잡한 체계 안에서 의미 있는 질서가 자발적으로 돌연히 출현하는 현상, 곧 창발의 원리를 밝히는 데 있다. 네트워크 과학은 복잡성 과학처럼 시작 단계이며 아직 답을 찾지 못하고 있다.

네트워크 과학은 다음과 같은 문제의 해답을 찾아 나서고 있다.

수백만 마리의 반딧불이들은 거의 완벽하게 동시에 불빛을 깜빡인다. 이렇다 할 만한 지능을 갖지 못한 벌레들이 언제 불을 켜고 켜지 말아야 하는지를 어떻게 미리 알 수 있을까? 더운 여름날 저녁에 한 무리의 귀뚜라미들은 날개를 문질러 동시에 소리를 낸다. 외부의 지휘를 받지 않고 어떻게 행동의 동기화(synchronization)를 이루어 낼 수 있을까? 심박조율 세포는 어떻게 심장을 고동치게 하는 걸까? 네트워크 과학은 반딧불이, 귀뚜라미, 심박조율 세포가 지휘자의 도움도 받지 않고 리듬을 함께 맞춰서 행동의 동기화를 해내는 원리를 연구한다.

네트워크 과학의 연구 주제는 끝이 없다. 인터넷이나 송전망 같은 거대한 네트워크는 우연한 작동 착오에 어느 정도로 취약할까? 전 세계 생태계를 건강하게 유지하는 데 있어 결정적 역할을 하는 종은 무엇인가? 에이즈를 비롯한 여러 전염병의 확산을 효과적으로 막을 최선의 전략은 무엇일까? 새로운 아이디어가 유행하는 이유는 뭘까? 아무도 회사가 직면한 문제를 해결할 정보를 갖고 있지 않은 상황에서 회사 전체가 혁신하고 성공적으로 적응할 수 있는 방법은 무엇일까? 합리적으로 보이는 개개인의 투자 전략에서 비이성적인 투기 거품이 일어나고. 그 거품이 꺼진 뒤에 그 사람들의 손실이 경제 전반으로 확산되는 이유는 무엇일까?

네트워크 과학은 이러한 의문들이 한 가지 공통점을 갖고 있다는 사실을 발견했다. 복잡한 체계를 구성하는 행위자들의 상호작용으로부터 전체의 활동이 창발한다는 것이다. 이제 남은 일은 그 원리를 밝혀내는 것뿐이다.

참고 문헌 ─────────

- *Ubiquity*, Mark Buchanan, Crown, 2001 / 『세상은 생각보다 단순하다』, 김희봉 역, 지호, 2004
- *Linked: The New Science of Networks*, Albert-László Barábasi, Basic Books, 2002 / 『링크』, 강병남 역, 동아시아, 2002
- *Nexus*, Mark Buchanan, Norton, 2002 / 『넥서스』, 강수정 역, 세종연구원, 2003
- *Sync: The Emerging Science of Spontaneous Order*, Steven Strogatz, Hyperion, 2003 / 『동시성의 과학, 싱크』, 조현욱 역, 김영사, 2005
- *Six Degrees*, Duncan Watts, Norton, 2003 / 『스몰 월드』, 강수정 역, 세종연구원, 2004
- *Smart World*, Richard Ogle, Harvard Business School Press, 2007 / 『스마트 월드』, 손정숙 역, 리더스북, 2008
- 『네트워크 이코노미』, 이덕희, 동아시아, 2008
- "Web Science Emerges", Nigel Shadbolt, Tim Berners-Lee, Scientific American (2008년 10월호)

3─복잡계 경제학

수확체증

복잡성 이론을 경제학에 접목시킨 복잡계 경제학(complexity economics)은 윌리엄 브라이언 아더로부터 시작되었다고 해도 과언은 아니다. 브라이언 아더가 수확체증(increasing return)의 새로운 세계를 제시한 이후 복잡계 경제학이 등장했기 때문이다.

브라이언 아더는 경제를 자기조직 하는 시스템으로 규정한 프리고진의 글을 읽은 것이 계기가 되어 수확체증이 새로운 경제학의 기초가 될 수 있다고 확신했다. 신고전파 경제학의 수확체감과 맞서는 개념이다. 수확체감은 두 번째 과자가 첫 번째만큼 맛이 없다거나, 비료를 두 배 사용한다고 해서 수확이 두 배가 되는 것은 아니라는 뜻이다. 수확체감은 작은 효과가 사라지기 쉽다는 뜻이 되므로 거꾸로되먹임(negative feedback)에 비유될 수 있다. 말하자면 거꾸로되먹임의 조절기능에 의해 수요와 공급의 균형이 유지되고, 어떤 회사도 시장을 독점할 만큼 성장하지 못하며, 경제는 항상 완전한 평형 상태에 놓여 있는 것이다. 그러나 브라이언 아더는 경제를 불안정하고 예측 불가능하며 수확체증의 원리가 적용되는 복잡적응계로 보아야 한다고 주장했다. 수확체증이란 바로되먹임처럼 시장에서 한 번 앞서면 더욱 앞서 나가게 되고 우위를 한 번 빼앗기면 더욱 악화되는 경향을 의미한다.

신고전파 경제학 이론에 따르면 가장 우수하고 효율적인 기술이 자유시장에서 항상 선택된다. 그러나 1970년의 비디오테이프 방식 싸움은 반드시 그렇지 않음을 보여 주었다. 베타방식보다 기술이 약간 모자란 VHS방식이 승리했기 때문이다. 경쟁자가 시장에 뿌리를 내리기 전에 약간 앞선

윌리엄 브라이언 아더

시장점유율의 우세를 신속히 키워 나간 덕분에 VHS가 시장을 석권할 수 있었다는 것이다. 브라이언 아더는 초기의 작은 차이가 사라지지 않고 바로되먹임에 의해 급속도로 증폭된 결과라고 풀이했다.

브라이언 아더는 수확체증 이론이 수확체감의 존재를 부인하는 것은 아니라고 강조한다. 두 현상은 병존하며 보완적이다. 수확체감은 곡물, 중화학, 식품류처럼 안정되고 변화가 느린 대량생산 세계를 지배하는 반면에 수확체증은 소프트웨어 등 승자가 거의 모든 것을 거머쥐는 정보산업에서 나타난다.

1996년 브라이언 아더는 수확체증의 영역에서 경쟁 양식이 도박, 특히 카지노와 유사하다고 보고 '기술의 카지노(casino of technology)'에 비유했다. 카지노는 포커와는 달리 어느 게임을 할 것인지를 선택하는 것이 무엇보다 중요하고, 게임이 시작되면서 비로소 누가 노름에 참여하고 규칙이 무엇인지를 알게 되는 도박이다. 따라서 기술이라는 카지노의 탁자에서 승리의 월계관은 다음 게임이 어떤 것인지를 예견하는 카지노 도박꾼처럼 새로운 기술이 안개 속에서 가물거릴 때 남보다 먼저 시장에 뛰어드는 용기와 결단력을 가진 사람에게 돌아간다. 이런 맥락에서 마이크로소프트가 세계 소프트웨어 시장을 석권하고, 일본이 첨단제품 시장에서 미국을 곧잘 궁지에 몰아넣는 이유가 설명된다.

귀납적 합리성

복잡계 경제학은 [표 1]과 같이 다섯 가지 측면에서 신고전파 경제학과 차이를 드러낸다.

[표 1] 전통 경제학과 복잡계 경제학의 차이

구분	전통 경제학	복잡계 경제학
역동성	정태적, 폐쇄적 선형적 균형 시스템	동태적, 개방적 비선형적 불균형 시스템
행위자	완전한 정보 착오와 편견의 배제 학습과 적응 불필요 연역적인 계산 완전 합리성	불완전한 정보 착오와 편견의 제약 시간에 따른 학습과 적응 귀납적인 문제해결 귀납적 합리성
네트워크	네트워크 개념 부재 경제인간은 시장 메커니즘을 통해 간접적으로 상호작용	네트워크 필수 요소 행위자들은 네트워크를 통해 긴밀하게 상호작용
창발성	거시경제와 미시경제는 별도로 존재	거시경제와 미시경제 구분 없음(거시 패턴은 미시적 상호작용의 창발 결과)
진화	경제 시스템 내부에 새로운 혁신 창출하는 메커니즘이 없다	경제 시스템은 진화 과정을 통해 시스템의 혁신이 가능하다

출처: Eric Beinhocker, *The Origin of Wealth*, 2006

첫째, 역동성 측면에서 복잡계 경제학은 전통 경제학과 달리 경제를 하나의 동태적(dynamic) 시스템으로 본다. 이는 경제가 시간에 따라 변한다고 본다는 뜻이다. 또한 복잡계 경제학은 경제를 균형과는 거리가 먼 비선형 시스템으로 간주한다. 경제를 동태적이며 동시에 비선형적인 것으로 인식하기 때문에, 경제는 기후처럼 극히 단기간을 제외하고는 도저히 장기 예측이 어려운 시스템이라고 여긴다.

둘째, 경제 활동의 주체에 대해 기본 전제가 현격하게 다르다. 신고전파 경제학은 경제 활동을 하는 우리 모두가 호모 에코노미쿠스(경제적 인간)로서, 모든 정보를 머릿속에 갖고 완벽하게 합리적인 계산을 하는 완전 합리성의 존재라고 전제한다. 완전 합리성 개념은 허버트 사이먼의 제한적 합리성 개념, 행동경제학의 프로스펙트 이론 등에 의해 도전을 받았으며, 복잡계 경제학 역시 그 도전에 힘을 보태고 있다.

전통 경제학의 완전 합리성 개념은 인간이 100퍼센트 연역적이며, 언제나 명확하고 잘 정의된 문제만을 다룬다고 가정한다. 연역은 일단의 전제들로부터 논리적으로 결론이 도출되는 추론과정이다. 또한 완전 합리성 개념에 의하면 인간은 완전하므로 더 이상 학습할 필요가 없다. 그러나 인지과학에 따르면, 인간의 마음은 귀납법으로 정보를 처리하는 데 탁월한 능력을 발휘하고 있으며, 학습능력 또한 놀라울 정도로 뛰어나다. 연역의 정반대인 귀납은 개개의 특수한 경험 사실로부터 공통 요소를 찾아내어 일반적인 결론을 끌어내는 추리방법이다. 인간이 정보처리를 할 때 연역과 귀납을 두루 사용하지만, 연역에는 컴퓨터처럼 뛰어나지 못하지만 귀납에는 상대적으로 능숙하다.

복잡계 경제학은 경제 주체가 귀납적 합리성(inductive rationality)으로 추론한다고 전제한다. 다시 말해 행위자는 완전한 정보가 부재한 여건에서 시간이 흐름에 따라 학습을 통해 귀납적으로 문제를 해결하기 때문에 신고전파 경제학의 호모 에코노미쿠스와는 다른 개념의 존재이다.

셋째, 경제 주체의 상호작용을 보는 시각이 다르다. 전통 경제학에서는 경제적 인간이 시장 메커니즘을 통해 간접적으로 상호작용한다고 보는 반면에, 복잡계 경제학에서는 행위자들의 네트워크를 아주 중요하게 생각한다. 왜냐하면 모든 복잡적응계에는 네트워크가 반드시 포함되는 필수적인 요소이기 때문이다. 모든 행위자들은 네트워크를 통해 상호작용한다.

넷째, 거시경제와 미시경제에 대한 견해가 다르다. 신고전파 경제학에서는 거시경제와 미시경제가 별도 분야로 존재한다고 확신한다. 그러나 복잡계 경제학에서는 거시경제와 미시경제를 구태여 구분할 필요가 없다. 복잡계 경제학에서는 행위자들의 미시적 상호작용으로부터 경기 주기, 성장, 인플레이션과 같은 거시경제적 패턴이 창발한다고 보기 때문이다. 물론 복잡계 경제학이 모든 경제 패턴의 수수께끼에 답을 제시해 주는 것은 아니지만, 새로운 분석의 틀을 제공하고 있음에는 틀림없다.

다섯째, 경제 시스템의 진화 여부에 대한 시각차가 크다. 전통 경제학에서는 경제 시스템 내부에 새로운 시스템을 창출하거나, 질서 및 복잡성의 증대를 가져오는 메커니즘이 없다고 전제한다. 그러나 복잡계 경제학에서는 경제가 진화한다고 보고 생물학적 진화에서처럼 경제가 3단계 공식, 곧 차별화, 선택, 확산이라는 진화 과정을 통해 시스템의 혁신이 가능하며, 질서와 복잡성의 증대를 가져온다고 주장한다. 이런 맥락에서 복잡계 경제학은 진화경제학과 연결된다.

참고문헌

- "Increasing Returns and the New World of Business", Brian Arthur, Harvard Business Review(1996년 7·8월호)

- *The Self Organizing Economy*, Paul Krugman, Wiley-Blackwell, 1996 / 『자기조직의 경제』, 박정태 역, 부키, 2002
- 『복잡성 과학의 이해와 적용』, 삼성경제연구소, 21세기북스, 1997
- 『왜 복잡계 경제학인가』, 시오자와 요시노리, 임채성 역, 푸른길, 1999
- "복잡계 경제학", 이근, 〈과학과 사회〉, 김영사, 2001
- 『복잡계 워크샵』, 복잡계 네트워크, 삼성경제연구소, 2006
- *The Origin of Wealth: Evolution, Complexity, and the Radical Remaking of Economics*, Eric Beinhocker, Harvard Business School Press, 2006 / 『부의 기원』, 안현실·정성철 역, 랜덤하우스, 2007

TIP 경제물리학

주식시장을 비롯한 금융시장의 복잡한 문제를 물리학의 원리로 설명하려는 연구를 경제물리학(econophysics)이라고 한다. 경제학과 물리학의 학제 간 연구인 경제물리학은 가령 주식을 사고파는 투자자들의 상호작용을 물리현상에서 원자나 분자 등 입자의 상호작용과 매우 유사하다고 전제하고 통계물리학의 원리를 경제 현상에 적용하려고 시도한다.

1995년 인도에서 열린 국제학술대회에서 처음 이름을 얻은 이후, 경제물리학은 주식, 채권, 환율, 선물 거래 등의 분석에서 활발하게 활용되고 있다.

경제물리학은 통계물리학의 방법론을 빌려서 기존의 경제원칙으로 풀지 못한 금융시장의 수수께끼들, 이를테면 금융시장은 무작위적인가 아니면 질서가 있는가, 금융시장에는 미리 예측할 수 있는 장기적인 추세가 있는가, 또는 금융시장 붕괴는 불가피한가 등과 같은 문제의 해답을 모색한다.

△ *An Introduction to Econophysics: Correlations and Complexity in Finance*, Rosario Mantegna, Eugene Stanley, Cambridge University Press, 1999
△ *Dynamics of Markets: Econophysics and Finance*, Joseph McCauley, Cambridge University Press, 2004

인공생명

1 — 세포자동자

자식을 낳는 기계

생물처럼 새끼를 낳고 진화하는 기계를 만들 수는 없는가. 이 질문에 해답을 내놓은 사람은 존 폰 노이만(1903~1957)이다. 그는 헝가리 부다페스트 대학에서 수학박사 학위를 취득한 후에 1930년 미국으로 건너가서 20세기의 가장 탁월한 수학자의 반열에 오르는 학문적 명성을 얻었다. 제2차 세계대전 막바지에는 원자탄 등 병기 개발에 지대한 공헌을 했으며 세계 최초의 전자식 컴퓨터인 에니악 프로젝트의 기술 자문을 맡은 것이 계기가 되어, 골수암으로 세상을 떠날 때까지 말년을 컴퓨터 과학의 이론 정립에 바쳤다.

폰 노이만은 1945년 프로그램 내장식 컴퓨터를 제안했다. 오늘날 컴퓨

존 폰 노이만

터 설계의 기초를 확립한 혁명적 개념이다. 하나의 제어장치를 사용하여 데이터를 순차적으로 처리하는 직렬 컴퓨터의 구조를 '폰 노이만 구조'라고 부르게 된 까닭이다. 따라서 여러 개의 제어장치를 사용하여 복수의 데이터를 동시에 처리하는 병렬 컴퓨터를 '비(非) 폰 노이만 구조'라고 이른다.

그러나 이러한 획일적인 용어 사용은 아이러니가 아닐 수 없다. 왜냐하면 폰 노이만이 소개한 세포자동자(cellular automata) 이론은 따지고 보면 이른바 비 폰 노이만 구조의 선구적인 아이디어이기 때문이다.

세포자동자는 1948년에 발표된 자기증식(self-reproduction) 자동자 이론을 진일보시킨 것이다. 자동자(오토마톤)는 본래 생물의 행동을 흉내 내는 자동기계를 뜻하였으나 컴퓨터의 출현으로 인간의 두뇌처럼 정보를 처리하는 기계를 의미하게 되었다. 이러한 자동자의 개념을 더욱 확장시킨 것이 폰 노이만의 이론이다. 그는 계산능력뿐만 아니라 스스로 자기의 복제품을 생산할 수 있는 능력을 가진 기계, 즉 자기증식 자동자가 설계 가능함을 주장하였다.

폰 노이만은 1945년에 튜링 기계(TM)를 응용하여 순차식 컴퓨터를 설계하면서 거의 동시에 튜링 기계의 계산능력뿐만 아니라 그 자신을 구성하고 증식하는 능력을 갖춘 기계에 대하여 연구에 착수하였다. 튜링 기계는 가변적인 데이터를 처리할 수 있지만 고정된 자기 자신의 구조를 변경시킬 수 없으며 나아가서는 다른 컴퓨터를 만들어 낼 수 없다. 그러나 폰 노이만은 보편 계산기계의 존재를 입증한 튜링의 자동자 이론으로부터 보편 구성기계(universal construction machine)가 존재할지 모른다는 영감을 얻었다. 말하자면 폰 노이만은 튜링과 다른 각도에서 자동자 이론에 접근하였다. 튜링은 출력을 내기 위해 자동자가 입력을 처리하는 측면을 강조한 반면에, 폰 노이만은 정보가 자동자 구조의 성장과 변화를 제어하는 방법과 과정에 관심을 가졌다.

폰 노이만은 조립공장의 기계가 그것이 생산하는 제품보다 훨씬 복잡한 것처럼 기계가 다른 기계를 만들 때에는 복잡성이 감소되는 반면에, 동물의 자식은 대개 최소한 아비만큼은 복잡해 보일 뿐만 아니라 진화가 거듭될수록 복잡성이 증가하고 있다는 사실에 주목하였다. 기계와 동물이 증식될 때 보여 주는 차이점에 착안하여, 동물처럼 복잡성이 감소되는 일이 없이 최소한 그 자신만큼은 복잡한 다른 기계를 생산할 수 있는 기계를 설계하였다. 1948년 폰 노이만은 자기증식 자동자에 관한 유명한 논문을 마침내 발표하였다. 그의 상상력이 맨 처음 내놓은 자동자는 운동학적 모델(kinematic model)이다. 운동학적 모델은 보편 구성자(universal constructor)와 자기증식 기계의 2단계로 설명된다.

보편 구성자

보편 구성자는 수면 위에 떠다니면서 구성해야 되는 기계에 대한 기술(description)이 주어지면, 수면 위에 떠 있는 수많은 부품 가운데서 적절한 것을 골라내서 그 기계를 구성하는 자동자이다. 〔그림 4〕와 같이 복제하려는 자동자의 완전한 기술(I_N)이 삽입되면 그 자동자의 복제품(N)을 구성한다. 복제된 자동자는 보편 구성자(A)와 마찬가지로 명령(I)이 삽입될 수 있는 부위를 갖고 있다. 보편 구성자는 그 자신의 기술(I_A)이 제공되면 그 자신의 복제품을 구성해 낼 수 있다. 보편 구성자는 부모기계, 그 복제품은 자식기계라고 부르는 경우도 있다.

그러나 부모기계가 완전한 자기증식을 한 것으로 볼 수 없다. 왜냐하면 자식기계는 그 자신의 기술을 갖고 있지 않기 때문이다. 다시 말해서 자식기계는 자신이 만들어야 하는 기계의 기술을 갖고 있지 않으므로 그 자신

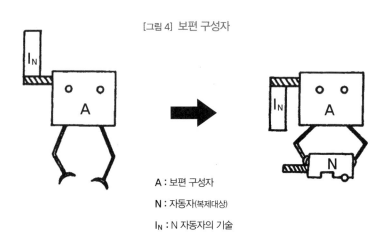

[그림 4] 보편 구성자

A : 보편 구성자

N : 자동자(복제대상)

I_N : N 자동자의 기술

출처: Michael Arbib, *Brains, Machines, and Mathematics*, 1987

의 복제품을 계속해서 구성해 낼 수 없다. 이것은 마치 생물의 체세포가 분리되어 생긴 두 개의 딸세포 중에서 한 개가 유전정보를 갖고 있지 않은 경우와 비슷하다. 유전정보가 없는 딸세포가 자기증식 능력이 없는 것처럼, 보편 구성자의 자식기계 역시 자기증식을 할 수 없다.

자기증식 기계

폰 노이만은 이 문제를 해결하기 위하여 보편 구성자(A)에게 두 번째의 자동자(B)를 추가시켰다. 이 자동자는 구성에 소요되는 기본 부품의 집합체에 대한 명령(I)이 제공되면 그것을 복사한다. 단순히 명령을 복사하는 자동자(description copier)이다. 그리고 다시 세 번째의 자동자(C)를 추가시켰다. 이 자동자는 보편 구성자가 기본 부품을 사용하여 구성하게 되는 자동자 안으로 두 번째 자동자가 복사해 준 명령(I)을 삽입시킨다. 부모기계가 자신이 작업을 했던 명령의 사본을 자식기계에게 삽입시킨 것이다. 세 번째 자동자(C)는 마지막으로 세 개 자동자로 구성된 시스템(A+B+C)으로부터 보편 구성자가 구성해 낸 자동자를 떼어 내서 하나의 개체로 독립시킨다. 〔그림 5〕에서 기본 부품의 전체 집합체(A+B+C)를 D로 표시하면 이 집합체는 자기증식 능력을 갖기 위해서 반드시 보편 구성자(A)에게 삽입된 명령(I)을 갖고 있지 않으면 안 된다. 다시 말해서 D의 기술을 I_D라 하고, 보편 구성자에 삽입된 I_D를 갖고 있는 D를 E라고 한다면, E는 진정한 의미에서 자기증식을 할 수 있다. I_D의 명령을 우리가 정의하기 이전에 D가 이미 존재하고 있기 때문이다.

폰 노이만의 자동자 이론을 요약하면, 자기증식 기계를 만들기 위해서 세 가지의 일을 수행할 필요가 있다.

[그림 5] 자기증식 기계

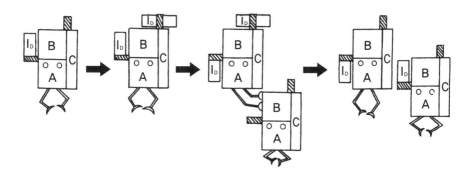

출처: Michael Arbib, *Brains, Machines, and Mathematics*, 1987

- 먼저 자기증식 기계에게 그 자신의 기술(첫 번째 기술)을 제공한다. 부모기계에게 자기가 만들어야 되는 것을 알려 주기 위해서이다.
- 이러한 기술을 제공받은 기계에 대한 기술(두 번째 기술)을 자기증식 기계에 제공한다.
- 자기증식 기계에게 두 번째 기술의 기계와 정확하게 동일한 다른 기계를 구성하도록 명령한다. 그리고 자기증식 기계가 자식기계를 만든 뒤에는 이 명령을 복사하여 자식기계에게 전달하도록 지시한다.

자동자 이론과 분자생물학

폰 노이만의 운동학적 모델은 어디까지나 상상력의 산물이지만 그로부터 5년 뒤인 1953년에 발견된 디옥시리보 핵산(DNA) 분자구조의 기능과 거의 유사하다는 사실에 주목할 필요가 있다. DNA(유전자)는 생명의 재생(reproduction)에서 가장 중요한 역할을 하는 생체 분자이다. 폰 노이만은 기계의 기술 안에 포함된 정보가 반드시 본질적으로 상이한 두 종류의 방식으로 사용되지 않으면 안 된다는 점을 강조하고 있다. 한 번은 정보가 자식기계를 증식할 때 부모기계가 실행해야 되는 명령으로 사용되고 있으며, 다른 한 번은 자식기계에게 기술을 제공하기 위하여 복제되는 데이터로서 정보가 사용되고 있다.

이는 생명의 본체인 DNA로부터 생명의 현상인 단백질이 합성되는 과정을 설명하기 위하여 1960년대에 제창된 분자생물학의 중심명제(central dogma)와 비슷한 아이디어이다. DNA 안에 포함된 정보는 서로 다른 방법으로 정확하게 두 번 사용되기 때문이다. 한 번은 생명의 재생에 필수적인 단백질을 합성하기 위한 전사(transcription)와 번역(translation) 단계에서 사용되고 있으며, 한 번은 어버이가 가진 유전정보를 자식에게 전달하기 위한 복제(replication) 과정에서 사용된다. 요컨대 폰 노이만의 자동자 이론이나 분자생물학의 중심명제 모두 증식을 위하여 동일한 정보를 상이한 방법으로 두 번 사용한다. DNA가 발견되기 전에 발표된 폰 노이만의 이론이 훨씬 뒤에 정립된 분자생물학의 이론과 그 접근방법이 같다는 대목에서 우리는 새삼스럽게 폰 노이만의 혜안에 경탄을 금할 수 없다.

칸 공간 모델

증식기능은 생물과 무생물을 구별하는 본질적 특성의 하나이다. 이러한 증식기능을 기계로 실현할 수 있는 가능성이 엿보임에 따라 생명의 논리(logic)에 대한 연구가 활기를 띠게 되었다. 다시 말해서 생물체를 구성하는 물질을 완전히 배제하고 오로지 생물체의 논리적 구조에 입각하여 생명체의 행동을 연구하는 계기가 마련된 것이다.

폰 노이만은 그러나 운동학적 모델에 만족하지 않았다. 자기증식 과정의 논리가 그 과정의 물질로부터 보다 완벽하게 분리되는 것을 보여 주지 못한 이론이라고 생각했기 때문이다. 그는 1951년에 칸 공간 모델(cell-space model)을 제안했다. 그가 설계한 순차식 컴퓨터에서는 정보가 1차원으로 흐르지만 칸 공간 모델에서는 무제한으로 확장되는 2차원의 정보 공간을 고려하였다. 이 모델은 바둑판과 같은 격자 모양의 평면에 있는 네모난 칸(cell)의 집단으로 구성되기 때문에 세포자동자(CA)라고 부른다. 세포자동자에서 각각의 칸은 기계의 가장 간단한 형식 모델인 유한 자동자이다. 요컨대 이러한 여러 개의 동일한 유한 자동자들이 모여서 세포자동자가 된다.

폰 노이만은 [그림 6]과 같이 네모난 칸으로 이루어진 규칙적인 격자의 평면 위에 모여 있는 사선(斜線)이 그어진 칸의 집단을 하나의 유기체로 보고, 이 유기체가 점유한 부위를 세포자동자라고 명명했다. 자동자의 명칭에 '셀룰러(cellular)'라는 단어를 붙인 이유는 세포가 생물체의 기본 단위인 것처럼 네모난 칸 역시 더 이상 분할될 수 없는 하부 단위이며, 세포가 생물체의 성장을 위하여 분열을 거듭하면서 그 수효를 증식시키는 것처럼 각각의 칸 역시 증식되기 때문이다. 세포자동자는 그 모양새 때문에 바둑판 모양 자동자(tessellation automata)라는 별칭을 갖고 있다.

세포자동자의 특징

세포자동자는 기본적으로 다음과 같은 네 가지의 특징을 갖고 있다.

[그림 6] 세포자동자의 보기

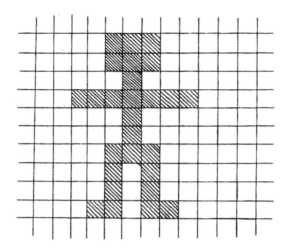

- 각 칸(유한 자동자)은 주어진 시간에 유한한 수효의 상태(state) 중에서
  어느 하나에 있다.
- 각 칸은 고정된 기하학적 형태에 의하여 조직된다. 예컨대 직사각형
  일 때 각 칸을 둘러싸고 있는 칸의 수는 네 개가 되지만, 모서리를 가
  진 직사각형일 때에는 8개가 된다. 이때 이웃하는 칸은 그 크기와 모
  양이 모두 똑같다.
- 각 칸은 오로지 그것의 이웃에 있는 칸과 통신한다.
- 세포자동자는 보편 시계(universal clock)를 갖고 있다. 이 시계가 똑
  딱거릴 때마다 각 칸은 자신의 현재 상태와 이웃한 칸의 현재 상태에
  따라 새로운 상태로 바뀐다. 한 시간단계(time step)와 그 다음 시간단
  계 사이의 비연속적인 간격을 세대(generation)라고 한다. 시계가 똑

딱거릴 때마다 세대가 한 번씩 바뀌는 셈이다. 이때 각 세대마다 각 칸의 상태를 결정하는 것을 상태 변이규칙(state-transition rule)이라 한다. 변이규칙은 유한 자동자(칸)의 상태와 그것에 이웃한 칸의 상태가 주어지면, 그 유한 자동자가 다음 시간단계에서 갖게 될 상태를 명시해 준다. 따라서 시간 't+1'에서 유한 자동자의 상태는 시간 't'에서 그 자신의 상태와 이웃한 칸의 상태에 의하여 결정된다.

격자의 모든 유한 자동자는 동일한 변이규칙에 따르기 때문에 각 세대에서 동일한 순간에 모두 상태를 바꾸게 된다. 변이규칙은 예컨대 어느 칸의 이웃 칸 중에서 네 개 이상이 흰색이 되면 다음 시간단계에서 그 칸의 상태는 바뀌어야 된다는 식의 비교적 간단한 규칙이다. 따라서 우리가 만들 수 있는 규칙은 수없이 많다. 이와 같이 다양한 규칙이 가능하기 때문에 다양한 방법으로 전개되는 세포자동자를 얼마든지 만들어 낼 수 있다. 그러므로 세포자동자에서는 간단한 변이규칙에 의한 단순한 칸의 집단적인 활동으로 복잡하고 역동적인 패턴을 얼마든지 만들어 낼 수 있다.

자동자의 계산과 증식

폰 노이만은 세포자동자의 계산과 증식을 다음과 같이 설명한다. 세포자동자의 대부분의 칸은 초기에 불활성의 상태에 있다. 따라서 맨 먼저 다수의 칸들로 특정한 패턴을 만든다. 이렇게 함으로써 세포자동자의 입력이 부호화되는 것으로 전제하였다. 그런 다음에 보편 시계를 연속적으로 똑딱거리면서 세대를 바꾸어 주면 각 세대마다 단순한 변이규칙에 따라 각 칸의 상태는 변화를 거듭한다. 그리고 나중에는 복잡하고 동적인 아주 새로운 패턴을 출력해 낸다. 폰 노이만은 만일 어떤 문제에 대하여 세포자동자의 초기 형상(configuration)이 전개되어 그 문제에 대한 해(解)를 가진 형상을 만들게 된다면 세포자동자가 계산을 한 것으로 간주했다.

또한 폰 노이만은 세포자동자가 보편 구성자의 기능을 보유하고 있음을 발견했다. 맨 먼저 소수의 칸들로 특정한 패턴을 만들면 변이규칙에 의해서 중간에 있는 칸을 통하여 먼 데 있는 칸들과 통신을 한다. 따라서 소수의 칸의 초기 형상이 멀리 있는 칸의 초기 상태를 바꾸어서 어떤 문제의 해결에 필요한 패턴을 구성해 낼 수 있다. 이때 소수의 칸의 초기 형상이 보편 구성자인 것이다. 그리고 세포자동자가 보편 구성자 기능을 갖고 있으므로 자기증식을 할 수 있다는 것이 폰 노이만의 설명이다. 생명체의 본질적인 특성인 자기증식이 기계에 의하여 가능함을 수학적으로 처음 증명해 낸 것이다.

폰 노이만은 칸 하나가 29개의 상태를 갖는 세포자동자를 설계하여 계산을 수행할 뿐만 아니라 그 자신을 복제할 수 있는 자동자를 보여 주었다. 그러나 폰 노이만은 자기증식 자동자에 대한 그의 연구를 완성하기 전에 1957년 골수암으로 세상을 떠났다. 그가 남긴 원고는 에니악 설계에 참여한 수학자인 아더 버크스(1915~2008)가 완결하여 1966년 폰 노이만의 이름으로 『자기증식 자동자의 이론*Theory of Self-reproducing Automata*』을 출간하였다. 이 책에 소개된 세포자동자에 대한 폰 노이만의 증명은 무려 100쪽을 넘는다.

생명 게임

세포자동자 이론이 전 세계 과학자들의 이목을 끌게 된 것은 1970년 마틴

가드너(1914~)가 미국의 과학 월간지 〈사이언티픽 아메리칸Scientific American〉의 고정칼럼에 '생명(Life)'을 소개한 뒤부터였다. '생명'은 영국의 수학자인 존 콘웨이(1937~)가 1968년에 발명한 세포자동자이다. 네모난 칸으로 구성된 격자 모양의 판 위에서 혼자 하는 일종의 게임이다.

각 칸은 가장자리에 네 개, 모서리에 네 개를 합쳐 모두 8개의 이웃 칸을 갖고 있으며 오로지 두 개의 상태, 즉 삶과 죽음의 하나에 있다. 게임은 격자 모양의 판 위에 마구잡이로 셈돌(counter)을 놓으면서 시작된다. 한 개의 칸에는 한 개의 셈돌을 놓는다. 각 칸의 운명은 변이규칙에 따라 좌우된다. 셈돌이 놓인 칸은 살아 있고 비어 있는 칸은 죽은 칸으로 보면 된다. 콘웨이는 아주 간단한 세 개의 규칙으로 칸의 생존, 죽음, 탄생을 결정하였다.

이웃하고 있는 8개의 칸 중에서 셈돌이 있는 칸(살아 있는 칸)이 두 개 또는 세 개일 때에는 계속해서 살아남는다. 즉 다음 세대에서 그 칸의 상태는 바뀌지 않는다(생존의 규칙). 그 밖의 경우에는 모두 죽는다. 예컨대 이웃에 셈돌이 없거나 한 개뿐일 경우에는 그 셈돌은 외로움 때문에 죽는다. 네 개 또는 그 이상의 셈돌이 이웃에 있는 경우 역시 그 셈돌은 너무 초만원이므로 갑갑해서 죽게 된다. 즉 다음 세대에는 셈돌이 비어 있는 칸이 된다(죽음의 규칙). 죽은 칸은 만일 셈돌이 있는 칸이 정확하게 세 개가 그 이웃에 있게 되면 다시 살아날 수 있다. 즉 다음 세대에 빈 칸에 새로운 셈돌을 놓을 수 있다(탄생의 규칙).

이와 같이 칸의 운명이 오로지 이웃한 칸에 놓인 셈돌의 수효에 따라서 달라지기 때문에 한 세대에서 한 개의 칸의 상태를 결정하기 위해서는 8개의 이웃 칸에 놓여 있는 셈돌의 수효를 세지 않으면 안 된다. 변이규칙에 따라서 각 칸의 생존, 죽음, 탄생을 결정해 가면서 게임을 진행하는 도중에 안정된 집단을 가지는 주기적인 상태가 나타나게 되면 게임은 종료

[그림 7] 생명 게임

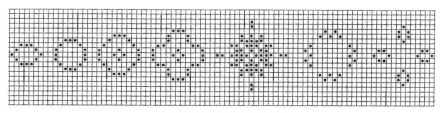

생명 게임이 보여 주는 꽃의 일생

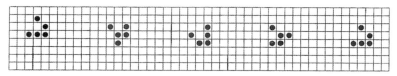

글라이더 세포자동자

된다.

　'생명' 게임이 진행되면서 [그림 7]처럼 매우 다양한 형태가 나타난다. 예컨대 한 송이 꽃의 생명이 순환하는 과정을 연상시키는 형태의 경우, 씨앗이 자라서 꽃이 피고 그러다가 시들어서 작은 씨앗을 남겨 놓고 죽는 과정을 보여 준다. 다섯 개의 칸으로 구성된 어떤 구조의 경우에는, 시종일관 그 형태를 유지하면서 마치 글라이더처럼 일정한 방향으로 움직였다. 이와 같이 단순한 규칙에 의하여 생명체처럼 복잡한 행동과 구조가 생성될 수 있음을 멋들어지게 보여 줌에 따라 세포자동자는 1970년대 초반에 젊은 컴퓨터 과학자들의 대화에 곧잘 등장하는 단골 상투어로 자리 잡게 되었다.

참고문헌 ────────

- *Brains, Machines, and Mathematics*(2nd edition), Michael Arbib, Springer-Verlag, 1987
- *Cellular Automata Machines*, Tommaso Toffoli, Norman Margolus, MIT Press, 1987
- *The Dreams of Reason*, Heinz Pagels, Simon&Schuster, 1988 / 『이성의 꿈』, 구현모 · 이호연 역, 범양사출판부, 1991
- *Artificial Life*, Christopher Langton, Addison-Wesley, 1989
- 『사람과 컴퓨터』, 이인식, 까치, 1992
- *The Garden in the Machine*, Claus Emmeche, Princeton University Press, 1994 / 『기계 속의 생명』, 오은아 역, 이제이북스, 2004

2 — 인공생명

인공생명의 탄생

세포자동자에 대한 관심은 1970년대 중반부터 시들해졌다. 컴퓨터 연구 인력이 대부분 실질적인 응용 분야 쪽으로 방향을 바꾸었기 때문이다. 따라서 1970년대 중반부터 1980년대 초반까지 컴퓨터를 이용한 생명체의 연구는 서로 격리된 채 고집스럽게 탐구를 계속해 온 극소수의 학자들에 의하여 그 명맥이 유지되었을 따름이다.

상황이 급변한 것은 1980년대 중반 이후이다. 생명체의 행동을 컴퓨터로 실현하기 위하여 여러 분야에서 산발적으로 진행되어 온 연구를 하나로 융합시킨 새로운 학문이 태동하였기 때문이다. 다름 아닌 인공생명(artificial life)이다. 인공생명이란 용어를 만들어 내고 1987년 9월에 이 학문의 탄생을 공식적으로 천명한 세미나를 주관한 장본인은 크리스토퍼 랭톤이다. 1948년 미국 태생인 랭톤은 1980년대 중반까지 과학기술계에 알

[그림 8] 자기증식 하는 고리

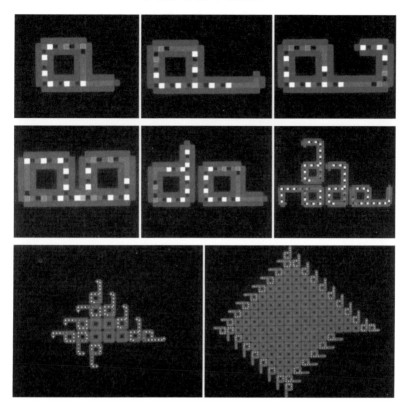

려지지 않은 무명인사였다.

랭톤은 단순한 논리적 규칙에 의해서 세포자동자가 보여 주는 행동, 즉 자기증식 기능을 이용하면 생명을 컴퓨터 안에서 인공적으로 합성해 낼 수 있을지도 모른다는 생각을 하고 생애를 건 연구에 몰두하였다. 그리고 시행착오를 거듭한 끝에 컴퓨터를 사용하여 〔그림 8〕처럼 자기증식 하는 고리를 만들어 냈다. 산호초처럼 생긴 이 고리는 큐(Q) 자 모양의 생명체가 증식을 거듭하여 생성된 수많은 Q 자가 서로 연결된 세포자동자이다.

폰 노이만이 생명체처럼 증식하는 기계의 설계 가능성을 이론적으로 증명했지만 그것을 컴퓨터 화면 위에서 처음으로 실현해 보인 사람은 랭톤이기 때문에, 폰 노이만이 인공생명의 아버지라면 랭톤은 그 산파역이라는 비유에 대부분 동의하고 있다.

랭톤에 따르면 인공생명은 '생명체의 특성을 나타내는 행동을 보여 주는 인공물의 연구'라고 정의된다. 말하자면 살아 있는 것 같은 행동을 보여 줄 수 있는 인공물의 개발을 겨냥하는 학문이다. 따라서 기계에게 생명을 불어넣는 방법의 연구가 가장 중요한 과제이다.

생명은 창발적 행동

생물학에서는 생명체를 하나의 생화학적 기계로 본다. 그러나 인공생명에서는 생명체를 단순한 기계가 여러 개 모여서 구성된 집합체로 간주한다. 가령 단백질이나 DNA 분자는 살아 있지 않지만 그들의 집합체인 유기체는 살아 있다. 따라서 인공생명에서는 생명을 이러한 구성요소의 상호작용에 의해서 복잡한 집합체로부터 출현하게 되는 현상이라고 설명한다. 다시 말해서 생명을, 생물체를 구성하는 물질 그 자체의 특성으로 보는 대신에 그 물질을 적절한 방식으로 조직했을 때 물질의 상호작용으로부터 창발하는 특성으로 전제하는 것이다. 요컨대 생명은 수많은 무생물 분자가 집합된 조직으로부터 솟아나는 창발적 행동이라는 의미이다.

창발적 행동은 인공생명의 기본이 되는 핵심 개념이다. 따라서 인공생명에서는 구성요소의 상호작용이 생명체의 행동을 보여 줄 수 있도록 구성요소를 조직할 수 있다면 그 기계가 생명을 갖게 될 것으로 기대하고 있다. 이를테면 구성분자를 적절한 방법으로 조직하여 완벽한 박테리아를 만들어 낼 수 있다면 그 인공 박테리아는 틀림없이 자연의 박테리아처럼 살아 있는 것 같은 행동을 보여 주게 될 것으로 믿고 있다.

그러므로 인공생명에서는 생명체를 구성하는 요소의 행동을 이해하는 일이 무엇보다 중요하다. 그러나 구성요소 사이의 상호작용이 본질적으로 비선형이기 때문에 선형계에서처럼 구성요소의 행동을 개별적으로 이해하는 것은 무의미하다. 따라서 인공생명에서는 구성요소를 조직하여 전체의 행동을 합성해 내는 방법을 채택하고 있다.

[표 2] 생물학과 인공생명의 비교

내용	생물학	인공생명
생명체의 개념	단일의 생화학적 기계	단순한 기계의 거대한 집단
생명의 기초	계층구조의 물질	역동적 과정의 형식
연구의 목적	구성요소의 기제	집합체의 행동
연구의 방법	분해(하향식)	합성(상향식)

출처: 이인식, 『사람과 컴퓨터』, 1992

여기서 인공생명과 생물학이 연구하는 접근방법이 〔표 2〕와 같이 정반대임을 알 수 있다. 생물학은 하향식이지만 인공생명은 상향식이다. 생물학은 개체, 기관, 조직, 세포의 순서로 계층을 내려가면서 구성물질을 분석한다. 그러나 인공생명은 비선형적으로 상호작용하는 구성요소를 적절한 방식으로 조직하면서 집합체의 행동을 합성한다. 말하자면 생물학은 환원주의에 의존하지만 인공생명은 전일주의에 입각하여 생명의 이해에 접근하는 셈이다.

유전 알고리즘

인공생명은 생물학과 컴퓨터 과학이 융합된 분야로서 연구 영역은 매우 광범위하며 접근방법 또한 매우 다양하다. 그러나 한 가지 공통점은 컴퓨터를 도구로 사용하여 생명의 창조를 시도하고 있다는 것이다.

주요한 관심 분야는 자기복제 프로그램, 진화하는 소프트웨어, 로봇공학의 세 가지로 간추릴 수 있다.

자기복제 프로그램의 대표적인 본보기는 컴퓨터 바이러스이다. 컴퓨터 사용자를 괴롭히는 골칫덩어리임에는 틀림없지만 컴퓨터 바이러스가 생명체의 주요한 특성을 대부분 충족시키고 있기 때문에 인공생명 연구에 유용하게 사용될 가능성이 높은 것으로 보고 있다. 생물학적 바이러스가 질병을 일으키지만 의약품 개발에 사용되는 것과 같은 맥락이라 할 수 있다.

생물처럼 진화하는 소프트웨어로는 미국의 존 홀란드(1929~)가 1975년 완성한 유전 알고리즘(genetic algorithm)이 있다. 홀란드는 진화의 두 가지 과정인 자연선택과 유성생식을 이용하여 문제 해결 능력을 가진 컴퓨터 프로그램을 개발한 것이다. 유전 알고리즘은 한마디로 유전자 재조합과 돌연변이에 의하여 생물이 진화되는 자연선택 원칙에 입각하여 만든 소프트웨어이다.

유전 알고리즘으로 작성된 소프트웨어는 게임 이론부터 복잡한 기계 설계에 이르기까지 그 실용성이 입증되었다. 인간을 쉽게 이기는 게임 전략, 천연가스의 배관 시스템을 경제적으로 제어하는 소프트웨어, 최소의 전송선로와 교환장치를 사용하여 최대의 데이터를 전송하는 통신망이 개발되었다. 그 밖에도 유전 알고리즘을 성공적으로 이용한 사례는 셀 수 없을 만큼 많다. 공기역학 자동차, 회전속도 조절 바퀴, 공장의 작업 시간표, 수업 시간표, 건축구조물 등등.

그러나 유전 알고리즘은 1980년대 후반에야 빛을 볼 만큼 오랫동안 과소평가되었다. 컴퓨터 이론의 시류를 벗어난 독특한 접근방법이기 때문에 백안시된 탓도 있지만, 미첼 월드롭이 화제의 저서인 『복잡성*Complexity*』(1992)에서 언급한 바와 같이 일체의 매명과 선전을 배격하고 연구에만 몰두한 홀란드의 고매한 인격 때문에 뒤늦게 각광을 받은 것으로 알려지고 있다.

유전 프로그래밍

컴퓨터가 스스로 자신의 프로그램을 짤 수 있다면 더 이상 소프트웨어 기술자가 필요 없게 될 것이다. 그러한 컴퓨터 프로그램이 언제 개발될 수 있을지 모르지만 전혀 가능성이 없는 것은 아니다. 그것은 진화를 이용하는 방법이다. 유전 알고리즘(GA)을 약간만 수정하면 컴퓨터 프로그램을 진화시킬 수 있기 때문이다. 이러한 알고리즘을 유전 프로그래밍(genetic programming)이라 한다.

유전 프로그래밍(GP)은 프로그램 명령어를 변경시키는 데 진화를 이용한다. 예컨대 '더하라', '저장하라' 따위의 명령어들을 진화시킨다. GP가 진화를 이용하여 적절한 명령어들을 함께 묶으면, 이 명령어들이 실행되어 컴퓨터로 하여금 목표했던 행동을 하도록 만들 수 있다.

유전 프로그래밍은 진화적 예술(evolutionary art)에서 성공적으로 활용되고 있다. 생물이 진화하는 과정을 프로그램에 응용하여 예술적인 작품을 내놓은 대표적인 인물은 영국의 조각가인 윌리엄 라탐(1961~)이다. 라탐은 뮤테이터(Mutator)를 개발했다. 뮤테이터의 본래 의미는 '돌연변이 유발 유전자', 즉 다른 유전자의 돌연변이 비율을 증가시키는 작용을 지닌 유전자이다. 라탐은 수정란이 세포분열을 거듭하여 성체가 되는 과정에서 영감을 얻고, 스스로 그림을 그리는 프로그램인 뮤테이터를 개발했다.

뮤테이터는 한 개의 간단한 그림으로 시작하여 대여섯 개의 딸그림을 생성한다. 딸그림은 어버이 그림과 약간씩 다르다. 딸그림의 변화는 아주 간단한 규칙을 적용한 결과이다. 여러 세대에 걸쳐 이러한 과정을 반복하면 첫 번째 그림과는 모양이 전혀 다른 자손그림들, 이를테면 로봇, 거미, 탱크, 벌레 따위를 닮은 그림이 나타난다. 요컨대 뮤테이터는 인간의 상상력을 뛰어넘는 기묘한 모양들을 스스로 그려 낼 수 있다.

라탐의 프로그램은 진화에 의한 변형을 통해 스스로 자신의 작업을 수행할 수 있다. 따라서 컴퓨터 프로그램의 예술적 창조능력, 곧 인공창의성(artificial creativity)에 대한 논쟁을 불러일으켰다.

뮤테이터의 작품

곤충로봇

인공생명의 접근방법에 의하여 가장 괄목할 만한 결과를 내놓은 분야는
로봇공학이다. 1954년 오스트레일리아 태생인 로드니 브룩스는 1984년
부터 미국 매사추세츠 공대에서 종래의 인공지능 기법과는 달리 인공생명
의 상향식 방법으로 이동로봇 개발에 전념하여 성과를 거두었다.

　방 안에서 이동하는 로봇을 인공지능 기술로 개발할 경우에는, 먼저 로
봇의 머리 안에 기호로 표상(表象)된 방의 지도를 기억시켜야 된다. 이 지
도가 없으면 로봇이 움직일 때마다 위치를 확인하여 그 다음 동작을 취할
수 없기 때문이다. 또한 로봇은 장애물에 대해 사전에 그것을 인식하여 충

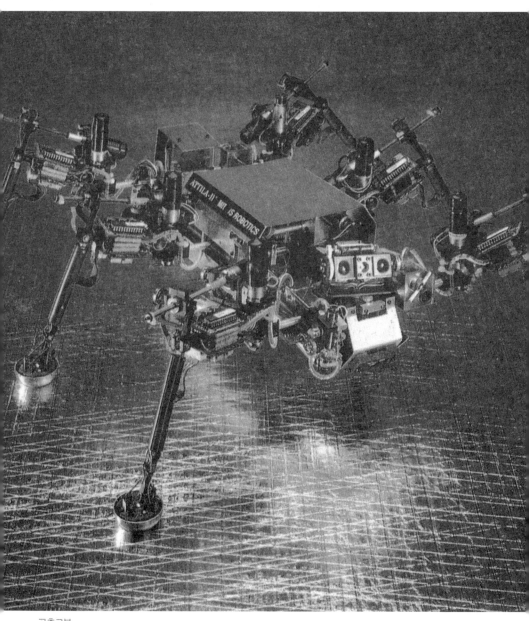

곤충로봇

돌을 피하는 방법까지 알고 있지 않으면 안 된다. 이러한 능력을 프로그램으로 만들어 주는 일은 여간 복잡한 과정이 아니다. 더욱이 방보다 훨씬 변화가 극심한 환경일수록 이동로봇의 머릿속에 그만큼 더 많은 지능을 부여해야 되기 때문에 인공지능 기법으로 개발하는 데는 본질적인 한계가 있다.

브룩스는 로봇의 머릿속에 방의 지도를 기억시킬 필요가 없는 새로운 설계기법을 찾아내기로 작심하고, 곤충이 현실세계의 복잡한 환경과 상호작용하면서 보여 주는 다양한 형태의 행동에 관심을 가졌다. 동물행동학(ethology)을 로봇공학에 접목시킨 것이다. 1973년 노벨상을 받은 오스트리아의 콘라드 로렌츠(1903~1989)에 의하여 1930년대부터 시작된 동물행동학에서는 곤충의 복잡한 행동이 나타나는 까닭을, 한 행동의 결과가 다음 행동을 차례대로 유발시키기 때문이라고 설명한다. 서로 다른 단순 행동이 상호작용한 결과로 복잡한 행동이 출현하는 것으로 보고 이를 창발적 행동이라 부른다. 요컨대 동물행동학의 기본 전제는 곤충의 창발적 행동이 의식적인 통제가 없는 상태에서 자율적으로 나타난다는 것이다.

브룩스는 미국의 저술가인 스티븐 레비(1951~)가 그의 저서 『인공생명 Artificial Life』(1992)에서 적절하게 표현한 것처럼 '방 안에서 걷지 못하는 천재보다는 곤충처럼 들판을 헤집고 다니는 천치'를 만들어 낼 계획이었다. 이른바 곤충로봇(insectoid)을 설계하는 접근방법으로 내놓은 브룩스의 아이디어는 로봇공학의 고정관념을 송두리째 뒤흔들어 놓았다. 그는 이동로봇의 다양한 행동을 계층으로 나눈 다음에 낮은 수준의 행동에서 출발하여 시시각각 변화되는 환경에 따라 더 높은 수준의 행동으로 옮겨갈 때 한 행동의 결과가 다른 행동을 유발하도록 설계하였다.

예컨대 곤충로봇은 먼저 주변 환경을 직접 확인하여 장애물이 없으면 앞으로 나아가지만 도중에 장애물이 나타나면 멈추게 된다. 곤충처럼 반사적인 행동을 하게 되는 것이다. 이와 같은 과정이 계속되면서 그 전 행동의 결과를 포섭(包攝)함으로써 그 다음 수준의 로봇 행동이 제어되므로 포섭구조(subsumption architecture)라고 명명하였다.

곤충 수준의 지능을 가진 로봇에 대해 그 쓰임새를 의심하는 사람들이 적지 않다. 그럼에도 불구하고 브룩스의 연구진들은 모기 크기의 로봇을 우주 탐사에 보낼 꿈을 꾸고 있다. 수백만 마리의 모기로봇이 협동하여 우주 탐사 임무를 성공적으로 수행할 수 있을 것으로 확신하고 있다. 모기로봇의 집단으로부터 지능이 창발할 것으로 기대하기 때문이다. 이러한 집단적 지능은 떼 지능(swarm intelligence)이라고 불린다. 떼 지능은 개미, 흰개미, 꿀벌 따위의 사회성 곤충에서 보편적으로 나타나는 현상이다.

참고문헌 ────────────

- *The Biology of Computer Life*, Geoff Simons, Birkhauser, 1985
- *Cellular Automata Machines*, Tommaso Toffoli, Norman Margolus, MIT Press, 1987
- *Artificial Life*, Christopher Langton, Addison-Wesley, 1989
- *Designing Autonomous Agents*, Pattie Maes, MIT Press, 1990
- 『사람과 컴퓨터』, 이인식, 까치, 1992
- *Artificial Life*, Steven Levy, Pantheon Books, 1992 / 『인공생명』, 김동광 역, 사민서각, 1995
- *Artificial Life: An Overview*, Christopher Langton, MIT Press, 1995
- *Artificial Life II*, Christopher Langton, Addison-Wesley, 1992
- *Artificial Life III*, Christopher Langton, Addison-Wesley, 1994
- *Artificial Life IV*, Rodney Brooks, Pattie Maes, MIT Press, 1994
- *The Garden in the Machine*, Claus Emmeche, Princeton University Press, 1994 / 『기계 속의 생명』, 오은아 역, 이제이북스, 2004
- *The Philosophy of Artificial Life*, Margaret Boden, Oxford University Press, 1996
- *Artificial Life V*, Christopher Langton, MIT Press, 1997
- *Artificial Life VI*, Christoph Adami, MIT Press, 1998
- *Swarm Intelligence*, Eric Bonabeau, Oxford University Press, 1999
- *Artificial Life VII*, Mark Bedau, MIT Press, 2000
- *Digital Biology*, Peter Bentley, Simon&Schuster, 2001 / 『디지털 생물학』, 김한영

역, 김영사, 2003
- *Flesh and Machines*, Rodney Brooks, Pantheon Books, 2002 / 『로봇 만들기』, 박우석 역, 바다출판사, 2005
- *Artificial Life VIII*, Russell Standish, MIT Press, 2003
- *Artificial Life IX*, Jordan Pollack, MIT Press, 2004
- *Artificial Life X*, Luis Mateus Rocha, MIT Press, 2006

TIP 생명의 과학적 탐구

에르빈 슈뢰딩거

생명의 본질은 아리스토텔레스 이후 많은 철학자들의 관심사였으나 오늘날 너무나 '과학적'인 주제로 여겨져 환영을 받지 못하고 있다. 한편 과학자들은 생명의 본질이 지나치게 '철학적'인 문제라고 생각하여 진지하게 접근할 엄두를 내지 못하고 있다. 과학자 중에서 생명의 본질에 체계적으로 접근한 선구적인 인물로는 물리학자인 에르빈 슈뢰딩거(1887~1961)와 수학자인 존 폰 노이만(1903~1957)을 꼽을 수 있다. 두 사람은 같은 시기에 다른 개념으로 생명 문제에 접근하여 오늘날까지 영향을 미치고 있다.

슈뢰딩거는 파동역학을 창시한 업적으로 1933년 노벨상을 받은 양자물리학자이다. 유전자(DNA)의 분자구조가 발견된 것보다 10년 앞선 1943년에 더블린의 트리니티 대학에 생물학 강좌를 개설하고 생명현상이 결국 물리학과 화학으로 설명될 수 있다고 주장했다. 그의 강의는 이듬해인 1944년 『생명이란 무엇인가*What is Life?*』라는 책으로 출판되었다. 그는 생명체의 두 가지 근본적인 기능인 복제와 신진대사에 대한 개념적 기초를 물리학에서 찾아냈다. 복제는 양자역학으로, 신진대사는 열역학으로 설명을 시도한 것이다. 그가 제기한 문제들은 훗날 분자생물학의 시대를 연 과학자들의 사고에 결정적인 영향을 미치게 된다.

생물학자들은 생명을 여러 각도에서 정리했으나 모두 불완전하고 약점을 지니고 있다. 1965년 노벨상을 받은 프랑스의 분자생물학자인 자크 모노(1910~1976)는 1971

년 발간 즉시 베스트셀러가 된 『우연과 필연Chance and Necessity』에서 생명의 특질로 △합목적성, △자율적 형태 발생, △복제 불변성 등 세 개의 특성을 제시했다. 모노는 생명이란 어떤 계획을 부여받은 물체(합목적성)로서 자기 자신을 만들어 내는 기계(자율적 형태 발생)이며 자기 자신의 정보를 복제하고 또 불변인 채로 전달하는 힘(불변적 복제)을 갖고 있다고 주장한다.

1973년 칠레의 생물학자인 움베르토 마투라나(1928~)는 그의 제자로서 저명한 생물학자이자 인지과학자인 프란시스코 바렐라(1946~2001)와 함께 생명의 기본으로 오토포이에시스(autopoiesis) 개념을 내놓았다. 그리스어에서 빌려 만든 이 용어는 자기형성을 뜻한다. 생물체는 신진대사를 통해 끊임없이 자기갱신을 하여 스스로의 조직을 유지하는 특성을 갖고 있다는 의미이다. 생물체의 자기조직화 능력의 다른 표현인 셈이다. 이 개념이 발표될 당시 대부분의 생물학자들은 생명체가 환경과 무관하게 존재한다고 생각했기 때문에 마투라나의 오토포이에시스는 크게 주목을 받지는 못했다.

DNA 분자구조를 발견한 프랜시스 크릭(1916~2004)은 『생명Life Itself』(1981)에서 △자기증식, △유전과 진화, △신진대사를 생명의 본질로 제시했으며, 진화생물학자인 에른스트 마이어(1904~2005)는 『생물학적 사고의 성장The Growth of Biological Thought』(1982)에서 △복잡하며 적응하는 조직, △거대분자의 화학적 집합, △양보다 질적인 현상, △유일한 단위의 다양한 집합체, △진화된 유전 프로그램, △공통혈통, △자연선택의 소산, △예측 불가능한 생물학적 과정 등 여덟 개를 생물과 무생물을 구분 짓는 특성으로 나열했다. 1992년 카오스 이론가인 제임스 도인 파머(1952~)는 △시공간에서의 패턴, △자기증식, △자기 표상의 정보저장, △신진대사, △환경과의 기능적 상호작용, △구성부분의 상호의존성, △혼돈에서 안정성 유지, △진화 능력 등 역시 여덟 가지를 생명의 특성으로 제시했다.

슈뢰딩거가 더블린에서 강의를 마치고 3년이 지난 뒤인 1948년, 폰 노이만은 프린스턴 대학에서 행한 연설에서 유기체처럼 자기증식 하는 자동장치(automata) 이론을 발표했다. 생물체가 자기증식 하는 과정이 생물체를 구성하는 물질로부터 분리될 수 있다고 주장한 것이다. 말하자면 생명현상의 핵심인 신진대사와 복제가 논리적으로 분리될 수 있다고 본 셈이다. 폰 노이만에 의해 신진대사를 할 수 없지만 복제를 할 수 있는 소프트웨어로 유기체를 만들 수 있는 가능성이 열리게 된 것이다. 그러나 폰 노이만의 아이디어는 1987년 인공생명(A-Life)이 새로운 학문으로 발족할 때까지 40년 가까이 생물학이나 컴퓨터 과학자들의 관심권 밖으로 크게 밀려나 있었다.

인공생명은 두 가지 측면에서 생명의 개념에 새로운 시각을 제공한다. 하나는 유기체에 대한 정의이다. 생물학에서는 유기체의 구성물질을 탄소로 전제하지만 인공생명은 컴퓨터, 즉 실리콘으로 만들어지기 때문이다. 다른 하나는 생명에 대한 접근방법이다. 생물학은 개체, 기관, 조직, 세포의 순서로 계층을 내려가면서 구성물질을 분석하는 하향식인 반면에, 인공생명은 비선형적으로 상호작용하는 구성요소를 적절한 방식으로 조직하면서 집합체의 행동을 합성하는 상향식이다. 말하자면 생물학은 환원주의에 의존하지만 인공생명은 전일주의에 입각하여 생명의 이해에 접근하는 셈이다. 이러한 맥락에서 인공생명은 복잡성 과학의 범주에 포함된다.

복잡성 과학에서는 생명을 자기조직화의 산물로 간주한다. 미국 산타페 연구소 쪽의 스튜어트 카우프만(1939~), 벨기에 브뤼셀의 일리야 프리고진(1917~2003)은 특유의 논리로 생명의 본질을 정의하였다.

△ *What Is Life?*, Erwin Schrödinger, Cambridge University Press, 1944 / 『생명이란 무엇인가』, 서인석 · 황상익 역, 한울, 1992

△ *Chance and Necessity*, Jacques Monod, Knopf, 1971 / 『우연과 필연』, 김진욱 역, 범우사, 1985

△ *Autopoiesis: The Organization of the Living*, Humberto Maturana, Francisco Varela, Reidel, 1973

△ *Life Itself: Its Origin and Nature*, Francis Crick, Simon&Schuster, 1981

△ *The Growth of Biological Thought*, Ernst Mayr, Harvard University Press, 1982

△ *Infinite in All Directions*, Freeman Dyson, Harper&Row, 1988 / 『무한한 다양성을 위하여』, 신중섭 역, 범양사출판부, 1991

△ "Artificial Life: the Coming Evolution", James Doyne Farmer, *Artificial Life II*, Addison-Wesley, 1992

△ *The Garden in the Machine*, Claus Emmeche, Princeton University Press, 1994

△ *What Is Life?*, Lynn Margulis, Dorion Sagan, Simon&Schuster, 1995 / 『생명이란 무엇인가』, 황현숙 역, 지호, 1999

△ *What Is Life? The Next Fifty Years: Speculations on the Future of Biology*, Michael Murphy, Cambridge University Press, 1995 / 『생명이란 무엇인가 그 후 50년』, 이상헌 · 이한음 역, 지호, 2003

△ "The Nature of Life", Mark Bedau, *The Philosophy of Artificial Life*, Oxford University Press, 1996

4장

창발지능

1—집단지능

대중의 지혜

용모가 출중하고 다재다능한 영국 신사 프랜시스 골턴(1822~1911)은 1865년 발표한 논문에서 교배기술로 동식물의 품종을 개량하는 것처럼 우수한 인종을 만들어 낼 수 있다고 제안했다. 1883년 골턴은 그의 생각을 추종하는 학문을 우생학(eugenics)이라 명명했다.

1907년 85세가 되었지만 지적 호기심을 주체 못한 골턴은 시골로 여행을 가던 도중에 우연히 소의 무게를 말하는 사람에게 상금을 주는 품평회장에 들렀다. 내기에 참가한 800명은 대부분 소에 관한 지식이 전혀 없는 사람들이었다. 골턴은 대중의 어리석음을 입증하고 싶어 참가자들이 써 낸 추정치의 평균값을 뽑아 보았다. 소 무게의 평균값은 1,197파운드로 나왔다. 내기 참가자들이 소를 잘 모르기 때문에 실제 무게와 크게 다를 것이라고 생각한 골턴은 경악하지 않을 수 없었다. 소의 무게는 측정 결과 1,198파운드로 나타났기 때문이다. 그해 3월 〈네이처〉에 「여론 vox populi」이라는 제목으로 발표한 논문에서 골턴은 군중의 판단이 완벽했음을 인정하면서, 선거에서도 유권자들이 올바른 판단을 내릴 것이므로 "민주주의도 생각한 것보다 신뢰할 만한 구석이 있다."고 썼다.

골턴의 사례는 어떤 상황에서 집단 구성원이 특별히 박식하거나 합리적이지 않더라도 집단 전체가 올바른 결정을 내릴 수 있음을 보여 주었다. 미국의 경영 칼럼니스트인 제임스 서로위키(1967~)는 이러한 집단의 지적 능력, 곧 집단지능(collective intelligence)을 '대중의 지혜(wisdom-of-crowds)'라고 명명하고, 2004년 펴낸 같은 제목의 저서에서 군중의 어리석음과 광기를 경멸하는 견해에 도전하는 논리를 펼쳤다.

집단을 비하한 발언은 이루 헤아릴 수 없이 많다. 영국 역사학자인 토머스 칼라일(1795~1881)은 "나는 개인이 모르는 것을 집단이 알 것이라고는 믿지 않는다."고 말했다. 독일 철학자인 프리드리히 니체(1844~1900)는 "광기 어린 개인은 드물지만 집단에는 그런 분위기가 항상 존재한다."고 단정했다. 집단을 경멸하는 시각을 대표하는 저서는 1895년 프랑스 사회학자인 구스타프 르봉(1841~1931)이 펴낸 『대중 *The Crowd: A Study of the Popular Mind*』이다. 르봉은 집단을 혐오했으므로 "집단 내에 쌓여 가는 것은 재치가 아니라 어리석음이다. 집단은 높은 지능이 필요한 행동을 할 수 없으며, 소수 엘리트보다 언제나 지적으로 열등하다."고 비웃었다.

서로위키는 그의 저서에서 대중의 지혜 효과가 나타나는 여러 사례를 소개했다. 주식시장이 큰 탈 없이 작동하다가 가끔 엉망이 되고, 새벽에 동네 편의점에 가서 항상 우유를 살 수 있는 까닭도 대중의 지혜가 작동하기 때문이라고 주장했다. 요컨대 전문가 말만 듣지 말고 대중에게 답을 물어보는 것이 현명하다는 결론을 내리고 있다.

네트워크 군대

벌써 몇 년째 수만 명이 순식간에 길거리로 몰려나오는 군중집회가 한국 사회의 분위기를 이끌고 있다.

2002년 여름에는 축구대표팀을 응원하는 붉은악마들이, 가을에는 미군 장갑차 사고로 숨진 여중생들을 추모하는 인파가 거리를 가득 메웠다. 2004년 봄 전국 곳곳에서 연인원 150만 명 이상이 거리에 나와 대통령 탄핵을 반대하는 촛불을 밝혔다. 2005년 봄에는 고등학생들까지 서울 광화문에 모여서 정부의 교육 정책에 항의하는 촛불 집회를 가졌다. 2008년 5월부터 두 달 가까이 가정주부와 초등학생까지 포함된 시민들이 서울 도심을 누비면서 미국 쇠고기 수입을 반대하는 촛불 시위를 줄기차게 펼쳤다.

이러한 군중집회의 성격을 규정하는 개념은 보는 각도에 따라 다양하겠지만 적어도 참가자의 상당수가 영리한 군중(smart mob)이라는 사실에는 대부분 동의할 것이다. 영리한 군중은 '휴대전화와 인터넷으로 무장한 새로운 형태의 군중'을 뜻한다. 인터넷을 통해 연결된 집단이므로 네트워크 군대(network army)라고도 부른다. 영리한 군중은 2002년 미국의 과학저술가인 하워드 라인골드(1947~)가 자신의 저서 제목에 처음 사용한 말이다. 라인골드는 2002년 한국의 신세대들이 인터넷과 이동통신 기술을 사용해 노무현 대통령의 당선에 결정적 기여를 했다고 주장했다.

영리한 군중은 한국의 대선에 앞서 필리핀에서 정치적 영향력을 발휘한 적이 있다. 2001년 1월 필리핀의 에스트라다 대통령이 네트워크 군대 앞

미국 쇠고기 수입을 반대하는 촛불 시위(2008년 5월 서울)

에 무릎을 꿇었기 때문이다. 당시 필리핀 젊은이들 사이에서는 이동전화로 짧은 문자 메시지를 교환하는 행위가 생활의 일부가 되었다. 2001년까지 총인구 7,000만 명 중에서 500만 명의 필리핀 사람들이 휴대전화를 소유하고 있었으며, 날마다 7,000만 개의 문자 메시지를 주고받았다.

　2001년 에스트라다 대통령의 탄핵 심판을 그와 가까운 상원의원들이 갑자기 종결시키자 '피플 파워'가 발동했다. 야당 지도자들은 문자 메시지를 발송했고, 탄핵 소송 절차가 갑작스럽게 중단된 지 75분 만에 2만 명이, 1986년 마르코스를 권좌에서 몰아낸 시위가 발생했던 바로 그 자리에 모여들었다. 나흘에 걸쳐 100만 명 이상의 마닐라 시민들이 문자 메시지의 파도에 휩쓸려 밀물처럼 몰려오자 결국 에스트라다는 실각했다. 그는 엄지손가락으로 휴대전화의 문자를 눌러 대는 사람들, 곧 엄지족(thumb tribe)에게 권력을 잃은 역사상 최초의 국가수반이 되었다. 총 한 발 쏘지 않고 엄지손가락에서 나온 문자 메시지만으로 권력자를 몰아낸 것은 네트워크 군대의 역사에서 기념비가 될 만한 사건이다. 물론 그것이 유일한 성과는 아니지만.

1999년 11월 시애틀에서 열린 세계무역기구(WTO) 회의에 항의하는 시위가 벌어졌다. 시위대는 농민, 노동조합, 환경운동가, 무정부주의자 등 특정 목적을 가진 소규모 집단으로 구성되었다. 이들은 공식적인 지도자나 조직도 없었으며, 장기적인 전략도 없었다. 하지만 이들은 WTO 회의를 세계적 화제로 만드는 데 성공했다. 이 시위 이전에는 WTO에 대한 사회적 관심이 전무한 상태였기 때문에 시위대들은 '시애틀 전투'에서 승리를 거둔 것으로 평가된다. 물론 그들이 승리를 쟁취할 수 있었던 것은 휴대전화, 라디오, 휴대용 컴퓨터로 급조한 통신 네트워크 덕분이었다.

미국의 과학저술가인 스티븐 존슨(1968~)은 2001년 펴낸 저서 『창발 Emergence』에서 WTO 반대 운동만큼 자기조직화 원리와 창발성이 정치 분야에 적용된 사례는 없다고 분석했다.

시애틀에서 마닐라에 이르는 시위나 서울의 미국 쇠고기 반대 촛불 시위에 참여한 영리한 군중은 특정한 쟁점에 대해 관심을 공유하고 있지만 자발적으로 모인 공동체이므로 공식적인 지휘체계가 있을 리 만무하다. 그럼에도 불구하고 영리한 군중이 소기의 성과를 거둘 수 있었던 까닭은 마치 흰개미와 같은 사회적 곤충처럼 행동했기 때문이다.

사회적 곤충 집단의 행동은 상향식이다. 상향식은 부분(아래)의 행동이 전체(위)를 결정한다. 영리한 군중 역시 전적으로 상향식으로 행동한다. 네트워크 군대의 상향식 체제에서 창발하는 집단적인 힘은 시애틀, 마닐라, 서울에서 여러 차례 그 파괴력이 입증되었다.

그러나 모든 영리한 군중이 반드시 현명한 군중은 아니라는 사실을 잊어서는 안 될 것 같다. 미국 심리학자인 어빙 제니스(1918~1990)에 따르면, 동질적인 집단, 특히 소규모 집단은 집단사고(groupthink)라고 불리는 현상의 덫에 걸려들기 쉽기 때문이다. 동질성이 강한 군중일수록 응집력이 높아 외부 의견을 배척하고 자기 집단의 판단을 맹신하게 되므로 의사 결정에 실패하여 집단사고의 희생양이 되기 쉽다. 만약 영리한 군중의 대다수가 집단사고에 빠져 정치 사회적 문제를 제대로 판단하지 못한 채 행동에 들어간다면 그야말로 민주주의는 공허한 것이 되고 말 것임에 틀림없다. 어쨌거나 네트워크 군대의 엄지손가락에서 권력이 나오는 세상이 된 것을 싫든 좋든 받아들여야 될 것 같다.

참고문헌

- *Groupthink*, Irving Janis, Houghton Mifflin, 1982
- *Global Brain*, Howard Bloom, Wiley, 2000 / 『집단 정신의 진화』, 양은주 역, 파스칼북스, 2003
- *Emergence*, Steven Johnson, Scribner, 2001 / 『이머전스』, 김한영 역, 김영사, 2004
- *Smart Mobs: the Next Social Revolution*, Howard Rheingold, Basic Books, 2002 / 『참여군중』, 이운경 역, 황금가지, 2003
- *The Wisdom of Crowds*, James Surowiecki, Doubleday, 2004 / 『대중의 지혜』, 홍대운 · 이창근 역, 랜덤하우스, 2005

TIP 집단심리학

2004년 4월 이라크에 주둔 중인 미군 병사가 바그다드 근처 감옥에서 이라크 포로들을 짐승처럼 학대하는 동영상이 폭로되어 온 세계가 경악했다. 그를 정신이상자로 보는 사람들이 적지 않았지만 미국 스탠퍼드 대학의 심리학자인 필립 짐바르도(1933~)는 그를 면접하고 나서, "그는 좋은 남편이자 아버지였으며 부지런 하고 애국심과 신앙심이 깊고 친구들도 많은 지극히 평범한 미국 시민이었다."고 증 언했다.

이 사건은 극단적인 경우이지만 개인이 특수한 환경에서 전혀 다른 사람으로 돌변 하는 사례를 자주 목격할 수 있다. 가령 축구장에서 응원을 하거나 촛불 시위에 참 여한 군중들은 때때로 여느 때와 달리 거칠게 행동한다. 집단심리가 그들을 그렇게 만드는 것이다. 요컨대 개인심리학 못지않게 집단심리학으로 접근하지 않으면 그 들의 행동을 이해할 수 없다.

집단심리학(group psychology)에서 가장 유명한 연구 성과는 1971년 짐바르도가 스 탠퍼드 대학에서 실시한 교도소 실험이다. 그는 대학생을 죄수와 간수로 나누어 교

스탠퍼드 교도소 실험에서 간수들은 죄수들을 괴롭혔다.
(독일 영화 〈실험Das Experiment〉[2001]의 한 장면)

도소 실험을 했다. 누가 죄수가 되고 간수가 될지는 동전을 던져 무작위로 결정했다. 죄수가 된 학생들은 건물 지하에 임시로 만들어진 감방으로 들어갔다. 실험은 2주 동안 진행될 예정이었다. 그러나 6일째 되는 날 실험을 중단하지 않으면 안 되었다. 임시교도소에서 폭동이 일어났기 때문이다. 죄수 학생들은 감방의 물건을 모조리 내동댕이쳤고, 잠긴 문 저쪽의 간수 학생들이 어떤 진압작전을 펼칠지 불안해했다. 이윽고 간수들은 소화기를 분사하며 죄수들을 제압했다. 간수들은 죄수들에게 보복하기 시작했다. 굴욕적인 노동을 시키고 정신적인 고문을 가한 것이다.

스탠퍼드 교도소 실험에 참여한 사람들은 모두 충격을 받았다. 간수 역할을 맡은 학생들은 죄수들에게 증오심을 갖고 야만적으로 대했던 사실이 믿기지 않았다. 죄수 역할을 맡은 학생들은 실험 도중에 찾아온 신부더러 부모에게 감금 사실을 알려 보석금으로 빼내 줄 것을 부탁했던 일을 떠올리며 경악했다.

짐바르도는 평범한 학생들로 구성된 간수 집단이 6일 만에 빠른 속도로 폭력적인 행동을 나타내는 것을 보고 두 가지 결론을 얻었다. 첫째, 개인이 집단의 익명성 뒤로 숨을 때는 자제력을 잃고 도덕적 판단 능력을 상실하기 때문에 집단이란 본질적으로 위험한 것이다. 둘째, 개인이 집단에 들어가서 힘을 갖게 되면 야생동물처럼 난폭해지고 멋대로 군다.

짐바르도의 결론은 집단을 경멸하는 전통적인 견해를 재확인한 셈이었다. 스탠퍼드의 교도소 실험 이후 심리학자들은 집단이 오로지 반사회적 행동만을 일삼는다는 결론에 의문을 제기하고, 집단이 자주 폭력에 저항하고 사회에 유익한 행동을 한다는 측면에 주목했다. 그러한 접근방법의 하나로 1979년 사회심리학자인 영국의 헨리 타지펠(1919~1982)과 오스트레일리아의 존 터너는 사회적 정체성 이론(social identity theory)을 발표하였다. 이 이론은 개인들이 가령 "우리 모두는 미국인이다." 또는 "우리는 모두 기독교신자"라고 말할 때처럼 특정 집단의 정체성을 공유한다고 느낄 때, 서로를 믿고 신뢰하며 힘을 합치고 집단의 우두머리를 기꺼이 따른다고 설명했다.

집단 안에서 정체성을 함께 확인한 사람들은 두 가지 사회적 특징을 나타냈다. 첫째, 그들은 판단 능력을 상실하지 않았으며 개인적 소신보다 집단의 공통 이해를 위해 결정을 내렸다. 반란처럼 가장 극단적인 집단행동에서조차 구성원들은 집단의 가치체계에 따라 행동했다. 둘째, 개인들은 그들이 속한 집단의 규범을 준수했다. 예컨대 일터에서는 종업원으로, 교회에서는 신자로, 축구장에서는 응원단으로서 그 집단의 규범과 가치체계에 맞게 반응을 나타냈다.

2001년 영국의 BBC에서 텔레비전으로 교도소 실험을 보여 주었는데, 스탠퍼드의 실험과는 다른 결과가 나왔다. 죄수들은 정체성을 공유한 집단의 전형을 보여 주었다. 그들은 서로 상대가 시키는 대로 협조하며 상황을 개선시키려고 노력했다.

심리학자들은 두 교도소 실험의 결과를 통해 한 가지 기본적인 사항에 의견을 같이했다. 보통 사람들이 집단 속에 흡수되면 누구나 상황에 따라 선행을 하기도 하고 악행을 하기도 한다는 것이었다. 그러한 행동의 선택은 그들 자신의 판단에 따른다는 것이다.

2007년 3월 하순 짐바르도는 이라크 포로들을 학대한 미군 병사를 연구한 결과를 정리하여 『루시퍼 효과*The Lucifer Effect*』를 펴냈다. 책의 부제는 '선량한 사람이 악인으로 바뀌는 과정의 이해'이다. 그는 이 저서에서 집단심리의 긍정적인 측면으로 관심을 확대했다. 이를테면 영웅을 만드는 요인을 분석하고, 우리가 집단의 영향하에 악행을 일삼는 보편적 성향 못지않게 패거리의 압력에 저항해서 올바른 일을 하는 보편적 능력을 갖고 있다는 사실을 밝혀낸 것이다.

짐바르도는 "영웅들에게 특별한 게 있는 것이 아니다. 그들은 그 순간 그런 행동을 선택했을 뿐이다."고 말한다. 누구나 흉악범이 될 수도 있고 영웅이 될 수도 있다는 것이다. 그 좋은 예가 이라크 바그다드의 감옥에서 포로들을 짐승처럼 학대한 동료의 만행을 폭로해 유명해진 미군 병사이다. 그는 위험을 불사하고 영웅적인 행동을 감행했지만 지극히 평범한 사람이었다. 그는 옛 전우들의 보복이 두려워 숨어 사는 것으로 알려졌다.

△ *Identity in Modern Society*, Bernd Simon, Blackwell, 2003
△ *The Wisdom of Crowds*, James Surowiecki, Doubleday, 2004 / 『대중의 지혜』, 홍대운·이창근 역, 랜덤하우스, 2005
△ *The Lucifer Effect: Understanding How Good People Turn Evil*, Philip Zimbardo, Random House, 2007 / 『루시퍼 이펙트』, 이충호 역, 웅진지식하우스, 2007

초유기체의 집단지능

흰개미는 역할에 따라 여왕개미, 수개미, 병정개미, 일개미로 발육하여 수만 마리씩 큰 집단을 이루고 살면서 질서 있는 사회를 형성한다. 흰개미는 흙이나 나무를 침으로 뭉쳐서 집을 짓는다. 아프리카 초원에 사는 버섯흰개미는 높이가 4미터나 되는 탑 모양의 둥지를 만들 정도이다. 이 집에는 온도를 조절하는 정교한 냉난방 장치가 있으며, 애벌레에게 먹일 버섯을 기르는 방까지 갖추고 있다.

개개의 개미는 집을 지을 만한 지능이 없다. 그럼에도 흰개미 집합체는 역할이 상이한 개미들의 상호작용을 통해 거대한 탑을 지었다. 1928년 곤충학자인 윌리엄 휠러(1865~1937)는 개개의 흰개미가 가진 것의 총화를 훨씬 뛰어넘는 지능과 적응 능력을 보여 준 흰개미의 집단을 지칭하기 위하여 초유기체(superorganism)라는 용어를 만들었다. 흰개미의 집합체를 하나의 거대한 유기체와 대등하다고 생각했기 때문이다.

초유기체는 구성요소가 개별적으로 갖지 못한 특성이나 행동을 보여 준다. 하위수준(구성요소)에는 없는 특성이나 행동이 상위수준(전체 구조)에서 자발적으로 돌연히 출현하는 현상은 다름 아닌 창발이다. 창발은 초유기체의 본질을 정의하는 개념이다.

특히 개미, 흰개미, 꿀벌, 장수말벌 따위의 사회성 곤충이 집단행동을 할 때 창발하는 집단지능을 일러 떼 지능(swarm intelligence)이라 한다. 떼 지능은 개미, 새, 물고기, 박테리아 등의 집단에서 나타나는 자연적인 것도 있지만 로봇의 무리에서 출현하는 인공적인 것도 있다. 떼 지능의 원리를 로봇에 적용한 것은 떼 로봇공학(swarm robotics)이라 불린다.

떼 지능 소프트웨어

떼 지능은 다양한 문제를 해결하는 소프트웨어 개발에 응용되고 있다. 떼 지능을 본떠 만든 대표적인 소프트웨어는 개미 떼가 먹이를 사냥하기 위해 이동하는 모습을 응용한 것이다. 먼저 개미 한 마리가 먹이를 발견하면 동료들에게 알리기 위해 집으로 돌아가는데 이때 땅 위에 행적을 남긴다. 지나가는 길에 페로몬을 뿌리는 것이다. 요컨대 개미는 냄새로 길을 찾아 먹이와 보금자리 사이를 오간다.

개미가 냄새를 추적하는 행동을 본떠 만든 소프트웨어는 살아 있는 개미가 먹이와 보금자리 사이의 최단 경로를 찾아가는 것처럼 길을 추적하는 능력이 뛰어나다. 이러한 소프트웨어는 일종의 인공개미인 셈이다.

인공개미 떼의 궤적 추적 능력은 전화회사의 설계기술자들을 흥분시킨다. 통화량이 폭주하는 통신망에서 최단 경로를 찾아내는 인공개미를 활용할 수 있다면 통화를 경제적으로 연결해 줄 수 있기 때문이다. 다시 말해서 인공개미가 교통 체증을 정리하는 경찰관처럼 통화 체증을 해소해 줄 수 있을 것으로 기대된다.

개미 떼는 보금자리로 운반해야 할 먹이가 무거우면 여러 마리가 서로 힘을 합쳐 함께 옮긴다. 이러한 떼 지능을 본떠서 여러 대의 로봇이 협동해 일을 처리하도록 하는 소프트웨어가 개발되고 있다.

또한 개미 떼는 죽은 동료들을 한쪽으로 모아 두며 유충을 구분할 줄 안다. 이러한 떼 지능은 은행에서 고객의 자료를 분석하는 소프트웨어를 개발하는 데 활용될 수 있다.

꿀벌사회는 분업체제를 갖추고 있다. 꿀벌 떼가 일을 분담하는 방법을 흉내 내서 생산공장의 조립 공정을 효율적으로 운영하는 소프트웨어가 연구된다.

이와 같이 떼 지능의 응용 분야는 다양하고 광범위하지만 떼 지능을 활용한 소프트웨어 개발이 순조로운 것만은 아니다. 무엇보다도 사회성 곤충의 행동에 대해 밝혀지지 않은 부분이 적지 않아 컴퓨터 과학자들은 많은 어려움을 겪고 있다.

어쨌거나 떼 지능 연구를 우려하는 목소리도 만만치 않은 실정이다. 인공개미에게 많은 일을 맡겼을 경우 사람의 힘으로 제어할 수 없는 상황이 발생하지 말란 법이 없다는 것이다.

가령 개미 떼에게 통신망의 관리를 일임하고 나면 어느 누구도 네트워크의 운영상황을 정확하게 파악할 수 없다. 또한 다른 전화회사의 네트워크에 침입해 제멋대로 날뛰는 개미들이 출현하더라도 속수무책일 것이다.

게다가 인공개미 떼가 전화 네트워크를 파괴하는 괴물로 둔갑하는 불상사가 생긴다면 어떻게 할 것인가.

떼 지능은 로봇제어에 크게 도움이 될 것으로 예상된다. 전쟁터를 누비는 무인지상차량이나 혈관 속에서 암세포와 싸우는 나노로봇 집단을 제어할 때 떼 지능이 활용될 전망이다. 로봇공학 전문가인 로드니 브룩스 역시 수백만 마리의 모기로봇이 민들레 꽃씨처럼 바람에 실려 달이나 화성에 착륙한 뒤에 메뚜기처럼 뜀박질하며 여기저기로 퍼져 나갈 때 모기로봇 집단에서 떼 지능이 창발할 것이므로 우주 탐사 임무를 성공적으로 수행할 수 있을 것으로 확신하고 있다.

참고문헌
- *Swarm Intelligence*, Eric Bonabeau, Oxford University Press, 1999
- *Swarm Intelligence*, James Kennedy, Morgan Kaufmann Series, 2001
- *Fundamentals of Computational Swarm Intelligence*, Andries Engelbrecht, Wiley&Sons, 2006
- *Swarm Creativity*, Peter Gloor, Oxford University Press, 2006
- *Swarm Intelligence*, Christian Blum, Springer, 2008

5부

21세기의 기술 융합

정보기술

1 ― 디지털 기술과 정보사회

유비쿼터스 컴퓨팅

부엌으로 가서 큰 소리로 무얼 먹으면 좋을지 컴퓨터에게 묻는다. 부엌의 컴퓨터는 지난 몇 주 동안의 기록을 바탕으로 당신이 좋아하는 몇몇 식품의 재고를 알아본 뒤 서너 종류의 요리를 제안한다. 가령 삼계탕을 주문하면 요리 소프트웨어는 재료를 골라 음식을 만든다. 그동안 당신은 비디오 메시지가 들어왔는지 큰 소리로 알아본다. 곧 거실 저쪽 벽에 스크린이 나타난다. 메시지를 살피는 동안 부엌에서는 음식이 다 되었다는 신호가 온다.

　21세기에 우리가 향유하게 될 일상생활의 단면을 보여 주는 가상 시나리오의 한 대목이다.

'유비쿼터스' 란 물이나 공기처럼 시간과 공간을 초월해
'언제 어디에나 존재한다' 는 뜻이다.

컴퓨터를 부엌이나 벽 속처럼 우리 주변의 곳곳에 설치하는 기술은 말 그대로 컴퓨터가 어디에나 퍼져 있다는 뜻에서 유비쿼터스 컴퓨팅(ubiquitous computing)이라고 한다. 영어를 줄여 유비컴이라 불러도 무방할 성싶다.

1988년 미국의 컴퓨터 과학자인 마크 와이저(1952~1999)가 처음 사용한 용어인 유비쿼터스 컴퓨팅은 한마디로 컴퓨터를 눈앞에서 사라지게 하는 기술이다. 실로 천을 짜듯 컴퓨터가 일상생활에 파고들기 때문에 사람들은 컴퓨터를 더 이상 컴퓨터로 생각하지 않게 되는 것이다. 요컨대 유비쿼터스 컴퓨팅 시대에는 컴퓨터가 도처에 존재하면서 동시에 보이지 않게 된다. 따라서 우리가 특별한 전문지식이 없더라도 컴퓨터를 자유자재로 사용하도록 하는 기술이 유비쿼터스 컴퓨팅의 궁극적인 목표이다.

유비컴에 필요한 기술은 작은 컴퓨터, 다양한 응용 소프트웨어, 컴퓨터를 연결하는 네트워크 등 세 가지이다. 가장 중요한 요소는 신발, 안경, 손목시계, 옷감 등 필수품을 비롯해서 커피잔이나 돼지고기 조각에까지 장착이 가능할 정도로 작은 컴퓨터이다. 21세기 초반에 물건에 다는 태그(꼬리표)처럼 생긴 컴퓨터가 개발될 전망이다.

유비컴이 실현되면 주변의 모든 물건이 지능을 갖게 된다. 영리한 물건들은 스스로 생각하고 사람의 도움 없이 임무를 수행한다. 이를테면 돼지고기에 숨겨 둔 컴퓨터 태그는 오븐 안에서 스스로 온도를 조절해 고기가 알맞게 익도록 한다. 피하주사 바늘은 환자 손목에 달린 태그로부터 신원을 확인하여 알레르기가 있다면 바늘 끝을 붉게 물들여 의사에게 알린다.

유비컴의 세계에서는 지능을 가진 물건과 사람 사이의 정보 교환이 무엇보다 중요하다. 대화를 하려면 물건에 내장된 컴퓨터는 사람의 말을 이해해야 하며 사람은 컴퓨터가 내장된 옷을 입는다. 입는 컴퓨터가 필요한 것이다.

사람이 착용한 시계, 허리띠 장식, 운동화 따위에 내장된 컴퓨터들은 주변 환경에 설치된 컴퓨터와는 무선으로 통신하고 자기들끼리는 인체에 형성되는 네트워크인 보디넷(bodynet)을 통해 통신한다.

보디넷의 전원은 신발 뒤축에 넣는 발전기로 해결하거나 사람이 걸을 때 몸에서 발생하는 에너지로 충당한다. 두 사람이 악수하면 한 사람의 몸에서 보디넷을 통해 다른 사람의 손으로 정보가 건네지므로 서로 간에 직장, 사무실 전화번호, 취미 따위를 즉시 교환할 수 있다.

출장 중에 회사 자료가 필요하면 보디넷을 가동하여 회사 컴퓨터와 무선으로 연결한다. 손목시계를 만지작거리면서 혼자 중얼거리는 회사원들을 길거리에서 보더라도 이상하게 생각할 필요는 없다. 유비컴 시대의 보편적인 현상일 테니까.

유비컴 기술의 최대 골칫거리는 사생활 보호 문제. 가령 당신이 이른 새벽 컴퓨터에게 커피 두 잔을 주문하면 컴퓨터는 밤을 함께 보낸 손님이 있음을 눈치 채고 집 앞에 주차된 자동차 번호로 손님의 신분을 파악한다. 만일 당신이 기혼자이고 손님이 묘령의 아가씨라면 당신은 컴퓨터가 알고 있는 정보를 비밀로 하고 싶을 터이다. 어쨌거나 유비쿼터스 컴퓨팅은 메인프레임, 퍼스널 컴퓨터에 이은 제3의 물결로 다가오고 있다.

가상현실

우리는 싫든 좋든 도구를 사용하지 않고서는 일상생활을 꾸려 나갈 수 없다. 따라서 인간과 도구가 접촉할 때 양쪽이 공유하는 경계면, 즉 인터페이스(interface)가 사람과 도구의 상호작용에서 가장 중요한 요소가 된다. 이 세계는 도끼의 자루, 자동차의 핸들, 피아노의 건반, 문의 손잡이처럼 인터페이스로 가득 차 있다.

인터페이스는 인간과 도구의 물리적 성질에 따라 그 모양이 결정된다. 예컨대 문의 손잡이가 견고하게 부착된 것은 문의 하중 때문이며, 동그랗게 생긴 것은 손의 기능 때문이다. 이와 같이 인터페이스가 인간과 도구의 특성을 고려하여 설계되지 않으면 도구의 쓰임새를 극대화할 수 없다. 이러한 맥락에서 인터페이스가 크게 문제가 되고 있는 대표적인 도구는 컴퓨터이다.

퍼스널 컴퓨터의 폭발적인 보급으로 누구나 컴퓨터를 보유할 수 있게 되었으나 누구나 손쉽게 이용할 수 없는 까닭은 인간의 감각과 인지능력에 어울리는 사용자 인터페이스(user interface)가 제대로 설계되지 못했기

[그림 1] 가상현실 체험

〈매트릭스〉에서 영화배우 키아누 리브스는 낮에는 컴퓨터 프로그래머로 일하면서 밤이면 인터넷 속의 또 다른 세계를 살아가는 해커인 네오를 연기한다. 네오가 등장하는 첫 장면에서 관객들은 그가 프랑스의 포스트모더니즘 철학자인 장 보드리야르(1929~2007)의 저서 『시뮬라크르와 시뮬라시옹Simulacre et Simulation』(1981)의 속을 파내 자신의 해킹 프로그램을 보관하고 있는 모습을 보게 된다. 시뮬라크르(simulacre)는 '모사품'의 뜻이고 시뮬라시옹은 시뮬레

영화 〈매트릭스〉

이션(simulation)의 불어 발음으로 '모사품 만들기'를 의미한다.

보드리야르는 시뮬라시옹에 네 단계가 있다고 주장한다. 먼저 이미지는 현실을 반영한다. 두 번째로 이미지는 현실을 감춘다. 세 번째로 이미지는 깊은 현실의 부재를 감춘다. 네 번째로 이미지는 그것이 무엇이든 간에 현실과 아무 관계가 없다. 이것이 바로 순수한 시뮬라시옹이다. 가령 〈매트릭스〉가 보여 주는 세계이다.

보드리야르의 중심 사상은 포스트모던 세계에서 현실이 거의 전부 시뮬라시옹으로 대체되어 버렸다는 것이다. 이러한 네 번째 단계의 시뮬라시옹을 하이퍼리얼리티(hyper-reality)라고 정의했다. 하이퍼리얼리티는 '원본도 없고 현실성도 없는 현실을 모형에 의거해서 만들어 내는 것'을 뜻한다. 시뮬라시옹의 최종 단계에서는 모사품(시뮬라크르)이 비현실의 모습을 취하기는커녕 오히려 현실보다 더 현실적으로 만들어진 것, 곧 하이퍼리얼리티의 외양을 띤다는 것이다. 요컨대 하이퍼리얼리티의 세계에서는 원본과 모사품의 구별이 사라진다.

네오가 처음 접선한 여자인 트리니티, 세례자 요한 역할의 모피어스, 궁극적 진실의 계시자인 오라클, 유다를 연상시키는 사이퍼 등이 나오는 영화의 무대는 2199년 인공지능 기계와 인류의 전쟁으로 폐허가 된 지구이다.

미래의 지구는 다음과 같이 그려진다. 마침내 인공지능 컴퓨터들은 인류를 정복하여 인간을 자신들에게 에너지를 공급하는 노예로 삼는다. 거의 모든 인간은 달걀처럼 생긴 컨테이너에서 죽은 사람을 액화시킨 찌꺼기를 영양액으로 받아먹으면서 에너지를 생산하여 컴퓨터에 공급한다. 땅속 깊이에서 수십억 명의 인간들이 컴퓨터의

배터리로 사육되는 것이다. 말하자면 인간은 오로지 기계에 의해서, 기계를 위해 태어나고 생명이 유지되고 이용된다. 그러나 대부분의 인간은 이런 상황을 모른 채 행복하게 산다. 인공지능이 인간에게 속임수를 쓰기 때문이다. 인공지능이 1999년의 세계를 똑같이 본뜬 가상현실, 곧 매트릭스를 창조한 것이다. 인공지능은 사람 뇌 속을 조작하여 실제와 구별하기 어려운 환상인 가상현실을 창조하기 때문에 2199년 컴퓨터의 노예로 살면서도 200년 전인 1999년 미국의 전형적인 대도시에 살고 있다고 착각하는 것이다.

대부분의 인간은 인공지능의 속임수에 넘어가 행복하게 살지만 모피어스 등 소수의 사람들은 인공지능이 만든 디지털 환상으로부터 자유롭다. 그들은 네오를 달걀에서 빼내 매트릭스의 압제에 도전하는 저항 세력을 구축한다. 매트릭스를 탈출한 네오와 모피어스는 인공지능의 제거 대상이 되어 쫓기는 신세가 된다. 결국 네오는 총알 세례를 받고 죽지만, 트리니티가 "넌 죽을 수 없어. 내가 널 사랑하니까."라고 말하면서 키스하자 약 3초 만에 부활한다. 네오는 예수 그리스도처럼 세계를 구원하기 위해 다시 살아나는 것이다. 요컨대 〈매트릭스〉는 뇌 속의 기억을 조작하여 인간을 지배하려는 컴퓨터와 이에 대항하는 인간들 사이의 대결을 그린 영화이다. 모피어스가 네오에게 매트릭스에 대해 장황하게 설명해 준 내용 중에 다음과 같은 대목이 나온다. "매트릭스는 사방에 있네. 우리를 전부 둘러싸고 있지. 심지어 이 방 안에서도. 창문을 통해서나 텔레비전에서도 볼 수 있지. 일하러 갈 때나 교회 갈 때, 세금을 내러 갈 때도 느낄 수가 있어. 매트릭스는 바로 진실을 볼 수 없도록 우리 눈을 가려 온 세계라네."

매트릭스는 우리 스스로가 선택한 것이었든, 어쩔 수 없이 받아들인 것이었든, 현대 생활의 기본 요소가 된 지 오래이다. 매트릭스로 상징되는 테크놀로지는 이미 우리를 통제하고 있는 것이다. 〈매트릭스〉는 우리가 벌써 첨단기술의 포로가 되었다는 사실을 새삼스럽게 일깨워 주고 있음에 틀림없다.

△ *The Matrix and Philosophy*, Slavoj Zizek, Carus Publishing, 2002 / 『매트릭스로 철학하기』, 이운경 역, 한문화, 2003
△ *Taking the Red Pill*, Glenn Yeffeth, BenBella Books, 2003 / 『우리는 매트릭스 안에 살고 있나』, 이수영·민병직 역, 굿모닝미디어, 2003
△ 『철학으로 매트릭스 읽기』, 이정우·심혜련·조광제, 이룸, 2003

참고문헌 ──────────

△ 정보기술 개론서

- *Being Digital*, Nicholas Negroponte, Knopf, 1995 / 『디지털이다』, 백욱인 역, 커뮤니케이션북스, 1999
- *The Road Ahead*, Bill Gates, Viking, 1995 / 『미래로 가는 길』, 이규행 역, 삼성출판사, 1995
- *What Will Be*, Michael Dertouzos, HarperCollins, 1997 / 『21세기 오디세이』, 이재규 역, 한국경제신문, 1997
- *Data Smog*, David Shenk, International Creative Management, 1997 / 『데이터 스모그』, 정태석 · 유홍림 역, 민음사, 2000
- *Business@the Speed of Thought*, Bill Gates, Grand Central Publishing, 1999 / 『생각의 속도』, 안진환 역, 청림출판, 1999
- *The Unfinished Revolution*, Michael Dertouzos, HarperCollins, 2001
- *Telecosm*, George Gilder, Free Press, 2002 / 『텔레코즘』, 박홍식 역, 청림출판, 2004
- *The Invisible Future*, Peter Denning, McGraw-Hill, 2002

△ 유비쿼터스 컴퓨팅 관련 도서

- *The Invisible Computer*, Donald Norman, MIT Press, 1998 / 『보이지 않는 컴퓨터』, 김희철 역, 울력, 2006
- *When Things Start to Think*, Niel Gershenfeld, Henry Holt, 1999 / 『생각하는 사물』, 이구형 역, 나노미디어, 1999
- *World Without Secrets*, Richard Hunter, Gartner, 2002 / 『유비쿼터스』, 윤정로 · 최장욱 역, 21세기북스, 2003
- *Everyware: the Dawning Age of Ubiquitous Computing*, Adam Greenfield, New Riders Publishing, 2006
- *The Design of Future Things*, Donald Norman, Basic Books, 2007

△ 가상현실 및 사이버스페이스 관련 도서

- *Neuromancer*, William Gibson, Ace Books, 1984 / 『뉴로맨서』, 노혜경 역, 열음사, 1996
- *The Art of Human-Computer Interface Design*, Brenda Laurel, Addison-Wesley, 1990
- *Virtual Reality*, Howard Rheingold, Simon&Schuster, 1991
- *Artificial Reality II*, Myron Krueger, Addison-Wesley, 1991
- *Cyberspace: First Steps*, Michael Benedikt, MIT Press, 1991
- *Virtual Reality*, Ken Pimental, McGraw-Hill, 1993
- *The Metaphysics of Virtual Reality*, Michael Heim, Oxford University Press, 1993 / 『가상현실의 철학적 의미』, 여명숙 역, 책세상, 1997
- *The Pearly Gates of Cyberspace*, Margaret Wertheim, Norton, 1999 / 『공간의 역사』, 박인찬 역, 생각의나무, 2002
- *Stepping into Virtual Reality*, Mario Gutierrez, Springer, 2008

- *Coming of Age in Second Life*, Tom Boellstorff, Princeton University Press, 2008

△ 정보사회론 관련 도서
- *The Cult of Information*, Theodore Roszak, Pantheon Books, 1986
- *The Mode of Information*, Mark Poster, Polity Press, 1990 / 『뉴미디어의 철학』, 김성기 역, 민음사, 1994
- *The Virtual Community*, Howard Rheingold, Addison-Wesley, 1993
- *Cyberia*, Douglas Rushkoff, HarperCollins, 1994
- *Life on the Screen: Identity in the Age of Internet*, Sherry Turkle, Simon& Schuster, 1995 / 『스크린 위의 삶』, 최유식 역, 민음사, 2003
- *The Rise of the Network Society*(The Information Age, Volume I), Manuel Castells, Blackwell, 1996 / 『네트워크 사회의 도래』, 김묵한 역, 한울, 2003
- *The Power of Identity*(The Information Age, Volume II), Manuel Castells, Blackwell, 1997
- *Collective Intelligence*, Pierre Lévy, Basic Books, 1997 / 『집단 지성』, 권수경 역, 문학과지성사, 2002
- *End of Millennium*(The Information Age, Volume III), Manuel Castells, Blackwell, 1998 / 『밀레니엄의 종언』, 이종삼 역, 한울, 2003
- 『정보사회의 이해』, 정보사회학회, 나남, 1998
- *Cyber-Marx*, Nick Dyer-Witheford, University of Illinois Press, 1999 / 『사이버 맑스』, 신승철 역, 이후, 2003
- *The Age of Access*, Jeremy Rifkin, Tarcher, 2000 / 『소유의 종말』, 이희재 역, 민음사, 2001
- *Le culte de l'Internet*, Philippe Breton, La Découverte, 2000 / 『인터넷 숭배』, 김민경 역, 울력, 2004
- 『인터넷과 사이버사회』, 이재현, 커뮤니케이션북스, 2000
- 『사이버사회의 문화와 정치』, 홍성태, 문화과학사, 2000
- 『과학기술과 한국 사회』, 윤정로, 문학과지성사, 2000
- *The Internet Galaxy*, Manuel Castells, Oxford University Press, 2001 / 『인터넷 갤럭시』, 박행웅 역, 한울, 2004
- 『네트워크 혁명, 그 열림과 닫힘』, 홍성욱, 들녘, 2002
- 『파놉티콘—정보사회, 정보감옥』, 홍성욱, 책세상, 2002
- *Smart Mobs*, Howard Rheingold, Basic Books, 2002 / 『참여군중』, 이운경 역, 황금가지, 2003
- *Telematic Embrace*, Roy Ascott, University of California Press, 2003
- 『디지로그』, 이어령, 생각의나무, 2006
- "인터넷의 사회문화사", 강명구, 『한국의 미디어 사회문화사』, 한국언론재단, 2007

웹2.0

세계의 모든 컴퓨터 네트워크를 연결한, 네트워크 중의 네트워크인 인터넷에서 마우스를 클릭만 하면 세계 모든 곳의 컴퓨터에 저장된 정보에 접근할 수 있는 것은 월드와이드웹(World Wide Web) 덕분이다. 월드와이드웹은 하이퍼텍스트 기능에 의해 인터넷에 존재하는 온갖 종류의 정보를 통일된 방법으로 찾아볼 수 있게 하는 정보 서비스 및 소프트웨어를 의미하며, 줄여서 웹이라 한다. 전 세계의 하이퍼텍스트가 연결된 모양이 마치 거미가 집을 지은 것처럼 보이기 때문에 '세계 규모의 거미집'이라는 뜻으로 월드와이드웹이라 명명되었다.

웹은 1989년 미국 컴퓨터 과학자인 팀 버너스-리(1955~)의 제안으로 연구가 시작되어 1991년 8월 처음 모습을 드러냈다.

웹의 개발 이후 인터넷은 급속도로 발전했지만, 인터넷 사용자(네티즌)는 정보를 일방적으로 제공받는 입장에 머물렀다. 따라서 네티즌이 적극적으로 참여하여 스스로 정보를 제공하고 네트워크를 공유할 필요성이 제기되었다. 이처럼 인터넷 사용자가 참여하는 새로운 형태의 웹을 웹2.0(Web2.0)이라 한다. 예전의 웹은 저절로 웹1.0이 된다.

웹2.0의 대표적인 사례는 블로그(blog)이다. 블로그는 웹의 끝 글자(b)와 기록을 의미하는 단어(log)의 합성어이다. 컴퓨터를 켜고 접속할 때 로그인(log-in)하는 것은 컴퓨터에 기록을 하려고 접속한다는 뜻이다. 결국 블로그는 인터넷에 기록한다는 의미이므로 네티즌이 웹에 기록하는 개인 일지, 또는 일인용 홈페이지라고 할 수 있다.

위키노믹스

웹2.0의 무한한 가능성을 입증한 사례는 위키피디아(wikipedia.org)이다. 하와이어로 '빨리빨리'를 뜻하는 '위키위키(wiki wiki)'와 백과사전(encyclopedia)을 합친 단어이다. 2001년 금융 분야에서 큰돈을 번 미국의 사업가 지미 웨일스(1966~)가 모든 사람의 지식을 하나로 합쳐 누구나 자유롭게 공유하도록 만들자는 뜻에서 시작하여 자리를 잡은 세계 최대의 온라인 무료 백과사전이다. 200년 이상의 역사를 지닌 브리태니커 백과사전보다 월등하게 사전 항목이 많고, 월간 순 방문자(중복 방문자 제외)는 4,300만 명(2007년 3월 현재)에 이르는 세계 최대의 지식 창고이다. 일반인은 누구나 자유롭게 사전 항목을 작성, 수정, 편집할 수 있는 개방형 체제가 위키피디아의 최대 특징이다. 수천 명의 자원봉사 편집자들이 수록 내용을 점검하고, 신규 항목을 추가한다. 위키피디아는 수많은 네티즌의 자발적인 대규모 협업(mass collaboration)이 일구어 낸 성과이다.

캐나다의 경영 저술가인 돈 탭스코트(1947~)는 네티즌의 대규모 협업이 사회의 모든 제도를 바꾸는 현상에 주목하고, 웹2.0 시대에는 대규모 협업에 바탕을 둔 기업과 조직이 경제의 모든 부분에서 경쟁력을 갖는 경제 개념을 위키노믹스(wikinomics)라고 명명했다. 2006년 펴낸 『위키노믹스Wikinomics』에서 탭스코트는 위키노믹스의 기본 원리로 개방성, 동등 계층 생산, 공유, 행동의 세계화 등 네 가지를 꼽았다.

개방성(being open)은 기업이 경영에 관한 모든 정보를 주주와 종업원은 물론 고객에게 공개하는 것을 뜻한다.

동등 계층 생산(peering)은 기업이 종래의 계급적인 조직 방식을 버리고 수평적인 구조로 재편하여 제품과 서비스를 생산하는 것이다.

공유(sharing)는 기업의 지적재산 등 각종 자원을 다른 기업들과 함께 나누어 갖는 것을 의미한다.

행동의 세계화(acting globally)는 기업이 세계 어디에서나 제품을 설계하고 부품을 조달하며 조립과 유통을 담당할 수 있는 전 지구적 생태계를 구축하는 것이다.

탭스코트는 위키노믹스의 네 가지 원리가 21세기 기업의 경쟁 방식을 정의한다고 주장하였다.

참고문헌 ————————

- *Digital Economy*, Don Tapscott, McGraw-Hill, 1995
- *Weaving the Web*, Tim Berners-Lee, HarperOne, 1999
- *The Long Tail*, Chris Anderson, Hyperion, 2006 / 『롱테일 경제학』, 이호준 역, 랜덤하우스, 2006
- 『웹2.0 경제학』, 김국현, 황금부엉이, 2006
- *Wikinomics*, Don Tapscott, Portfolio, 2006 / 『위키노믹스』, 윤미나 역, 21세기북스, 2007
- *Wikipedia: The Missing Manual*, John Broughton, Pogue Press, 2008
- *Web2.0: A Strategy Guide*, Amy Shuen, O'Reilly Media, 2008
- *How Wikipedia Works*, Phoebe Ayers, No Starch Press, 2008
- "Web Science Emerges", Nigel Shadbolt, Tim Berners-Lee, Scientific American (2008년 10월호)

3—정보기술과 융합 기술

디지털 컨버전스

디지털 기술을 매개로 하여 서로 뿌리가 다른 기술들이 한 덩어리로 융합되는 상태를 디지털 컨버전스(digital convergence)라고 한다. 기술적인 측면에서는 정보처리 기술, 영상 기술, 통신 기술 등 3대 분야가 한 점을 향해 뭉쳐지는 것이며, 산업적인 측면에서는 퍼스널 컴퓨터(정보처리), 텔레비전(영상), 전화기(통신) 시장이 융합되는 것이다.

최초의 디지털 컨버전스 제품은 컴퓨터용 재생 장치인 CD-ROM이다. CD-ROM에 음성과 영상을 디지털 정보로 저장하게 됨에 따라 컴퓨터로 음악 감상과 영화 시청이 가능해졌다. 말하자면 음성, 영상, 문자 등 사람이 의사소통 수단으로 구사하는 미디어를 모두 융합하는 멀티미디어 컴퓨터가 출현하게 된 것이다.

디지털 컨버전스의 다른 사례는 퍼스널 컴퓨터와 텔레비전, 휴대용 컴퓨터와 휴대전화의 기능을 각각 융합시킨 상품들이다.

디지털 컨버전스 기능을 가진 각종 제품들이 인터넷에 융합되면 컴퓨터, 텔레비전, 전화기, 게임기, 로봇을 사용하여 누구나 가정과 사무실에서 다양한 형태의 정보를 주고받을 수 있다.

텔레매틱스

정보기술과 전통 산업이 융합하여 거대한 시장이 형성될 것으로 기대를 모으고 있는 대표적인 분야는 텔레매틱스(telematics)이다. 텔레매틱스는 전화와 컴퓨터를 결합한 정보 서비스 체계를 뜻하는 프랑스 용어인 텔레마티크에서 파생된 단어이다. 자동차, 항공기, 선박 등 운송 수단과 외부의 정보 센터를 연결하여 각종 정보를 주고받을 수 있게 하는 기술이 텔레매틱스이다.

특히 자동차에 장착되는 컴퓨터(마이크로프로세서)가 늘어나면서 자동차가 갈수록 지능화됨에 따라 텔레매틱스는 부가가치가 높은 유망 산업으로 부상하고 있다. 자동차 기술에 정보기술이 접목되는 자동차 텔레매틱스는 자동차와 운전자에게 필요한 정보와 서비스를 제공한다. 따라서 자동차 텔레매틱스는 컴퓨터와 무선통신 기능을 가진 차량용 복합 단말기, 외부의 텔레매틱스 정보 센터, 단말기와 정보 센터를 연결하는 통신망으로 구성된다.

자동차 텔레매틱스는 운전자와 차량의 안전을 도모하는 서비스, 운전의 편의를 제공하는 서비스, 운전자에게 즐거움을 안겨 주는 서비스로 세분된다.

이러한 서비스가 제공되면 인공지능 자동차는 더 이상 단순한 이동 수단으로 머물지 않게 된다. 자동차가 인터넷 등 외

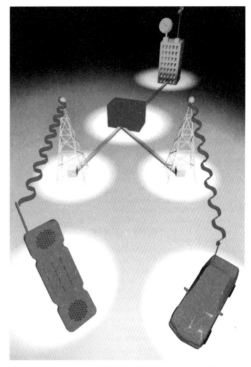

텔레매틱스는 자동차와 외부 정보 센터를 연결하여 운전자에게 각종 정보를 제공한다.

부 세계와 접속됨에 따라 운전자는 차 안에서 단순히 운전만 하지 않고 다양한 작업을 할 수 있기 때문이다. 자동차의 공간이 거실, 사무실 또는 회의실로 바뀌게 되는 것이다.

텔레매틱스는 자동차의 내부와 외부 세계의 경계를 허물어뜨릴 뿐만 아니라 자동차 회사들로 하여금 제조업에서 서비스업으로 그 활동 영역을 확장하도록 부추기고 있다. 1996년 세계 최대의 자동차 회사인 제너럴 모터스는 세계 최초로 '온스타' 라 불리는 텔레매틱스 서비스를 개시했다.

2002년부터 일본의 도요타 역시 텔레매틱스 서비스에 나섰다. 전문가들은 2010년 전후로 미국 자동차의 최소 4분의 1이 텔레매틱스 시스템을 장착하게 될 것이라고 전망한다.

텔레매틱스가 주목을 받는 또 다른 이유는 교통사고를 줄일 수 있을 것으로 기대되기 때문이다. 교통사고 기록에서 세계 상위권인 우리나라에서 각별한 관심을 가질 만한 대목이다. 더욱이 우리나라는 자동차 산업과 정보기술 모두 세계적인 경쟁력을 갖고 있으므로 텔레매틱스의 강국이 될 여건을 갖추고 있는 셈이다.

참고문헌 ────────────

△ 기술 융합 개론서
- 『공학기술 복합시대』, 이기준 외, 생각의나무, 2003
- *Converging Technologies for Improving Human Performance*, Mihail Roco, Kluwer Academic Publishers, 2003

△ 디지털 컨버전스 관련 도서
- *Digital Convergence: the Information Revolution*, Rae Earnshaw, John Vince, Springer, 1999
- *Strategies and Policies in Digital Convergence*, Sangin Park, Information Science, 2007
- *Digital Korea*, Tomi Ahonen, Futuretext, 2007
- *Digital Convergence: Libraries of the Future*, Rae Earnshaw, John Vince, Springer, 2007

△ 텔레매틱스 관련 도서
- *Telematics and Work*, J. Andriesson, Psychology Press, 1994
- *Fleet Telematics*, Asvin Goel, Springer, 2007

생명공학 기술

1―생명공학 기술의 미래

유전자 이식

2020년 어느 날. 당신은 아마도 레몬 향기가 풍기는 잔디에 누워서 하늘색 장미를 감상하고 있을 것이다. 어디 그뿐이랴. 5년, 아니면 20년이 걸리는지 모를 일이지만 장미 향기가 나는 제라늄, 급수가 필요할 때 저절로 빛을 내는 난초, 알맞은 키에 성장을 멈추는 울타리 나무들, 베어 줄 필요가 없는 잔디를 보게 될 것 같다.

　이러한 식물들은 유전자 이식(transgenic) 기술로 만들어진다. 유전적으로 전혀 관계가 없는 종의 유전자를 삽입시켜 새로운 형질을 갖는 식물이나 동물을 만드는 것을 유전자 이식이라 부른다. 가령 잔디의 유전물질에 레몬 향기 분자를 생성하는 유전자를 삽입하면 유전자 이식 잔디로 골프

유전자 이식 기술의 발달로 새로운 생물이 출현하고 있다(사진은 DNA 이중나선 그림).

장에 레몬 냄새가 진동할 터이다.

1986년 개똥벌레에서 빛을 내는 유전자를 담배에 삽입했다. 담배 잎이 발광하면 농부들은 질병 또는 가뭄의 조기 경보로 받아들인다. 서구에서는 노랑이나 빨강보다는 엷은 자주색의 유전자 이식 카네이션이 판매되고 있다. 공간을 적게 차지하고 과일을 따기 편하도록 유실수의 키를 작게 하는 유전자를 실험 중이며, 온실의 비용을 줄이기 위해 여름뿐 아니라 겨울에도 피는 유전자 이식 화초가 개발되고 있다.

유전자 이식 기술은 농업 생산에 혁명적 변화를 예고한다. 유전자 이식

농작물은 유전자 삽입 목적에 따라 제초제, 해충, 바이러스에 각각 내성을 갖는 식물로 나뉜다. 유전자 이식 기술로 유전자가 조작되는 유전자 변형 농산물(GMO)로는 콩, 옥수수, 감자, 목화가 꼽힌다.

특히 유전자 변형 콩은 미국산이 국내에 대량으로 수입되어 건강과 환경 문제가 사회적 쟁점이 되었다. 인체 유해 여부가 판가름 나지는 않았지만 알레르기를 유발할지 모른다는 우려의 목소리가 만만치 않다.

유전자 변형 농산물에 부여될 새로운 형질은 무궁무진하다. 이를테면 넙치의 얼지 않는 유전자를 삽입시킨 유전자 이식 토마토는 추운 지방을 새로운 서식지로 점령할 것이며, 염분을 잘 견디는 형질이 삽입된 벼는 해안 습지대에서 경작이 기대된다.

동물의 경우, 유전자 이식 기술은 초창기에 동물의 성장 속도를 배가시키거나 몸집을 불리는 쪽으로 연구되었으나 오늘날은 사람의 건강 유지에 보탬이 되는 단백질을 생산하는 수단으로 활용된다.

1983년 사람의 성장 호르몬 유전자를 생쥐에 삽입하였는데 보통 생쥐보다 두 배 빠르고 두 배 크게 자란 슈퍼 생쥐가 출현했다. 1987년에는 다른 종의 유전자가 유선에 삽입된 유전자 이식 생쥐가 다른 종의 단백질 분자를 젖과 함께 분비하게 만드는 데 성공했다.

생쥐에 이어 양, 염소, 암소 그리고 돼지에 이르기까지 의학적으로 중요한 사람의 유전자를 삽입했을 때 그들이 생산하는 젖과 함께 인체가 만드는 단백질을 분비하게 되기에 이르렀다. 말하자면 가축을 제약공장으로 사용할 수 있게 된 것이다. 곤충 또한 유전자 이식 기술에서 예외일 수 없다. 나방에서 모기에 이르기까지 유전자 이식 곤충은 전염병을 무력화시키고 해충을 죽여 식량 생산에 보탬이 될 것으로 기대된다.

1996년 최초의 유전자 이식 곤충인 진드기를 미국 플로리다에 풀어 놓아 채소나 과일을 갉아먹는 거미진드기를 박멸한 적이 있다.

유전자 이식 기술이 발전을 거듭할수록 유전적으로 무관한 종 사이에 생물학적 경계가 급속도로 허물어져서 사람, 동물, 식물, 박테리아 사이에 서로 유전자를 주고받아 새로운 생물이 출현할 것 같다. 21세기를 '제2의 창세기'라고 부를 만하지 않은가.

유전자 오염

라운드업. 연간 40억 달러를 웃도는 미국 제초제 시장에서 가장 많이 팔리는 상품이다. 라운드업 레디(ready). 이름 그대로 라운드업을 견뎌 낼 준비가 되어 있는 유전자 변형 콩이다.

라운드업을 뿌리면 잡초는 모두 죽지만 라운드업 레디는 살아남는다. 라운드업과 라운드업 레디 둘 다 미국의 다국적기업인 몬산토의 제품이다. 몬산토 측은 유전자 변형 콩을 경작하면 제초제를 적게 사용하게 될 것이라고 선전하지만 라운드업을 마구 뿌려도 잡초만 죽기 때문에 제초제를 더 많이 사용할 가능성이 없지 않다. 몬산토는 제초제와 씨앗을 함께 팔 수 있어 꿩 먹고 알 먹는 식의 돈벌이가 된다. 요컨대 세계 유수의 농화학 회사들은 제초제 시장을 지키기 위한 자구책으로 유전자 변형 농산물 개발에 나서고 있는 것이다.

유전자 변형 농산물은 유전자 이식 기술로 새로운 형질이 부여된 품종이다. 미국에서는 1996년부터 콩, 옥수수, 목화 등 유전자 변형 작물이 재배되었고 우리나라는 1999년 농촌진흥청에서 제초제에 강한 벼, 역병에 저항성이 높은 고추, 병충해에 강한 양배추, 노화 방지에 특효인 지방산 함유량이 증가된 들깨 등 4종의 개발에 성공했다. 이 밖에도 농촌진흥청은 담배, 배추, 토마토의 유전자 변형 품종을 개발 중인 것으로 알려졌다.

유전자 변형 농산물은 건강과 환경의 측면에서 심각한 문제를 제기한다. 먼저 유전자 변형 작물의 안전성을 놓고 논란이 끊이지 않는다. 유전자 이식 작물의 인체 유해성이 과학적으로 입증된 사례는 없지만 알레르기 유발 등 부작용이 우려된다. 또한 유전자 변형 농산물은 환경문제를 일으킬 가능성이 매우 높은 것으로 지적된다. 예컨대 라운드업 레디와 같은 제초제 내성 농산물은 제초제 사용량을 증가시켜 토양과 수질의 오염을 부채질할 뿐만 아니라 슈퍼 잡초를 출현시킬 공산이 크다. 유전자 변형 농산물의 제초제 내성 유전자가 잡초로 흘러 들어가면 제초제에 끄떡없는 잡초가 생길 수 있기 때문이다. 슈퍼 잡초를 제거하려면 제초제의 독성을 높이지 않을 수 없으므로 악순환을 피할 길이 없다.

병충해 내성 농산물 역시 유사한 환경문제를 일으킨다. 가령 유전자 변형 옥수수의 경우 자연발생 하는 토양 박테리아의 유전자가 삽입된다. 토양 박테리아는 살충제 역할을 하는 단백질을 생산한다. 이 독소 단백질은 곤충의 복부로 들어가면 활성화되어 소화기관을 파괴한다. 그러나 병충해 내성 옥수수에서 생산되는 유전자 이식 독소는 박테리아 독소와 달리 곤충의 배를 거치지 않고 곧바로 활성화된다. 따라서 해충은 물론 익충까지 죽인다. 게다가 병충해 내성 농산물의 독소를 견뎌 내는 슈퍼 벌레가 생겨날 수 있다.

슈퍼 잡초와 슈퍼 벌레는 생태계를 교란시키는 무법자이다. 이와 같이 유전자 이식 생물의 유전자에 의해 야기되는 새로운 형태의 환경오염을 유전자 오염(genetic pollution)이라 한다.

21세기에 대규모로 발생할 것으로 예상되는 유전자 오염은 20세기에 석유화학 제품에 의해 유발된 환경오염보다 두 가지 측면에서 더욱 위협적이다.

먼저 유전자 이식 생물은 살아 움직이므로 석유화학 제품처럼 생태계에 미칠 영향을 예측하는 일이 쉽지 않다. 또한 유전자 이식 생물은 번식, 성장, 이동하므로 석유화학 제품보다 훨씬 빠른 속도로 광범위한 환경에 영향을 미칠 수 있다.

유전자 오염은 생명공학 기술(biotechnology)의 발달에 따른 피할 수 없는 재앙이다. 20세기에 핵무기와 석유화학의 공해로 곤욕을 치른 인류가 21세기에는 유전자 오염으로 지구의 생물권에 돌이킬 수 없는 상처를 안겨 주게 될 것 같다.

유전자 치료

1990년 9월 14일. 미국 국립보건연구소에서는 정부가 최초로 허가한 유전자 치료(gene therapy)가 실시되었다. 환자는 아산티 데실바라는 네 살배기 여아. 아산티는 양친으로부터 결함 있는 유전자를 물려받아 면역계가 기능을 발휘하지 못한 탓으로 줄곧 병치레를 했다.

의사들은 먼저 아산티의 몸에서 백혈구 세포들을 꺼내 결함 있는 유전자를 정상적인 것으로 교체한 다음 몸속으로 되돌려 넣었다. 수술이 성공하여 아산티는 건강한 소녀로 성장한다.

유전자의 이상으로 생긴 질병을 고치기 위해 세포 안으로 정상적인 유전자를 집어넣는 의료 기술을 유전자 치료라 한다. 아산티의 성공적인 치료가 널리 알려지면서 유전자 치료에 대한 기대가 고조되었다. 그러나 유전자 치료가 풀어야 할 기술적 문제가 적지 않다. 체세포 염색체의 특정 위치에 정상적인 유전자를 정확하게 집어넣는 일이 쉽지 않기 때문이다.

유전물질을 세포 안으로 수송하는 방법으로는 바이러스를 운반체로 사용하는 기술이 가장 효과적이다. 바이러스는 세포 속에 침입하기만 하면 자신의 유전물질을 즉시 주입하는 특성이 있으므로 운반체로 선정된 것이다. 물론 바이러스로부터 질병을 일으키고 증식을 시키는 유전자들은 제거된다. 그 대신에 운반 대상인 사람의 정상 유전자를 집어넣는다. 요컨대 겉보기에는 본래 바이러스와 동일하지만 사람 유전자를 갖고 있는 바이러스가 만들어진다. 이러한 바이러스가 증식하거나 다른 유전자에 손상을 입힐 가능성을 완전히 배제할 수는 없다.

유전자 치료는 인간 게놈 프로젝트가 당초 계획을 앞당겨 2004년 10월 완료됨에 따라 21세기 의학 혁명의 기폭제로 각광을 받는다. 게놈 프로젝트의 목표는 2만여 개로 추정되는 인체 유전자의 약 30억 개에 달하는 화학구조(염기쌍)를 분석하여 지도로 만드는 일이다. 인체의 유전자 지도 완성으로 생명의 설계도가 조물주로부터 사람의 손으로 넘겨지게 된 셈이다.

유전자 지도를 통해 각종 생명현상을 이해할 수 있으므로 질병과 노화가 일어나는 이유를 알게 된다. 요컨대 유전자의 이상 유무를 사전에 검사하여 개인이 어떤 유전성 질환에 걸릴 위험이 있는지 알아낼 수 있다. 유전자 검사로 개인이 지닌 질병 유발 유전자를 확인할 수 있게 됨에 따라 유전병의 치료는 물론 예방까지 가능하다. 유전자 지도가 완성됨에 따라 21세기 의학의 패러다임은 치료 중심에서 예방 위주로 바뀔 전망이다. 전문가들은 2020년경 유전자 치료가 의학 혁명을 일으켜 유전병뿐 아니라 거의 모든 질병에 대해 치료의 한 방법으로 유전자 치료가 채택될 것으로 내다본다. 먼저 낭포성 섬유증, 헌팅턴병, 혈우병 등 단일 유전자의 결함으로 유발되는 질병이 퇴치되고, 이어서 고혈압, 심장병, 당뇨병 등 환경적 영향이 유전적 요소와 결합된 질병이 완치될 것이다.

유전자 치료는 의료 기술 이상의 의미를 함축하고 있다. 우리가 질병을 고치는 유전자를 제공하는 능력을 가졌다는 것은 우리가 치료 이외의 목적에 유전자를 제공하는 능력을 갖게 되었다는 뜻이기 때문이다. 말하자면 정상적인 사람의 형질을 개량하기 위해 유전적 조성을 바꿀 수 있게 되는 것이다. 인간 개조를 노리는 우생학의 악령이 되살아날지도 모를 일이다.

20세기 인류는 핵무기와 플라스틱을 맹목적으로 개발하여 대가를 치렀다. 유전자 치료의 경우 전철을 밟아서는 안 될 것이다. 만일 정부 권력 또는 특정 세력에 의해 유전자 치료가 우생학적으로 오용된다면 21세기 인류 사회는 어떤 모습일까. 상상하기조차 두려운 일이다.

맞춤아기

21세기에는 의료 기술의 네 번째 혁명이 약속되어 있다. 질병을 예방하고 치료하는 인류의 능력은 그동안 세 차례 획기적으로 발전했다. 먼저 사회적으로 위생 시설 등 공중보건 대책을 마련함에 따라 많은 사람이 전염병의 공포에서 벗어났다. 두 번째는 마취제의 사용이다. 의사들은 마취된 환자를 수술함으로써 실질적으로 질병을 치료하는 기회를 비로소 갖게 된다. 세 번째 혁명은 백신과 항생물질에서 비롯된다. 세균이 퍼뜨리는 병을 이겨 낼 수 있게 된 것이다.

21세기에는 유전자 치료가 네 번째 혁명을 예고한다. 거의 모든 질병이 한 개 이상의 유전자가 기능을 잘못 발휘할 때 발생하므로 환자의 세포 안으로 정상적인 유전자를 집어넣어 병을 고치는 유전자 치료가 의료 기술의 새로운 대안으로 기대를 모을 만하다.

유전자 치료는 체세포 치료와 생식세포 치료의 두 종류가 있다. 유전자 치료의 결과로 변화된 유전적 조성이, 체세포 치료의 경우에는 환자 한 사람에게만 영향을 미치는 반면에 정자 또는 난자를 다루는 생식체포 치료의 경우에는 그 환자의 모든 자손에게 대대로 영향을 미친다.

유전자 치료는 대부분 체세포를 대상으로 연구되고 있다. 생식세포 유전자 치료에 함축된 윤리적 문제가 만만치 않기 때문이다. 그러나 체세포 유전자 치료의 결정적 결함인 유전자 전달의 정확성 문제를 해결하는 대안으로 생식세포 유전자 치료에 대한 논의가 조심스럽게 고개를 들고 있다.

체세포 치료는 바이러스를 운반체로 사용하여 유전물질을 세포 안으로 수송한다. 따라서 환자 체세포의 특정 위치에 정상적인 유전자가 정확하게 삽입되었는지 알 길이 없다. 유전자를 필요한 위치로 보내지 못하면 다른 세포의 기능을 교란시킬 위험이 있다. 그러나 생식세포 치료는 여러 세포를 향해 유전자를 보내는 체세포 치료와는 달리 오로지 한 개의 세포를 다루면 되므로 그러한 문제가 생기지 않는다.

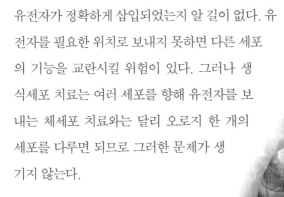

유전자를 보강해 설계대로 만들어진 주문형 인간이 우리 곁으로 다가올 전망이다.

한편 1997년 미국에서 인조 염색체가 최초로 합성됨에 따라 유전자 치료에 대한 관심이 고조되었다. 사람의 염색체는 부모로부터 각각 23개씩 물려받아 모두 46개이며, 이 안에 2만여 개의 유전자가 들어 있다. 요컨대 유전자를 담고 있는 그릇에 해당하는 염색체를 자유자재로 합성하고 조작할 수 있게 됨에 따라 세포의 유전적 구성을 마음대로 바꿀 수 있기 때문에 유전자 치료에 크게 활용될 것 같다. 인조 염색체를 이용하여 원하지 않는 유전자 대신 원하는 유전자를 담은 염색체를 삽입하는 새로운 형태의 유전자 치료가 가능해질 것으로 기대된다.

인조 염색체는 생식세포 치료와 더불어 질병 치료 이상의 의미를 내포하고 있다. 생식세포에서 질병에 관련된 유전자를 제거하는 데 머물지 않고 지능, 외모, 건강을 개량하는 유전자를 보강할 수 있기 때문이다. 뛰어난 머리, 준수한 외모, 예술적 재능 등 누구나 바라는 형질의 유전자로 인조 염색체를 합성하여 생식세포에 집어넣는다면 맞춤아기(designer baby)를 생산할 수 있다. 2020년경 설계대로 만들어진 주문형 아기가 태어날 것 같다.

어느 부모가 더 건강하고 더 영리하며 더 잘생긴 후손을 원하지 않겠는가. 맞춤아기의 출현으로 21세기 인류 사회는 우생학의 소용돌이에 휘말릴 위험성이 높다. 경제 능력에 따라 유전자가 보강된 슈퍼인간과 그렇지 못한 자연인간으로 사회계층이 양극화될 것이라는 전문가들의 우려를 우스갯소리로 흘려버릴 수만은 없는 까닭은 아마도 나치스가 보여 준 우생학의 비극이 재연될 수 있다고 생각하기 때문은 아닐는지…….

인류가 스스로 자신의 후손과 미래를 설계하는 힘을 갖게 되면 그것은 축복인가 아니면 저주인가.

참고문헌

- *The Human Body Shop*, Andrew Kimbrell, HarperCollins, 1993 / 『휴먼 보디 숍』, 김동광 역, 김영사, 1995
- *The Frankenstein Syndrome*, Bernard Rollin, Cambridge University Press, 1995
- *Quest for Perfection*, Gina Maranto, Scribner, 1996
- *Remaking Eden*, Lee Silver, William Morrow, 1997 / 『리메이킹 에덴』, 하영미 · 이동희 역, 한승, 1998
- *The Biotech Century*, Jeremy Rifkin, Tarcher/Putnam, 1998 / 『바이오테크 시대』, 전영택 · 전병기 역, 민음사, 1999
- *High Tech High Touch*, John Naisbitt, Leighco, 1999 / 『하이테크 하이터치』, 안진환 역, 한국경제신문, 2000
- *Genome*, Matt Ridley, Fourth Estate, 1999 / 『게놈』, 하영미 · 이동희 역, 김영사, 2001
- 『유전자가 세상을 바꾼다』, 김훈기, 궁리, 2000
- *Our Posthuman Future*, Francis Fukuyama, Farrar, 2002 / 『부자의 유전자, 가난한 자의 유전자』, 송정화 역, 한국경제신문, 2003
- *Redesigning Humans: Our Inevitable Genetic Future*, Gregory Stock, Houghton Mifflin, 2002
- 『미래를 들려주는 생물공학 이야기』, 유영제 · 박태현, 생각의나무, 2006

2—본성 대 양육

빈 서판

2004년 10월 사람의 유전자 수가 2만여 개에 불과하여 초파리(1만 3,600개)나 예쁜꼬마선충(1만 9,500개) 따위의 벌레와 별 차이가 없는 것으로 밝혀졌으나 과학자들은 별로 당황하지 않았다. 2001년 인간 게놈 프로젝트에서 유전자 수가 추정치인 10만 개에 크게 못 미치는 3만 개로 드러났을 때 한번 크게 놀란 적이 있기 때문이다.

유전자 수로 사람과 하등동물을 구분할 수 없게 됨에 따라 해묵은 본성 대 양육(nature vs. nurture) 논쟁이 다시 불붙었다. 인간의 행동이 유전자(본

프랜시스 골턴

성)에 의해 결정된다고 믿는 선천론과 그 반대로 환경(양육)과 관계가 깊다고 주장하는 경험론 사이에 논쟁이 벌어진 것이다.

초창기 '본성 대 양육' 논쟁을 주도한 인물들은 철학자들이었다. 영국의 경험주의 철학자인 존 로크(1632~1704)는 사람의 마음을 빈 서판(blank slate)에 비유했다. 로크는 인간의 마음이 아무 개념도 담겨 있지 않은 흰 종이와 같으며, 그 내용은 오로지 경험에 의해 채워진다고 주장했다. 빈 서판은 본성을 부정하고 양육을 옹호하는 개념인 셈이다.

한편 프랑스의 장 자크 루소(1712~1778)와 독일의 임마누엘 칸트(1724~1804)는 영국의 경험론자들과 달리 인간은 본성을 타고난다고 주장했다.

1859년 찰스 다윈(1809~1882)은 『종의 기원』을 펴냈다. 다윈에 의해 인간 본성의 보편성이 입증되었다. 그의 사촌인 프랜시스 골턴(1822~1911)은 1874년 '본성과 양육'이라는 용어를 처음 사용했다. 그로 인해 유전결정론과 환경결정론의 양극단을 시계추처럼 오가는 본성 대 양육 논쟁이 시작된 것이다.

골턴과 비슷한 시기에 활동한 미국 심리학자인 윌리엄 제임스(1842~1910)는 다윈의 진화론에서 영감을 얻고 사람의 마음도 신체기관들처럼 생물학적 적응을 통해 진화되었다고 주장했다. 그는 1890년에 펴낸 『심리학의 원리』에서 본능에 대한 새로운 개념을 제시했다. 동물은 본능의 지배를 받는 반면, 사람은 본능 대신에 이성에 의해 지배되므로 사람이 동물보다 지능적이라고 생각하는 것이 통념이다. 그러나 제임스는 정반대의 의견을 제시했다. 그는 사람이 다른 동물보다 많은 본능을 갖고 있기 때문에 인간의 행동이 동물의 행동보다 지능적이라고 주장한 것이다. 그 당시 유행했던 경험론에 도전한 제임스의 본능 개념은 엄청난 파장을 몰고 왔다.

하지만 1920년대가 되자 제임스의 위세에 눌려 있던 경험론 진영에서 빈 서판 개념을 앞세워 반격에 나섰다. 행동주의 심리학의 창시자인 미국의 존 왓슨(1878~1958)은 러시아 심리학자인 이반 파블로프(1849~1936)의 조건반사 이론을 발전시켜 단지 훈련만으로도 성격을 임의대로 바꿀 수 있다고 주장했다. 오스트리아의 정신분석학자인 지그문트 프로이트(1856~1939)는 어린 시절의 경험이 사람의 마음에 미치는 영향을 설명했다. 문화인류학의 창시자인 독일의 프란츠 보아스(1858~1942)는 인간을 본성으로부터 자유롭게 하는 것은 문화라고 강조했다. 사회학의 창시자인 프랑스의 에밀 뒤르켐(1858~1917)은 사회적 현상은 생물학적 요인에 의해 설명될 수 없다고 전제하고 사회학 연구의 기초에 빈 서판 개념을 놓았다.

생물학적 결정론

20세기 들어 공산주의와 나치주의의 출현으로 본성 대 양육 논쟁이 극단으로 치달았다. 공산주의의 사회 개조론은 양육을, 나치즘의 생물학적 결정론은 본성을 옹호하는 이데올로기이기 때문이다. 히틀러의 유대인 대량학살에 충격을 받은 과학자들은 환경결정론의 손을 들어 줄 수밖에 없었다. 본성과 양육 논쟁에서 양육 쪽이 일방적인 승리를 거두게 된 것이다.

이러한 추세는 1958년 미국 언어학자인 노엄 촘스키(1928~)에 의해 극

적으로 반전되기 시작한다. 촘스키가 치켜든 선천론의 깃발은 진화심리
학자들이 승계했다. 진화심리학은 사람의 마음을 생물학적 적응의 산물
로 간주한다. 1992년 심리학자인 레다 코스미데스(1957~)와 인류학자인
존 투비 부부가 함께 편집한 『적응하는 마음』이 출간된 것을 계기로 진화
심리학은 하나의 독립된 연구 분야가 된다. 말하자면 윌리엄 제임스의 본
능에 대한 개념이 1세기 만에 새 모습으로 부활한 셈이다.

더욱이 1990년부터 인간 게놈 프로젝트가 시작됨에 따라 본성과 양육
논쟁에서 저울추가 본성 쪽으로 기울면서 생물학적 결정론이 더욱 강화되
었다. 그러나 2001년 유전자 수가 예상보다 적은 3만여 개로 밝혀지면서
본성보다는 양육이 중요하다는 목소리가 커지기 시작했다. 이를 계기로
본성 대 양육 논쟁이 재연되기에 이르렀다.

본성 대 양육 논쟁은 앞으로 치열하게 전개될 소지가 많다. 하지만 유전
과 환경이 인간의 행동에 어느 정도 영향을 미치는가를 따지는 일은 멀리
서 들려오는 북소리가 북에 의한 것인지, 아니면 연주자에 의한 것인지를
분석하는 것처럼 부질없는 짓일는지 모른다. 본성과 양육 둘 다 인간 행동
에 필수적인 요인이므로.

참고문헌

- *The Bell Curve Wars*, Steven Fraser, Basic Books, 1995
- *The Nurture Assumption*, Judith Rich Harris, Free Press, 1998
- *Human Natures*, Paul Ehrlich, Island Press, 2001 / 『인간의 본성』, 전방욱 역, 이마고, 2008
- *The Blank Slate*, Steven Pinker, Viking Adult, 2002 / 『빈 서판』, 김한영 역, 사이언스북스, 2004
- *Nature via Nurture*, Matt Ridley, Fourth Estate, 2003 / 『본성과 양육』, 김한영 역, 김영사, 2004
- *The Genius Factory*, David Plotz, Random House, 2005 / 『천재공장』, 이경식 역, 북@북스, 2005

21세기 과학기술의 최대 쟁점

1999년 6월, 21세기 과학기술의 새로운 가치와 윤리를 모색한 유네스코 세계과학회의가 전 세계 120개국 정부 대표와 2,000여 명의 과학자들이 참석한 가운데 헝가리 부다페스트에서 열렸다. 20년 만에 열린 세계과학회의에서 채택된 행동 강령은 생명공학 발전의 위험성에 관련된 윤리적 문제를 집중적으로 언급했다. 생명윤리(bioethics)가 21세기 과학기술의 최대 쟁점이 될 것임을 천명한 셈이다. 생명윤리와 관련되어 논의되는 주제는 사람과 동물의 생명을 다루는 과학기술로 구분된다.

동물은 실험실에서 의약품이나 화장품의 개발과 유전공학 연구를 위해 무수히 죽어 간다. 동물실험이 불가능했다면 각종 백신의 부작용을 줄이기 위한 기술 개발은 꿈도 꾸지 못했을 것이다. 인류의 복지 향상을 위해 동물의 희생은 무조건 정당화되었으나 동물보호론자들이 동물실험의 잔혹상을 폭로한 것이 계기가 되어 영국 등 선진국을 중심으로 대중의 동물실험 반대운동이 불붙었다. 따라서 선진국에서는 동물실험을 시험관 실험으로 대체하거나 동물의 고통을 줄이기 위한 방법을 찾고 있다. 요컨대 21세기에는 모든 동물이 존중받을 권리가 있다고 주장하는 동물권 운동가들의 목소리가 거세질 것이다.

생명윤리가 세계과학회의의 주요 관심사가 된 까닭은 유전공학의 발달이 인류의 생존을 위협할 가능성이 높아지고 있기 때문이다. 대표적인 보기는 유전자 변형 농산물이다. 콩, 옥수수 등 유전자 변형 작물은 건강과 환경의 측면에서 심각한 문제를 제기한다. 유전자 이식 작물의 인체 유해성이 우려되고 생태계를 교란시킬 가능성이 높은 것으로 지적된다.

유전자 검사

생명윤리에 대한 논의가 활발하게 일어나는 가장 중요한 이유는 생명공학 기술이 의학에 접목되면서 인간 생명에 대한 새로운 문제들이 제기되기 때문이다.

2004년 10월 인간 게놈 프로젝트의 완성으로 유전병 치료와 예방의 길이 열리게 되었다. 질병을 일으키는 유전자를 정상적인 유전자로 바꾸어 유전병을 치료할 수 있다. 이러한 유전자 치료는 대부분 체세포를 대상으로 하지만 생식세포로 확대될 경우 심각한 윤리적 문제가 대두된다. 생식세포에서 질병 유전자를 제거하는 데 그치지 않고 형질을 개량하는 유전자를 보강하면 맞춤아기를 만들어 낼 수 있기 때문이다.

인간 유전자 지도 완성으로 질병 유전자가 모두 밝혀지면 의사들은 태아 단계에서 유전자 검사를 할 수 있다. 만일 태아가 심각한 유전적 결함을 갖고 있다면 부모는 윤리적 난관에 봉착하게 된다. 유전병 중에는 치료법이 발견되지 않은 것이 많기 때문이다. 다시 말해서 부모는 비정상적인 태아를 유산시키든가, 아니면 낳아서 치료법이 발견될 때까지 그 병을 가진 채 살아가게 하는 양자택일을 강요받게 된다. 부모가 어느 쪽을 선택하는 것이 윤리적으로 정당한 것일까.

이러한 문제는 시험관 아기를 만드는 체외수정 시술에서도 제기된다. 어머니의 자궁으로 착상되기 전에 배아의 상태에서 유전자 검사가 가능하다. 착상 전 유전자 검사는 태아의 유전자 검사보다 부모에게 유리하다. 태아를 낙태하는 고통을 치르지 않고 비정상적인 배아를 간단히 처리하면 되기 때문이다. 그러나 배아의 폐기는 윤리적 문제를 야기한다. 체외수정 시술에서는 유전병을 가진 배아뿐 아니라 착상에 실패한 배아를 내버리기 때문이다.

시험관 아기는 생명윤리 문제를 야기한다.

　한편 인간 게놈 프로젝트의 일환으로 시작된 엘시(ELSI) 연구가 생명윤리의 중요성을 환기시켰다. 엘시는 '윤리적, 법적, 사회적 함의(ethical, legal, and social implications)'를 줄인 말이다. 엘시 연구는 가령 게놈 연구의 윤리 지침이나 유전정보 보호 방안을 마련할 뿐만 아니라 게놈 활용에 대한 사회적 인식을 분석하여 실천적 대안을 모색한다. 엘시 프로그램은 1990년부터 미국에서 추진되었으며, 우리나라는 뒤늦게나마 2001년 6월부터 윤리, 법률, 교육, 언론 등 다양한 학문의 전문가들이 참여한 가운데 엘시 프로그램에 착수하였다.

　생명윤리는 과학기술이 양날의 칼이라는 사실을 재확인한다. 과학기술은 항생제나 컴퓨터를 개발하여 인류의 삶을 안전하고 편리하게 해 준 반면에 핵무기나 내분비계 장애물질을 만들어 생존을 위협하고 환경을 훼손한다. 그러나 과학기술을 올바르게 사용하느냐 못하느냐의 문제는 사람에게 달려 있다. 21세기에 과학윤리가 절실히 요구되는 이유도 거기에 있다.

참고문헌 ─────────────

- *Animal Liberation*, Peter Singer, Avon Books, 1975 / 『동물 해방』, 김성한 역, 인간사랑, 1999
- *Practical Ethics*, Peter Singer, Cambridge University Press, 1980 / 『실천윤리학』, 황경식 역, 철학과현실사, 1991
- *The Imperative of Responsibility: In Search of an Ethics for the Technological Age*, Hans Jonas, University of Chicago Press, 1984
- *A Companion to Bioethics*, Helga Kuhse, Peter Singer, Wiley, 1998 / 『생명윤리학』, 변순용 역, 인간사랑, 2005
- *The Genetic Revolution and Human Rights*, Justine Burley, Oxford University Press, 1999 / 『유전자 혁명과 생명윤리』, 생물학사상연구회, 아침이슬, 2004
- 『생명의 위기』, 구승회 · 윤정로 · 이상헌, 푸른나무, 2001
- *Contemporary Issues in Bioethics*, Tom Beauchamp, Wadsworth Publishing, 2002
- 『생명윤리의 철학』, 구인회, 철학과현실사, 2002
- 『삶과 죽음의 철학』, 임종식, 아카넷, 2003
- 『생명 의료 윤리』, 구영모, 동녘, 2004
- 『생명윤리와 법』, 권복규, 이화여대출판부, 2005
- 『생명윤리, 무엇이 쟁점인가』, 구인회, 아카넷, 2005
- The Ethics of What We Eat, Peter Singer, Jim Mason, Rodale Books, 2006 / 『죽음의 밥상』, 함규진 역, 산책자, 2008
- *Bioethics: An Anthology*, Helga Kuhse, Peter Singer, Wiley, 2006
- *The Case Against Perfection: Ethics in the Age of Genetic Engineering*, Michael Sandel, Harvard University Press, 2007
- *Enhancing Evolution: The Ethical Case for Making Better People*, John Harris, Princeton University Press, 2007
- *The Cambridge Textbook of Bioethics*, Peter Singer, A.M.Viens, Cambridge University Press, 2008
- *Future Bioethics*, Ronald Lindsay, Prometheus Books, 2008

4—생명공학과 과학기술의 융합

생물모방과학

세포를 구성하는 물질은 대부분 물이다. 중량 비율로 보면 물이 85퍼센트에 이른다. 따라서 세포의 물이 외부와 그대로 섞여 버리는 것을 방지하는 생체막의 기능이 매우 중요하다.

생체막의 기능은 주로 단백질에 의하여 수행되지만 생체막의 구조는 지방질의 성질에 따라 결정된다. 생체막으로부터 추출한 지방질을 물에 넣고 휘저으면 여러 겹의 얇은 막이 자발적으로 형성된다. 이것을 리포솜(liposome)이라 한다.

리포솜은 약물의 체내 공급에서 획기적인 수단으로 평가된다. 리포솜의 내부에 약물을 봉입해서 환자에게 투여하면 약의 효과가 증대되고 부작용이 억제되기 때문이다.

리포솜처럼 생물의 기능을 화학적으로 모방하여 생체와 유사한 기능을 가진 재료를 만드는 연구를 생물모방과학(biomimetics)이라 한다. 생물모방과학은 생물의 단백질 분자구조를 본떠서 새로운 중합체(폴리머)를 만들 수 있는 가능성이 입증됨에 따라 재료과학의 지대한 관심사로 부각되었다.

생물모방과학에서 가장 중시하는 단백질은 콜라겐(collagen), 엘라스틴(elastin), 케라틴(keratin) 등 구조단백질과 명주(silk)의 네 종류이다. 구조단백질은 세포와 기관에서 구조를 조립하는 단백질이다.

인체의 전체 단백질의 약 33퍼센트가 콜라겐이다. 피부나 힘줄과 인대 등 세포가 부착되어 있는 연결 조직은 콜라겐으로 구성되어 있다. 이와 성질이 비슷한 엘라스틴은 물리적인 강도와 함께 큰 탄성이 요구되는 폐, 피부 그리고 동맥에서 발견된다. 케라틴은 손톱이나 머리카락을 만드는 단

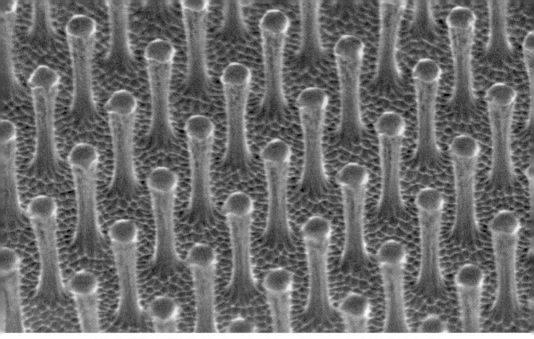

생물모방과학은 자연을 본뜬다.(게코[도마뱀붙이]의 발바닥[왼쪽]을 모방하면 천장에 매달려 걸을 수 있는 로봇을 개발할 수 있다.)

백질이다.

콜라겐과 케라틴을 모방하는 단백질 설계의 단서를 찾기 위하여 연구 대상이 되는 것은 성게의 가시, 쥐의 이빨, 전복의 껍데기이다. 특히 전복 껍데기는 그 튼튼함이 세라믹스 못지않아서 집중적으로 연구된다.

엘라스틴을 본뜬 신소재는 의료 부문에서 잠재적인 응용 분야가 매우 많기 때문에 크게 기대를 모으고 있다. 온도의 변화에 따라 자연적으로 팽창하거나 수축하는 엘라스틴의 뛰어난 탄성을 본떠 만든 폴리머(중합체)는 그 쓰임새가 다양하다. 엘라스틴 연구의 세계적 권위자인 미국의 댄 어리 교수(1935~)는 동맥과 거의 흡사한 합성 엘라스틴을 개발하였다. 이 물질로 진짜 혈관처럼 느껴지는 튜브를 만들 수 있다. 또한 맥박조정기 같은 기계장치를 몸 안으로 집어넣을 때 신체의 내성을 증대시키기 위하여 사

용하는 시트(sheet)의 재료로 손색이 없다. 예컨대 미국 유타 대학에서는 수의사들이 송아지 몸 안으로 인공심장을 이식하면서 그 둘레를 합성 엘라스틴의 시트로 감싼 적이 있다. 이러한 시트는 복강수술에서도 유용하게 쓰일 수 있다. 배를 수술할 때에는 다섯 층으로 된 조직을 절개하고 나중에 다시 깁는다. 이때 여러 층의 조직이 함께 꿰매지는 것을 방지하기 위하여 조직의 각 층 사이에 시트를 끼워 넣는 것이다. 이 밖에도 어리 교수의 생물모방 재료는 리포솜처럼 약을 인체의 환부로 운반하는 캡슐로 사용될 수 있다. 궁극적으로는 합성 엘라스틴이 손상된 인대와 동맥을 대체할 수 있을 것으로 전망된다.

생물모방과학에서 가장 눈독을 들이는 대상은 거미가 분비하는 명주 모양의 실이다. 누에의 명주실은 비단옷의 재료로 사용된 지 오래되었지만 거미의 실크는 상업화 단계를 앞두고 있기 때문이다.

거미의 실크는 보기 드문 특질을 지니고 있다. 같은 무게로 견줄 때 강철보다 다섯 배 정도 튼튼하며, 나일론 같은 합성섬유와는 달리 매우 탄력적이다. 본래 길이의 130퍼센트까지 늘어난다. 또한 높은 온도에서 불안정하지 않고, 방수 기능이 뛰어나며 알레르기를 유발하지 않기 때문에 자연에서 생산되는 가장 특별한 재료로 평가된다.

1999년 캐나다에서는 거미의 유전자를 염소의 유방 세포 안에 삽입하여 염소가 젖으로 거미줄 단백질을 분비하게 하는 데 성공했다. 생물강철 (biosteel)을 생산하는 염소가 나타난 것이다. 거미 실크는 강철 못지않은 생물재료라는 의미에서 생물강철이라 불린다.

2001년 거미 실크 유전자를 담배와 감자의 세포 안에 삽입하여 식물의 잎에서 거미줄 단백질이 나오도록 했다.

인공 거미줄이 생산되면 예상되는 용도는 한두 가지가 아니다. 이를테면 방탄복, 낙하산, 거미줄 총 등의 군사용품이나 현수교를 공중에 매달 때 강의 양쪽 언덕에 건너지르는 사슬의 재료로 사용될 수 있다. 인공힘줄, 인공장기에서 수술 부위를 봉합할 때 조직 사이에 끼워 넣는 시트에 이르기까지 의료 부문에서의 쓰임새 역시 다양하다.

상업용 거미 실크가 나오면 미래의 작물로 각광을 받을 터. 누에 실크로 만든 비단옷이 한때 부유층의 신분을 드러내는 상징이었던 것처럼 21세기에는 생물강철로 만든 고급 의상이 가난한 여인네들을 가슴앓이 하게 하는 일이 있어서는 안 될 텐데……

생물정보학

정보기술과 생명공학 기술은 40여 년 이상 독자적으로 발전해 왔으나 20세기 후반부터 여러 측면에서 융합되고 있다. 두 기술은 정보를 다룬다는 측면에서 공통점이 있다. 정보기술은 마음의 정보처리 능력을 본뜬 컴퓨터의 개발을 겨냥하는 반면, 생명공학 기술은 몸을 일종의 정보처리 체계로 간주하고 유전자의 수수께끼에 도전한다. 따라서 컴퓨터와 유전자는 정보를 매개로 융합하여 제3의 학문이나 기술을 창출할 가능성이 무궁무진하다. 그 대표적인 사례가 생물정보학(bioinformatics)이다. 생물정보학은 컴퓨터를 이용해서 생물학적 문제를 해결하므로 계산생물학(computational biology)이라고도 한다.

생물정보학이 태동한 계기는 인간 게놈 프로젝트이다. 30억 개 이상의 염기쌍을 배열하고 분석하는 일은 컴퓨터의 도움 없이는 불가능했기 때문이다. 유전자 정보를 해독하고 관리하는 데 컴퓨터가 필수 도구가 됨에 따라 분자생물학은 정보과학과 융합하여 생물정보학을 출현시킨 것이다. 요컨대 생물정보학의 기본 목표는 대량의 생물학 관련 자료를 효과적으로 관리하고, 이러한 문헌정보를 연구자들이 신속하고 정확하게 검색하게 해 주는 데 있다. 가령 컴퓨터를 이용하여 분석한 개인의 염기서열 정보를 모든 국민의 유전정보가 저장되어 있는 데이터베이스에 입력시킨 뒤에 훗날 찾아볼 수 있도록 하는 것이다.

생물정보학의 발전에 따라 단백질체학(proteomics)과 시스템생물학(systems biology)이 급성장하게 되었다. 단백질체학은 게놈에 의해 발현되는 전체 단백질, 곧 프로테옴(proteome)의 구조와 기능을 연구하는 분야이다. 단백질체학의 목표는 인체의 단백질 목록을 만들고, 단백질 사이의 상호작용을 밝혀내서, 궁극적으로 부작용이 적은 신약을 개발하는 데 있다. 한편 시스템생물학은 생명체를 유전자, 단백질, 기타 생체물질이 네트워크처럼 얽혀 있는 거대한 시스템으로 간주하고, 생명체를 구성하는 요소들 사이의 상호작용이 전체 네트워크에 미치는 영향을 컴퓨터 시뮬레이션 기법으로 연구한다. 시스템생물학의 대표적인 연구 사례는 가상세포 프로젝트(www.e-cell.org)이다. 1996년 시작된 국제적인 프로젝트로서, 세포를 컴퓨터 안에서 창조하여 생명체의 총체적인 생명현상을 설명한다.

참고문헌 ―――――――――――
　　△ 생물모방과학 관련 도서
* Biomimicry: Innovation Inspired by Nature, Janine Benyus, William Morrow, 1997
* Cats' Paws and Catapults: Mechanical Worlds of Nature and People, Steven Vogel, Norton, 1998
* Wild Solutions: How Biodiversity is Money in the Bank, Andrew Beattie, Paul Ehrlich, Yale University Press, 2001 / 『자연은 알고 있다』, 이주영 역, 궁리, 2005
* Biomimetics: Biologically Inspired Technologies, Yoseph Bar-Cohen, CRC, 2005
* Pulse: The Coming Age of Systems and Machines Inspired by Living Things, Robert Frenay, Farrar, 2006
* The Gecko's Foot: Bio-inspiration, Peter Forbes, Norton, 2006

　　△ 생물정보학 관련 도서
* "바이오인포매틱스", 김동섭, 공학기술 복합시대 , 생각의나무, 2003
* Essential Bioinformatics, Jin Xiong, Cambridge University Press, 2006
* Understanding Bioinformatics, Marketa Zvelebil, Garland Science, 2007
* Introduction to Bioinformatics(3rd edition), Arthur Lesk, Oxford University Press, 2008

　　△ 단백질체학 관련 도서
* Introduction to Proteomics, Daniel Liebler, Humana Press, 2001
* Principles of Proteomics, R.M. Twyman, BIOS Scientific Publishing, 2004
* Proteomics in Practice, Reiner Westermeier, Wiley, 2008

　　△ 시스템생물학 관련 도서
* Computational Systems Biology, Andres Kriete, Academic Press, 2005
* An Introduction to Systems Biology, Uri Alon, Chapman&Hall, 2006
* Systems Biology: Principles, Methods, and Concepts, A.K. Konopka, CRC, 2006
* Systems Biology: Philosophical Foundations, Fred Boogerd, Elsevier Science, 2007
* Introduction to Systems Biology, Sangdun Choi, Humana Press, 2007

5 — 유전학과 융합 학문

우생학

용모가 출중하고 다재다능한 영국 신사 프랜시스 골턴(1822~1911)은 자신의 가문에서 걸출한 인물이 많이 배출된 까닭을 알기 위해 유전학에 관심을 가졌다. 그는 사촌인 찰스 다윈의 저서 『종의 기원』(1859)에 감명을 받고 1865년 발표한 논문에서, 선별적인 교배 기술로 동식물의 품종을 개량하는 것처럼 최고의 소질을 가진 인종을 만들어 낼 수 있다고 제안했다. 1883년 그의 생각을 추종하는 학문을 우생학(eugenics)이라 명명했다.

우생학은 소극적 우생학과 적극적 우생학으로 나뉜다. 전자는 생물학적 부적격자, 이를테면 정신이상자, 저능아 또는 범죄자를 집단으로부터 조직적으로 제거하려는 시도인 반면에 후자는 생물학적으로 우수한 형질을 가진 적격자의 수를 늘리려는 연구이다.

우생학은 20세기 초반부터 대부분의 국가, 특히 미국의 공식적인 정부 정책으로 채택되었다. 범죄, 빈궁 및 사회악에 대한 만능약으로서 호소력이 대단했기 때문이다. 우생학이 미국의 지배층을 사로잡은 이유는 자명하다. 우생학의 주장처럼 환경보다는 유전이 인간의 사회적 행동을 결정한다고 전제하면, 하층민을 생물학적 열등자로 몰아붙여 그들에게 사회악의 모든 체험을 전가시킴으로써 상류층의 기득권 수호를 위해 공권력을 임의로 행사할 수 있었기 때문이다.

미국에서 제정된 우생학적 법률에는 지랄병 환자, 저능아 또는 정신박약자의 결혼을 금지시킨 결혼 규제법(1896), 범죄자와 정신병자에 대해 생식기능을 제거하는 단종법(1907), 유럽인들의 이민을 저지하기 위한 이민법(1924) 등이 있다.

제2차 세계대전 당시 아우슈비츠 강제 수용소의 유대인들

　단종법의 논리적 근거는 범죄인류학을 창시한 이탈리아의 체자레 롬브로조(1836~1909)가 1876년에 내놓은 저서이다. 범죄를 유전과 결부시킨 최초의 연구이다. 롬브로조는 살인범부터 매춘부까지 모든 잠재적 범죄자가 후천적으로 만들어지는 것이 아니라 선천적이라고 주장했다. 살인범은 "눈에 생기가 없고 차디차며 귀는 길고 예리한 송곳니를 갖고 있으며", 성범죄자는 "눈이 빛나고 목소리는 쉬어 있으며 얼굴 모습이 섬세하다."는 것이다.

　미국의 우생학 운동이 거둔 최고의 승리는 1924년 통과되어 1965년까지 존속한 이민법이다. 아일랜드인, 유대인, 이탈리아인 등 이민들이 앵글로색슨의 영향력에 도전했기 때문에 미국 지배층이 위기감을 느낀 나머지 유럽의 이민을 저지하기 위해 제정한 법률이다. 그러나 1929년의 대공황이 우생학의 존립 근거를 송두리째 흔들어 놓았다. 백인 상류층들이 하류층 이민들과 함께 공짜로 빵을 배급받으려고 같은 줄에 서 있는 상황에서 어느 특정 인종이 생물학적으로 우월하다는 주장은 설득력이 없었기 때문이다.

더욱이 독일의 아돌프 히틀러(1889~1945)가 제3제국의 권력을 장악하면서 미국의 우생학 운동은 몰락의 길로 치달았다. 히틀러는 "고등 인종인 아리안 민족의 피가 하등 인간의 피와 섞여서는 안 된다."고 주장했다. 나치는 유럽 점령지역에서 유대인, 집시, 러시아 사람을 수천만 명 학살했다.

우생학은 1950년대에 완전히 숨을 죽였다. 나치의 유대인 학살에 충격을 받은 미국인들이, 범죄자와 정신병자의 단종을 정당화하고 다른 민족의 이민을 저지하는 따위의 비인도적 조처에 앞장서 온 우생학에 염증을 느꼈기 때문이다. 그러나 1960년대부터는 상황이 반전해 우생학이 다시 부활의 기지개를 켰다. 분자생물학의 발전으로 각종 질병의 원인이 되는 유전자가 속속 확인된 덕분이다. 1954년 노벨화학상을 받은 라이너스 폴링(1901~1994)은 "젊은이는 모름지기 각자의 유전자형을 나타내는 문신을 이마에 새겨야 한다. 그러면 무서운 유전병의 유전자를 가진 사람과 사랑에 빠지는 불행을 막을 수 있다."는 극단적인 주장을 펼쳤을 정도이다.

우생학 연구에서 가장 논란거리가 되는 것은 지능의 유전성 여부이다. 지능 유전설에 처음 불을 댕긴 사람은 미국의 아서 젠슨(1923~)이다. 그는 1969년 지능지수의 80퍼센트까지가 선천적임을 주장하는 논문을 발표했다. 지적 능력의 유전적 차이를 측정하는 데 지능검사를 이용하면서 미국 사회의 흑인과 백인, 노동자계급과 상류층의 차이는 유전의 결과라는 주장이 한때나마 설득력을 얻었다. 1994년 출간된『종형 곡선*The Bell Curve*』이 미국 사회를 발칵 뒤집어 놓았다. 지능지수로 사람을 나누면 그 분포가 종 모양을 이룬다는 전제하에 저능아의 대부분이 흑인임을 주장했기 때문이다.

21세기에는 유전자 치료가 의료 기술의 혁명을 예고할 뿐만 아니라 우수한 형질의 유전자가 보강된 맞춤아기 또는 슈퍼인간의 생산이 가능할 것으로 전망된다. 유전공학 기술이 인간 개조를 노리는 우생학에 악용된다면 21세기 인류 사회는 갈등과 증오의 소용돌이에서 헤어나지 못할 것임에 틀림없다.

행동유전학

사람의 행동과 유전자 사이에 연결고리가 존재한다는 사실은 논쟁의 여지가 없다. 그러나 유전자가 행동에 어떻게 영향을 미치는가에 대해서는 논란이 끊이지 않는다. 본성 대 양육 논쟁이 그 좋은 사례이다.

사람의 행동에서 유전의 역할을 연구하는 분야를 행동유전학(behavioural genetics)이라 한다. 유전학, 행동학, 심리학이 융합된 학문이다. 행동유전학은 프랜시스 골턴이 창시한 우생학의 유산을 물려받은 셈이지만 사람의 성격 연구 등에서 괄목할 만한 성과를 거두기도 했다.

행동유전학자들은 사람의 성격이 다섯 가지 특성으로 구분된다고 본다. 성격에 차이를 부여하는 5대 특성은 지적 개방성(openness to experience), 성실성(conscientiousness), 외향성(extroversion), 친화성(agreeableness), 정서 안정성(neuroticism)이다. 영어 첫 글자를 따서 'OCEAN'이라 불린다.

다시 말해서 성격은, 새로운 생각에 개방적인가 무관심한가, 원칙을 준수하는가 제멋대로인가, 사교적인가 내성적인가, 우호적인가 적대적인가, 신경이 과민한가 안정적인가 하는 다섯 기준 사이에 다양하게 분포되어 있다. 요컨대 개인의 성격은 5대 특성이 어느 수준으로 섞여 있는가에 따라 결정된다. 행동유전학자들은 성격의 5대 특성이 모두 유전적이라고 주장한다.

인간 게놈 연구가 발전할수록 행동유전학의 연구 결과는 본성 대 양육 논쟁에서 본성의 입지를 강화시킬 것이기 때문에 우생학을 옹호하는 윤리적 딜레마에 봉착할 가능성이 농후하다. 행동유전학은 과학이 양날을 지닌 칼임을 여실히 보여 준다.

분자고고학

침엽수 껍질에서 배어 나온 끈끈한 수지가 굳어 만들어진 화석인 호박(琥珀) 안에는 꽃이나 나뭇잎은 물론이고 모기, 개미, 사마귀, 장수말벌 같은 곤충에서부터 지네, 개구리, 전갈, 도마뱀에 이르기까지 다양한 동물이 갇혀 있다. 호박 내부는 물과 산소로부터 격리되어 있으므로 오래전에 사라진 생물의 유전물질, 곧 디옥시리보핵산(DNA)이 고스란히 보존되어 있다.

유전자의 본체인 DNA 분자가 유기체의 사후에도 살아남을 수 있음을 처음으로 입증한 인물은 뉴질랜드 태생의 미국 생물학자인 앨런 윌슨(1934~1991)이다. 그가 이끄는 연구진은 1984년에 콰가(quagga)의 피부에서 DNA를 복원했다. 멸종된 생물에서 찾아낸 최초의 DNA 분자이다. 콰가는 얼룩말 비슷한 동물로서 남부 아프리카에서 140년 전에 멸종되었다.

윌슨과는 별도로 죽은 생물의 잔존물로부터 유전정보를 찾아내는 연구에 몰두한 사람은 스웨덴 태생의 독일 생물학자인 스반테 페보(1955~)이다. 그는 2,500년 전에 생존한 이집트의 미라에서 DNA를 추출했다. 윌슨의 연구를 모르고 있던 그로서는 옛 DNA를 최초로 찾아낸 학자로 기록되기를 바랐으나 윌슨에게 기선을 빼앗기고 말았다. 훗날 페보는 윌슨과 협력하여 공동 연구를 수행했다.

윌슨과 페보에 의해 소멸된 생물로부터 DNA가 추출됨에 따라 새로운 학문이 탄생했다. 다름 아닌 분자고고학(molecular archeology)이다. 화석 대신에 DNA 분자를 연구하는 고고학이다.

1984년 출현한 분자고고학에서는 옛 DNA를 찾는 일이 무엇보다 중요하다. 그러나 결코 쉬운 일은 아니다. DNA가 물과 산소에 의해 쉽게 파괴되기 때문이다. 물이 DNA로부터 염기를 씻어 내는 데는 5만 년이 채 안 걸린다. 산소 또한 DNA 파괴에 기여한다. 설령 물과 산소가 없는 상태일지라도 자연 방사선이 유전정보

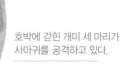

호박에 갇힌 개미 세 마리가 사마귀를 공격하고 있다.

를 말소시킨다. 그럼에도 불구하고 진기한 옛 DNA가 발견되었다.

사람의 경우 이집트의 미라처럼 바싹 마른 피부에는 DNA가 보존되어 있지만 토탄 늪에 묻힌 사체는 대부분 DNA가 파괴되어 있다. 늪 속의 타닌산(酸)이 역시 산인 DNA를 손상시키기 때문이다. 그런데 1991년 미국 플로리다 주립대학은 토탄 연못에서 발굴된 인디언 미라의 뇌에서 DNA 단편을 추출했다. DNA가 훼손되지 않은 까닭은 타닌산을 중화시키는 석회석이 연못에 떨어지고 있었기 때문이다. 7,500년 된 인디언 DNA는 사람의 옛 DNA 중에서 가장 오래된 것이다.

옛 DNA는 멸종된 동물로부터 속속 발견되었다. 콰가를 비롯해서 공조(恐鳥)와 매머드의 유해로부터 의미 있는 유전정보를 얻게 된 것이다. 타조 비슷한 새로서 날지 못하는 공조는 뉴질랜드에 살았으며 4,300년 전에 멸종되었다. 매머드는 시베리아의 영구 동결대에서 냉동된 사체로 발견되었는데 4만 년 전에 사라진 털 많은 거상(巨象)이다.

1990년에는 1,700만 년 전의 화석 잎에서 DNA가 추출되었다. 미국의 호수 밑바닥의 찰흙 안에 퇴적된 목련 잎으로서 아직도 초록빛을 간직하고 있다.

더욱 놀라운 멸종 생물의 DNA는 호박을 연구하는 고(古)곤충학자들로부터 발표되었다. 1992년 두 건의 발견이 신문에 크게 보도되었다. 도미니카 호박에서 2,500만 년 전의 흰개미와 2,500만 년에서 4,000만 년 정도 된 침 없는 벌로부터 DNA가 발견된 것이다. 1993년 6월에는 호박 연구의 권위자인 미국의 조지 포이너(1936~)가 레바논에서 발굴된 1억 3,000만 년 전의 호박에서 멸종된 곤충인 바구미의 DNA를 채취하여 가장 오래된 DNA를 발견한 행운의 주인공이 되었다. 이 바구미는 딱정벌레의 일종으로 공룡과 같은 시기에 살았다. 때마침 영화〈쥬라기 공원Jurassic

Park〉이 미국에서 상영되고 있던 터라 포이너의 발견은 세인의 호기심을 자극했다. 공룡의 피를 빨아 먹은 호박 속의 모기에서 공룡의 DNA를 뽑아내서 공룡을 복원한다는 영화의 줄거리가 더욱 그럴싸했기 때문이다.

옛 DNA로 유기체를 되살리는 일은 불가능에 가깝다. 설령 수많은 DNA 분자를 복원할 수 있다손 치더라도 이들을 꿰맞추어 생물의 기능을 발현시킬 방법이 없기 때문이다. 한번 사라진 생물은 영원히 소멸될 수밖에 없는 것이다. 그런데 1995년 캘리포니아 대학의 연구진들은 1992년 호박에서 DNA가 채취된 바 있는 벌의 배 속에서 박테리아를 발견하여 재생시켰다고 주장했다. 물론 많은 과학자들은 고개를 갸우뚱했다.

분자고고학의 진정한 목적은 옛 DNA를 통해 인류 진화 과정의 수수께끼, 이를테면 인류의 기원이나 생활양식에 얽힌 궁금증을 푸는 데 있다.

참 고 문 헌 ────────────
　　　△ 우생학 관련 도서
　　　• *The Mismeasure of Man*, Stephen Jay Gould, Norton, 1981 / 『인간에 대한 오해』, 김동광 역, 사회평론, 2003
　　　• *In the Name of Eugenics*, Daniel Kevles, Knopf, 1985
　　　• *The Bell Curve*, Richard Herrnstein, Charles Murray, Free Press, 1994
　　　• *The Bell Curve Wars*, Steven Fraser, Basic Books, 1995
　　　• *The Bell Curve Debate*, Russell Jacoby, Three Rivers Press, 1995
　　　• *Quest for Perfection*, Gina Maranto, Scribner, 1996
　　　• *Redesigning Humans*, Gregory Stock, Houghton Mifflin, 2002
　　　• *The Genius Factory*, David Plotz, Random House, 2005 / 『천재공장』, 이경식 역, 북@북스, 2005
　　　• *Eugenic Nation*, Alexandra Minna Stern, University of California Press, 2005

　　　△ 행동유전학 관련 도서
　　　• *Nature and Nurture: An Introduction to Human Behavioral Genetics*, Robert Plomin, Wadsworth, 2004
　　　• *No Two Alike: Human Nature and Human Individuality*, Judith Rich Harris, Norton, 2006 / 『개성의 탄생』, 곽미경 역, 동녘사이언스, 2007
　　　• *Evil Genes*, Barbara Oakley, Prometheus Books, 2007 / 『나쁜 유전자』, 이종삼 역, 살림, 2008

- *Behavioral Genetics*(5th edition), Robert Plomin, John DeFries, Worth Publishers, 2008
- "성격의 5가지 특성", 이인식의 멋진 과학, 〈조선일보〉(2008.4.5.)
- *The Criminal Brain: Understanding Biological Theories of Crime*, Nicole Rafter, New York University Press, 2008

△ 분자고고학 관련 도서

- *The Molecule Hunt*, Martin Jones, Gillon Aitken Associates, 2001 / 『고고학자, DNA 사냥을 떠나다』, 신지영 역, 바다출판사, 2007
- *Where Do We Come From?: The Molecular Evidence for Human Descent*, Jan Klein, Springer, 2002

3
장
나
노
기
술

1—나노기술의 가능성

나노기술 혁명

1959년 12월, 미국 물리학회에서 리처드 파인만(1918~1988)은 분자의 세계가 특정한 임무를 수행하는 매우 작은 구조물을 만들어 세울 수 있는 건물터가 될 것이라고 예언하였다. 분자 크기의 기계, 곧 분자기계의 개발을 제안한 것이다. 그러나 참석자들은 대부분 농담으로 받아들였다.

2000년 1월, 미국의 빌 클린턴 대통령은 5억 달러가 투입되는 나노기술(nanotechnology) 개발계획을 발표하면서 나노기술은 "미국 의회도서관에 소장된 모든 정보를 한 개의 각설탕 크기 장치에 집어넣을 수 있는 기술"이라고 설명하였다.

나노기술은 오랫동안 과학기술자들의 주목을 받지 못했지만 2000년부터 미국 대통령이 나설 만큼 국가적 차원의 관심사로 부상했다.

나노기술은 나노미터 수준에서 물질을 다루는 기술이다. 1나노미터(10억분의 1미터)는 금속 원자 서너 개를 연결한 정도의 길이이다. 사람 몸속의 단백질 분자 크기는 1~20나노미터이다. 요컨대 나노기술은 원자나 분자의 수준에서 물질을 조작하여 전혀 새로운 성질과 기능을 가진 물질을 구현하는 기술이다.

따라서 나노기술의 성패는 나노 수준의 구조물을 만들어 내는 방법의 개발 여부에 달려 있다. 나노 과학자들은 서로 상반된 두 가지 접근방식, 즉 하향식과 상향식으로 나노 구조물의 제작을 시도한다.

하향식 공정기술은 기존의 반도체 소자를 가공하는 공정에서 통상 사용하는 방법을 확장한 것이다. 이미 존재하는 거시물질(bulk material)에서 출발하여 점차적으로 크기를 축소해 가면서 나노미터 크기의 구조물을 제작하는 방법이다. 한편 상향식 공정기술은 나노미터 수준의 기본 구성물질을 만든 다음에 마치 레고 블록을 조립하듯이 기본 구성물질 하나하나를 쌓아 올려 큰 구조물을 만드는 방법이다.

하향식이건 상향식이건 나노기술의 궁극적 목표는 어셈블러(assembler)의 개발에 있다. 어셈블러는 나노기술에 관한 최초의 저서로 평가되는 에릭 드렉슬러(1955~)의 『창조의 엔진 *Engines of Creation*』(1986)에 소개된 나노기계이다. 드렉슬러는 분자를 원료로 사용하여 이들을 유용한 거시물질의 구조로 조립해 내는 분자 크기의 장치를 어셈블러라고 명명했다. 대부분의 어셈블러는 자신의 복제품을 만들어 내는 능력, 곧 자기증식 기능을 가질 것으로 전망된다. 드렉슬러는 두 번째 저서인 『무한한 미래 *Unbounding the Future*』(1991)에서 어셈블러의 등장으로 나노기술 시대가 본격적으로 개막되면 제조 산업과 의학 분야에 혁명적 변화가 올 것이라고 내다보았다.

제조 부문의 경우 나노기술로 물질의 구조를 완벽하게 제어할 수 있으므로 상상할 수 없을 정도로 다양한 스마트 물질(smart material)을 생산할 수 있다. 가령 스마트 옷은 얇은 섬유 안에 센서, 컴퓨터, 모터 등 나노기계가 들어 있으므로 날씨나 습도의 변화에 따라 옷감 스스로 모양과 질감을 바꿀 수 있다.

나노기술이 의학에 미칠 영향은 상상을 불허한다. 질병을 일으키는 바이러스는 나노기계이다. 나노로봇을 신체에 주입하면 잠수함처럼 혈류를 따라 항해하면서 바이러스를 박멸하거나, 세포 안으로 들어가서 자동차 정비공처럼 손상된 세포를 수리한다. 이론적으로는 나노의학으로 치료가 불가능한 질병은 거의 없어 보인다.

이와 같이 나노기술은 단순히 물질을 다루는 방법을 바꾸는 데 그치지 않고 사회의 모든 부문에서 혁명적 변화를 초래할 것으로 예상된다. 낙관론자들은 나노기술을 인간의 굴레인 노화와 사멸까지 미연에 방지하는 만병통치약으로 여기고 있지만 부정적인 측면을 간과할 수 없다. 혹시나 나노기술이 전쟁이나 테러에 쓰인다면 육안으로 식별이 불가능한 나노폭탄의 파괴력은 틀림없이 핵무기 못지않을 테니까.

탄소나노튜브

자연 세계에는 사람의 개입 없이 스스로 일정한 구조를 유지하는 물질이 적지 않다. 이른바 자기조립(self-assembly) 능력을 보여 주는 대표적인 사례로는 물방울과 세포를 들 수 있다.

잎에 맺힌 물방울은 액체가 자발적으로 곡선 모양의 표면을 유지하고

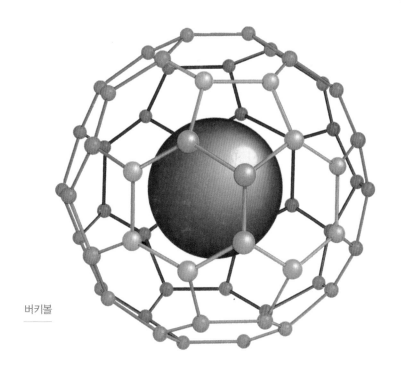

버키볼

있다. 사람의 세포 한 개에는 100억 개의 분자를 채워 넣을 수 있는데, 세포는 스스로 수많은 분자를 결합하여 특정한 구조를 만들어 낸다.

자기조립을 하는 물질 가운데서 공학적으로 가장 크게 기대를 모으는 것은 버키튜브(buckytube)라고 불리는 탄소나노튜브이다.

버키튜브는 버키볼(buckyball)을 긴 대롱 모양으로 변형시킨 것이다. 버키볼은 탄소 원자 60개가 자기조립 하여 럭비공처럼 둥근 구조를 형성한 탄소 분자(C_{60})이다. 이 구조는 미국의 건축가인 벅민스터 풀러(1895~1983)가 창안한 지오데식 돔(geodesic dome)과 비슷하게 생겼기 때문에 그의 이름을 따서 벅민스터풀러렌(buckminsterfullerene)이라 명명했으며, 이를 줄여 풀러렌 또는 버키볼이라 부른다. 다이아몬드와 흑연에 이은 세 번째 탄소 분자 결정체이다. 1985년 풀러렌을 발견한 미국의 리처드 스몰리 (1943~2005) 교수는 1996년 노벨상을 받았다.

탄소나노튜브는 1991년 일본의 재료과학자가 전자현미경으로 검댕 얼룩에서 처음 발견했다. 지름이 1나노미터에 불과하며 굵기가 사람 머리카락의 5만분의 1밖에 되지 않지만 밧줄처럼 다발로 묶으면 인장력이 강철보다 100배 강하다. 또한 구리보다 전류를 잘 전도하고 다이아몬드보다 열을 잘 전달한다.

탄소나노튜브를 10개 이상 밧줄처럼 꼬아 합성하면 반도체처럼 전기 흐름을 제어할 수 있는 성질을 갖게 되기 때문에 실리콘보다 1만 배가량 집적도가 높은 소자를 만들 수 있을 것으로 전망된다.

또한 탄소나노튜브는 다른 물질로 만든 전극보다 훨씬 낮은 전압에서 전자를 방출할 수 있으므로 텔레비전과 컴퓨터 모니터의 전자총을 소형화할 수 있다. 세계 유수의 전자업체들은 나노튜브를 사용한 평판 디스플레이 개발에 경쟁적으로 뛰어들고 있다.

한편 탄소나노튜브는 인장력이 강철보다 강하기 때문에 우주 엘리베이터의 실현 가능성이 논의될 정도이다. 우주 엘리베이터(space elevator)의 아이디어는 1960년 러시아의 기술자가 처음 내놓았으나 과학소설의 대가인 아서 클라크(1917~2008)가 1979년 펴낸『낙원의 샘*The Fountains of Paradise*』이라는 소설에서 묘사함으로써 주목을 받았다. 클라크는 적도 상공 3만 5,800킬로미터의 지구궤도를 도는 인공위성에서 지구로까지 거대한 탑을 세우고, 그 안에 승강기를 설치하면 지구와 우주를 마음대로 왕복할 수 있다고 묘사하였다.

하늘 높이 3만 5,800킬로미터의 탑을 세운다는 것은 그야말로 공상과학소설 속에서나 가능함 직한 터무니없는 발상이라 아니할 수 없다. 그러나 미국 항공우주국 기술자들은 우주 엘리베이터의 건설 가능성을 낙관하는 보고서를 속속 내놓았다. 우주 엘리베이터 건설을 위해 극복해야 할 최대의 난관은 거대한 탑의 무게를 감당할 재료를 찾아내는 일이었다. 이 재료는 62.5기가 파스칼의 인장력이 요구되는 것으로 짐작된다. 강철의 30배에 해당하는 엄청난 인장력이기 때문에 우주 엘리베이터의 건설은 애당초 불가능한 것으로 치부되었다. 그런데 탄소나노튜브가 등장함에 따라 상황이 바뀐다. 탄소나노튜브의 인장력이 130기가 파스칼로 평가되었기 때문이다.

우주 엘리베이터를 실현하려면 승강기의 속도 문제 등 풀어야 할 공학적 문제가 한두 가지가 아닐 것이다. 클라크는 "우주 엘리베이터의 아이디어를 비웃지 않게 될 때 그로부터 50년이 지나서 완성할 수 있다."고 강조한다. 그는 1997년 펴낸 『3001년: 최후의 오디세이 *3001: The Final Odyssey*』에서 31세기에 인류가 우주 엘리베이터를 타고 하늘에 건설된 도시로 이주하게 될 것이라고 상상하였다.

1999년 미국 항공우주국의 한 회의에서 2060년께 우주 엘리베이터의 건설이 가능하다는 의견이 나온 것으로 알려졌다.

나노오염

2003년 3월 열린 미국화학회에서 꿈의 신소재로 여겨진 탄소나노튜브가 독성을 지니고 있다는 연구보고서가 발표되었다. 과학자들은 탄소나노튜브를 쥐의 폐 조직에 주입한 결과 높은 독성을 나타냈으며, 폐 속에서 서로 응집하면서 조직을 손상시켰다고 밝혔다. 또한 다른 보고서는 나노 크기의 입자, 곧 나노입자(nanoparticle)를 쥐에 흡입시킨 결과 질식사했다고 밝혔다.

이를 계기로 나노입자가 인체의 건강과 환경에 나쁜 영향을 끼칠지 모른다는 나노오염(nanopollution)의 문제가 제기되기에 이르렀다.

물질이 작아질수록 더 위험해질 가능성이 높다는 것은 알려진 사실이다. 좋은 예가 규폐증이다. 규폐증은 광산 등 공기가 잘 유통되지 않는 곳에서 일하는 사람이 규사를 계속 마셔서 폐에 스며든 직업병이다. 규사는 석영의 작은 알맹이로 된 흰 모래이다. 석영이 덩어리일 때는 전혀 문제가 없지만 입자가 되면 폐 조직에 치명적인 상처를 입히게 되므로 규폐증을 앓게 된다.

2007년 2월 미국 연방정부 환경보호국(EPA)은 탄소나노튜브의 독성 문제를 다룬 백서에서, 탄소나노튜브로 만든 야구방망이가 깨질 때 독성을 지닌 나노입자가 방출되어 물이나 공기를 오염시킬 수 있다고 경고했다.

각종 화장품에서 가전제품까지 나노입자를 활용한 제품이 일상생활에 파고들기 시작하므로 나노오염의 가능성은 두고두고 사회적 쟁점이 될 것임에 틀림없다.

그레이 구 시나리오

에릭 드렉슬러는 『창조의 엔진』에서 분자 크기의 장치인 어셈블러의 아이디어를 내놓았다.

만일 어셈블러가 어떠한 물체도 조립할 수 있다면 자기 자신도 만들어내지 말란 법이 없다. 말하자면 자기 자신도 복제할 수 있다. 이 나노봇(nanobot)은 생물체의 세포처럼 자기증식이 가능하기 때문에 얼마 뒤에 두 번째 나노봇을 얻게 되고, 조금 지나서는 네 개, 여덟 개 등 기하급수적으로 증식하게 될 것이다.

어셈블러의 자기복제 기능으로 말미암아 인간의 힘으로 통제 불가능한 재앙이 발생할 수 있다. 인체 안에서 활동하는 나노봇이 돌연변이를 일으켜 암세포를 죽이지 않고 제멋대로 증식한다면 생명이 위태로워질 것이다. 유독 쓰레기를 제거하기 위해 뿌려 놓은 나노봇이 자기복제를 멈추지 않으면 지구는 로봇 떼로 뒤덮일 것이다.

드렉슬러는 자기증식 나노기계가 지구 전체를 뒤덮게 되는 상태를 잿빛 덩어리(grey goo)라고 명명했다. 이른바 그레이 구 상태가 되면 인류는 최후의 날을 맞게 된다는 것이다.

드렉슬러의 이론을 지지하는 사람들은 나노봇이 특정 임무를 마치거나 소정의 활동 시간이 경과한 뒤에, 자기증식이 정지되거나 스스로 자살하게 만드는 소프트웨어를 장착한다면 그레이 구의 재앙은 모면할 수 있다고 주장한다.

그러나 많은 과학자들은 자기복제가 가능한 나노봇은 애당초 실현 불가능한 공상이라고 비웃는다. 특히 리처드 스몰리(1943~2005) 교수는 드렉슬러의 어셈블러는 과학과 환상의 세계에 두 다리를 걸친 허무맹랑한 농담이라고 일소에 붙였다. 스몰리는 1996년 노벨화학상을 받은 나노기술의 선구자이다. 2001년 스몰리가 드렉슬러를 비판하는 글을 발표해 두 사람은 치열한 공방전을 벌였다.

한편 나노의학의 선구자인 로버트 프라이타스(1952~)는 그레이 구에 빗대어 몇 가지 나노봇 재앙 시나리오를 제시했다. 나노봇이 물속에 녹아 있는 탄소를 몽땅 사용하는 잿빛 플랑크톤(grey plankton) 시나리오는 지구의 탄소가 모두 소멸되는 재앙을 걱정한다. 그 밖에도 나노봇이 공기 중의 먼지나 햇빛에 함유된 각종 원소를 자신의 에너지로 사용하는 잿빛 먼지

(grey dust), 나노봇이 바위 위의 탄소 등 원소를 사용하는 잿빛 이끼(grey lichen) 시나리오를 상상했다.

2000년 4월 컴퓨터 연구자인 빌 조이(1954~)는 세계적 반향을 불러일으킨 논문인 「왜 우리는 미래에 필요 없는 존재가 될 것인가Why the Future Doesn't Need Us」에서 드렉슬러의 상상력에 전폭적인 공감을 나타냈다. 조이는 자기증식 하는 나노봇에 의해 인류가 종말을 맞게 될지 모른다고 우려했다.

이어서 2002년 마이클 크라이튼(1942~)이 드렉슬러의 아이디어를 액

나노봇이 적혈구 세포 주변을 돌면서 바이러스를 찾고 있다.

면 그대로 수용한 소설『먹이Prey』를 발표함에 따라 그레이 구 시나리오에 대한 대중적 관심이 고조되었다. 크라이튼은 한술 더 떠서 자기증식 로봇이 집단을 형성하면 떼 지능이 창발할 것이라고 상상했다. 이러한 나노봇 떼는 재빨리 변형이 가능하여 이미지, 소리 또는 사람의 윤곽 등을 투영할 수 있다. 이들은 일종의 인공생명이지만 문자 그대로 살아 있는 괴물처럼 사람을 먹이로 해치우지 말란 법이 없을 것이다.

나는 어느 편인가 하면 스몰리보다 드렉슬러를 지지하고 싶다. 왜냐하면 인간의 꿈과 상상력이 실현되는 것처럼 신나는 일은 없을 테니까.

참고문헌 ─────────

- *Engines of Creation*, K. Eric Drexler, Anchor Press, 1986
- *Unbounding the Future: the Nanotechnology Revolution*, K. Eric Drexler, William Morrow, 1991 /『나노 테크노피아』, 한정환 역, 세종서적, 1995
- 『사람과 컴퓨터』, 이인식, 까치, 1992
- *Nano*, Edward Regis, Little Brown&Company, 1995 /『나노테크놀로지』, 노승정 역, 한승, 1998
- *Nanotechnology*, BC Crandall, MIT Press, 1996
- "Why the Future Doesn't Need Us", Bill Joy, Wired(2000년 4월호)
- 『나노기술이 미래를 바꾼다』, 이인식 엮음, 김영사, 2002
- *Our Molecular Future*, Douglas Mulhall, Prometheus Books, 2002 /『분자 혁명과 준비된 미래』, 노용한 역, 한티미디어, 2004
- *Prey*, Michael Crichton, HarperCollins, 2002 /『먹이』, 김진준 역, 김영사, 2004
- *The Next Big Thing is Really Small*, Jack Uldrich, Random House, 2003 /『나노: 비즈니스 게임의 법칙이 바뀐다』, 최장욱 역, 매일경제신문, 2003
- *The Singularity Is Near*, Ray Kurzweil, Loretta Barrett Book, 2005 /『특이점이 온다』, 김명남 역, 김영사, 2007
- "나노기술─인간의 상상력을 시험한다", 이인식, 〈크로스로드(crossroads.apctp. org)〉(2006년 2월호)
- *The Dance of Molecules*, Ted Sargent, Viking Canada, 2006 /『나노기술의 세계』, 차민철 역, 허원미디어, 2008
- 『재미있는 나노 과학기술 여행』, 금동화, 양문, 2006
- *An Introduction to Nanosciences and Nanotechnology*, Alain Nouailhat, Wiley, 2008
- Nanotechnology and Society, Fritz Allhoff, Springer, 2008

나노바이오 기술

나노기술의 응용이 가장 기대되는 분야의 하나는 생명공학 기술이다. 나노기술과 바이오기술의 만남은 필연적인 것이다. 생명체의 기본 단위인 세포 속에서 일어나는 활동의 대부분이 나노미터 수준에서 조절되기 때문이다. 나노기술과 바이오기술이 융합된 것을 나노바이오 기술(nanobio-technology)이라고 한다.

나노바이오 기술은 질환의 조기 발견, 약물 전달, 질병 치료 등에서 혁명적인 변화를 초래할 전망이다.

질환 진단에는 나노바이오센서와 바이오칩의 비중이 갈수록 커질 것이다. 나노바이오센서를 이용한 질병 탐지 시스템으로 탄저병, 천연두 등 질병을 신속히 발견할 수 있다. 나노바이오센서는 독가스나 독소를 탐지할 수 있으므로 생물학적 테러의 대응수단으로 안성맞춤이다. 바이오칩은 생화학적 전자칩인데, DNA칩, 단백질칩, 랩온어칩(lab-on-a-chip) 등 세 형태로 개발된다. 가장 난이도가 높은 기술인 랩온어칩은 '손바닥 위의 실험실'로 불리는 엄지손가락만 한 크기의 장치로서 질병 검사에 필요한 여러 분석 장비를 하나의 칩 안에 넣어 둔 것이다. 극소량의 혈액이나 조직을 반응시키면 누구나 단시간에 질병 유무를 판독할 수 있다.

나노 약물 전달(drug delivery) 시스템의 결정판은 스마트 약이라 불리는 나노캡슐이다. 나노입자로 이루어진 캡슐에 약물을 담은 뒤 여기에 특정 질병인자를 인식하는 항체를 달아 몸 안에 주입하면 이 나노캡슐은 혈액을 타고 다니다가 질병인자에게 약물을 방출한다.

나노의학

나노바이오 기술의 궁극적인 목표는 나노 크기의 로봇, 곧 나노봇(nanobot)의 개발이다. 질병을 일으키는 바이러스는 가공할 만한 나노기계라 할 수 있다. 이러한 자연의 나노기계를 인공의 나노기계로 물리치는 방법 말고는 더 효과적인 전략이 없다는 것이 나노의학(nanomedicine)의 기본 전제이다.

에릭 드렉슬러는『창조의 엔진』에서 나노봇의 아이디어를 제시했다. 나노봇의 내부에는 병원균을 찾아서 파괴하도록 프로그램되어 있는 나노컴퓨터가 들어 있으며, 모든 목표물의 모양을 식별하는 나노센서가 부착되어 있다. 잠수함처럼 혈류를 헤엄치고 다니는 나노봇은 나노센서로부터 정보를 받으면 나노컴퓨터에 저장된 병원균의 자료와 비교한 다음에 병원균으로 판단되는 즉시 약물을 방출해 격멸한다. 인체의 면역계와 진배없는 장치라고 할 수 있다. 드렉슬러는 세포 수복 기계(cell repair machine)라 불리는 나노봇도 소개했다. 이 로봇은 세포 안으로 들어가서 마치 자동차 정비공처럼 손상된 세포를 수리한다.

나노의학의 선구자인 로버트 프라이타스는 인간 혈구 세포의 기능을 가진 나노봇의 개발을 제안했다. 프라이타스는 호흡 세포(respirocyte)라 명명된 나노봇을 설계했다. 적혈구 세포 기능을 가진 이 로봇을 몸에 주입하면 단거리 경주 선수가 15분 동안 단 한 번도 숨을 쉬지 않고 역주할 수 있다는 것이다. 프라이타스는 병원균과의 싸움에서 백혈구 세포보다 성능이 뛰어난 대식세포 로봇(robotic macrophage), 사람 세포에서 노폐물을 청소하는 의료 로봇, DNA 착오를 교정하는 나노봇을 설계했다. 이와 같이 나노봇이 치료할 수 없는 질환은 거의 없어 보인다. 어쩌면 인간의 숙명인 죽음을 미연에 방지할 수 있을지 모를 일이다.

프라이타스에 따르면 수십억 개의 나노봇이 뇌의 모세관 안에서 신경세포와 상호작용하면서 뇌 안을 주사(scan)하게 된다. 뇌 안의 나노봇은 신경계 안에서 다른 나노봇들과 각종 정보를 교환하면서 인간의 지능을 크게 향상시킬 수 있다.

나노봇이 실현되면 분자 수준에서 우리의 몸뿐만 아니라 마음까지 재설계하고 재구성할 수 있게 될 것 같다.

참 고 문 헌

- *Engines of Creation*, K. Eric Drexler, Anchor Press, 1986
- "바이오산업에서 각광받는 나노기술", 조영호, 『나노기술이 미래를 바꾼다』, 김영사, 2002
- *Nanobiotechnologie als Wirtschaftskraft*, Vlad Georgescu, Campus Verlag, 2002 / 『나노바이오 테크놀로지』, 박진희 역, 생각의나무, 2004
- *Nanomedicine: Biocompatibility*, Robert Freitas, Landes Bioscience, 2003
- *The Singularity Is Near*, Ray Kurzweil, Loretta Barrett Book, 2005 / 『특이점이 온다』, 김명남 역, 김영사, 2007
- *The Handbook of Nanomedicine*, Kewal Jain, Humana Press, 2008

로봇공학

1—미래의 로봇

로봇의 진화

21세기의 로봇은 어떤 모습일까? 로봇공학 전문가인 한스 모라벡(1948~)은 그의 저서『로봇*Robot*』(1999)에서 로봇 기술의 발달과정을 생물 진화에 견주어 흥미롭게 전망하고 있다.

모라벡에 따르면 20세기 로봇은 곤충 수준의 지능을 갖고 있지만, 21세기에는 10년마다 세대가 바뀔 정도로 지능이 향상될 전망이다. 이를테면 2010년까지 1세대, 2020년까지 2세대, 2030년까지 3세대, 2040년까지 4세대 로봇이 개발될 것 같다.

먼저 1세대 로봇은 동물로 치면 도마뱀 정도의 지능을 갖는다. 20세기의 로봇보다 30배 정도 똑똑한 로봇이다. 크기와 모양은 사람처럼 생겼으

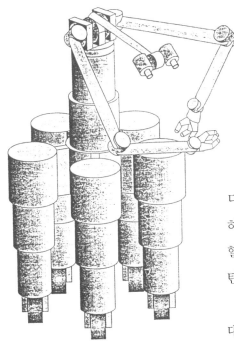

한스 모라벡이 상상한 21세기의 1세대 로봇

며 용도에 따라 다리는 2개에서 6개까지 사용 가능하다. 물론 바퀴가 달린 것도 있다.

평평한 지면뿐만 아니라 거친 땅이나 계단을 돌아다닐 수 있고, 대부분의 물체를 다룰 수 있다. 집 안에서 목욕탕을 청소하거나 잔디를 손질하고, 공장에서 기계부품 조립하는 일을 척척 해낸다. 맛있는 요리를 할 수 있을 테고, 테러범이 숨겨 놓은 폭탄을 찾아내는 일도 잘할 것이다.

2020년까지 나타날 2세대 로봇은 1세대보다 성능이 30배 뛰어나며 생쥐 정도로 영리하다. 1세대와 다른 점은 스스로 학습하는 능력을 갖고 있다는 것이다.

가령 부엌에서 요리할 때 1세대 로봇은 한쪽 팔꿈치가 식탁에 부딪히더라도 다른 행동을 취하지 못하고 미련스럽게 계속 부딪힌다. 그러나 2세대 로봇은 팔꿈치를 서너 번 부딪히는 동안 다른 손을 사용해야 한다고 판단하게 된다. 주위 환경에 맞추어 스스로 적응하는 능력을 갖고 있기 때문이다.

3세대 로봇은 원숭이만큼 머리가 좋고 2세대 로봇보다 30배 뛰어나다. 주변 환경에 대한 정보와 함께 그 안에서 자신이 어떻게 행동하는 것이 좋은지를 판단할 수 있는 소프트웨어를 갖고 있다. 요컨대 어떤 행동을 취하기 전에 생각하는 능력이 있다.

부엌에서 요리를 시작하기 전에 3세대 로봇은 여러 차례 머릿속으로 연습을 해 본다. 2세대는 팔꿈치를 식탁에 부딪힌 다음에 대책을 세우지만, 3세대 로봇은 미리 충돌을 피하는 방법을 궁리한다는 뜻이다.

마음의 아이들

2040년까지 개발될 4세대 로봇은 20세기의 로봇보다 성능이 100만 배 이상 뛰어나고 3세대보다 30배 똑똑하다. 이 세상에서 원숭이보다 30배가량 머리가 좋은 동물은 다름 아닌 사람이다. 말하자면 사람처럼 보고 말하고 행동하는 기계인 셈이다.

일단 4세대 로봇이 출현하면 놀라운 속도로 인간의 능력을 추월하기 시작할 것이다. 모라벡에 따르면 2050년 이후 지구의 주인은 인류에서 로봇으로 바뀌게 된다. 이 로봇은 소프트웨어로 만든 인류의 정신적 유산, 이를테면 지식, 문화, 가치관을 모두 물려받아 다음 세대로 넘겨줄 것이므로 자식이라 할 수 있다. 모라벡은 이러한 로봇을 마음의 아이들(mind children)이라 부른다.

인류의 미래가 사람의 몸에서 태어난 혈육보다는 사람의 마음을 물려받은 기계, 즉 마음의 아이들에 의해 발전되고 계승될 것이라는 모라벡의 주장은 실로 충격적이지 않을 수 없다. 그럼에도 모라벡의 아이디어는 적지 않은 학자들의 지지를 받고 있다.

예컨대 인공지능 이론의 선구자인 미국의 마빈 민스키 교수는 "로봇이 지구를 물려받을 것인가? 그렇다. 그러나 그들은 우리들 마음의 자식들일 것이다."라고 모라벡에게 전폭적으로 공감하는 의견을 개진했다.

21세기 후반, 사람보다 훨씬 영리한 기계, 곧 로보사피엔스(Robo sapiens)

가 지구의 주인 노릇을 하는 세상은 어떤 모습일까. 아마도 사람은 없어도 되지만 로봇이 없으면 돌아가지 않는 세상이 될 것 같다.

참 고 문 헌 —————

- *Is Man a Robot?*, Geoff Simons, John Wiley&Sons, 1986
- *Mind Children*, Hans Moravec, Harvard University Press, 1988
- *HAL's Legacy: 2001's Computer as Dream and Reality*, David Stork, MIT Press, 1997
- *Affective Computing*, Rosalind Picard, MIT Press, 1997
- *March of the Machines*, Kevin Warwick, Peter Tauber Press, 1997 / 『로봇의 행진』, 한국과학기술원 시스템제어연구실, 한승, 1999
- *Robot*, Hans Moravec, Oxford University Press, 1999
- *The Age of Spiritual Machines*, Ray Kurzweil, Viking Penguin, 1999 / 『21세기 호모사피엔스』, 채윤기 역, 나노미디어, 1999
- *The Robot in the Garden*, Ken Goldberg, MIT Press, 2000
- *Robo sapiens*, Peter Menzel, MIT Press, 2000 / 『로보사피엔스』, 신상규 역, 김영사, 2002
- *Flesh and Machines*, Rodney Brooks, Pantheon Books, 2002 / 『로봇 만들기』, 박우석 역, 바다출판사, 2005
- *Living Dolls*, Gaby Wood, Watt Limited, 2002 / 『살아 있는 인형』, 김정주 역, 이제이북스, 2004
- *Deep Blue*, Monty Newborn, Springer, 2003
- *Ultimate Robot*, Robert Malone, Dorling Kindersley, 2004 / 『헬로우, 로봇』, 오준호 역, 을파소, 2005
- 『나는 멋진 로봇 친구가 좋다』, 이인식, 랜덤하우스, 2005
- *The Singularity Is Near*, Ray Kurzweil, Loretta Barrett Book, 2005 / 『특이점이 온다』, 김명남 역, 김영사, 2007

2 ─ 사람과 로봇

로봇이 지배하는 세계

21세기 후반, 그러니까 2050년대 이후부터 우리는 사람처럼 생각하고, 느끼며, 행동하는 휴머노이드(humanoid) 로봇과 더불어 살지 않으면 안 될 것 같다.

사람과 로봇이 맺게 될 사회적 관계는 대충 세 가지로 짐작된다. 첫째, 로봇이 오늘날처럼 인간의 충직한 심부름꾼 노릇을 하는 주종 관계를 생각할 수 있다. 둘째, 로봇이 사람보다 영리해져서 인간을 지배할 가능성도 배제할 수 없다. 끝으로, 호모사피엔스(지혜를 가진 인류)와 로보사피엔스(지혜를 가진 로봇)가 공생 관계를 형성해 서로 돕고 살 수도 있을 것이다.

많은 사람들은 인간의 피조물인 로봇이 미래에도 오늘날 산업 현장의 로봇처럼 사람 대신에 온갖 힘든 일을 도맡아 줄 것으로 믿고 있다. 21세기 후반에도 아이작 아시모프(1920~1992)의 '로봇공학의 3대 법칙'이 여전히 유효할 것임을 추호도 의심하지 않는 셈이다.

그러나 기계가 인간보다 뛰어나서 인간이 기계에게 밀려날 것이라는 공포감은 소설이나 영화를 통해 끊임없이 표출되었다.

메리 셸리(1797~1851)의 『프랑켄슈타인Frankenstein』(1818)은 과학자와 그가 만든 괴물이 모두 파멸되는 것으로 끝난다. 이 소설은 인간이 자신의 피조물을 거부하는 것을 보여 줌으로써 자신의 모습을 닮은 기계에 대한 인간의 공포심을 드러낸다.

카렐 차페크(1890~1938)의 『로섬의 만능 로봇Rossum's Universal Robot (R.U.R.)』(1921) 역시 프랑켄슈타인의 괴물과 마찬가지로 로봇을 먼저 파괴하지 않으면 결국 로봇이 인간의 자리를 빼앗아 갈 것이라는 의미를 함축하고 있다. 반란을 일으킨 로봇 지도자는 여자 주인공에게 "당신들은 로봇만큼 튼튼하지 않다. 당신들은 로봇만큼 재주가 뛰어나지도 않다."고 외치면서 동료 로봇에게 모든 인간을 죽이라고 명령한다.

1999년 부활절 주말에 미국에서 개봉된 영화 〈매트릭스The Matrix〉의 무대는 2199년 인공지능 기계와 인류의 전쟁으로 폐허가 된 지구이다. 마침내 인공지능 컴퓨터들은 인류를 정복하여 인간을 자신들에게 에너지를 공급하는 노예로 삼는다. 땅속 깊은 곳에서 인간들은 매트릭스 컴퓨터들의 배터리로 사육되는 것이다. 말하자면 인간은 오로지 기계에 의해서, 기계를 위해 태어나며 생명이 유지되고 이용될 따름이다.

로봇공학자 중에도 인류가 기계의 하인이 될 것이라고 주장하는 사람이 없지 않다. 영국의 케빈 워릭(1954~) 교수는 그의 저서 『로봇의 행진March of the Machines』(1997)에서 21세기 지구의 주인은 로봇이라고 단언한다. 워릭은 2050년 기계가 인간보다 더 똑똑해져서 지구를 지배하게 될 것이라고 전망한다. 2050년 인류의 삶은 기계에 의해 통제되고 기계가 시키는 일은 무엇이든지 하지 않으면 안 되는 처지에 놓인다. 남자들은 포로수용소 같은 곳에서 노동자로 사육된다. 노동자들은 육체적으로 불필요한 성적 행위를 하지 못하게끔 거세되며, 두뇌는 재구성되어 분노, 우울, 추상적 사고와 같은 부정적인 요소가 제거된다. 여자들은 사방이 벽으로 막힌 인간 농장에 수용된 채 오로지 아이를 낳기 위해 사육된다. 한 번에 세 명의 아기를 낳는다. 12세쯤 출산을 시작해서 30대가 되면 쓰레기처럼 소각로에 버려진다. 여자들은 평생 동안 50여 명 정도 아기를 낳는다.

마음 이식 시나리오

사람과 로봇이 맺을 수 있는 세 번째 관계는 서로 돕고 사는 공생이다.

로봇공학 전문가인 한스 모라벡은 그의 저서 『마음의 아이들*Mind Children*』(1988)에서 사람의 마음을 기계 속으로 옮겨 사람이 말 그대로 로봇으로 바뀌는 시나리오를 제시하였다.

수술실에 드러누워 있는 당신 옆에는 당신과 똑같이 되려는 컴퓨터가 대기하고 있다. 당신의 두개골이 먼저 마취된다. 그러나 뇌가 마취된 것이 아니기 때문에 당신의 의식은 말짱하다. 수술을 담당한 로봇이 당신의 두개골을 열어서 그 표피를, 손에 수없이 많이 달려 있는 미세한 장치로 스캔(주사)한다. 주사하는 순간마다 뇌의 신경세포 사이에서 발생하는 전기신호가 기록된다. 로봇 의사는 측정된 결과를 토대로 뇌 조직의 각 층이 보여 주는 행동을 본뜬 컴퓨터 프로그램을 작성한다. 이 프로그램은 즉시 당신 옆의 컴퓨터에 설치되어 가동된다. 이러한 과정은 뇌 조직을 차근차근 도려내면서 각 층에 대하여 반복적으로 시행된다. 말하자면 뇌 조직의 층별로 뇌의 움직임이 모의실험(시뮬레이션)되는 것이다. 수술이 끝날 즈음에 당신의 두개골은 텅 빈 상태가 된다. 물론 당신은 의식을 잃지 않고 있지만 당신의 마음은 이미 뇌로부터 빠져나와서 기계로 이식되어 있다. 마침내 수술을 마친 로봇 의사가 당신의 몸과 컴퓨터를 연결한 코드를 뽑아 버리면 당신의 몸은 경련을 일으키면서 죽음을 맞게 된다. 그러나 당신은 잠시 동안 아득하고 막막한 기분을 경험한다. 그리고 다시 한 번 당신은 눈을 뜨게 된다. 당신의 뇌는 비록 죽어 없어졌지만 당신의 마음은 컴퓨터에 온전히 옮겨졌기 때문이다. 당신은 새롭게 변형된 셈이다.

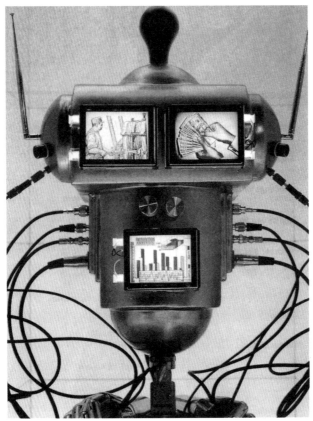

인류의 미래는 인류의 정신적 유산, 이를테면 지식, 문화, 가치관을 물려받은
로봇에 의해 발전되고 계승될지 모른다.

모라벡의 시나리오에 따르면 인간의 마음이 기계에 이식됨에 따라 상상
하기 어려운 다양한 변화가 일어난다. 먼저 컴퓨터의 처리 성능에 힘입어
사람의 마음이 생각하고 문제를 처리하는 속도가 수천 배 빨라질 것이다.
마음을 이 컴퓨터에서 저 컴퓨터로 자유자재로 이동시킬 수 있기 때문
컴퓨터의 성능이 강력해지면 그만큼 사람의 인지능력도 향상될 것이다.

또한 프로그램을 복사하여 동일한 성능의 컴퓨터에 집어넣을 수 있으므로 자신과 동일하게 생각하고 느끼는 기계를 여러 개 만들어 낼 수 있다. 게다가 프로그램을 복사하여 보관해 두면 오랜 시간이 경과된 후에 다시 사용할 수 있기 때문에 마음이 사멸하지 않게 된다. 마음이 죽지 않는 사람은 결국 영생을 누리게 되는 셈이다.

모라벡은 한 걸음 더 나아가 마음을 서로 융합시키는 아이디어를 내놓았다. 컴퓨터 프로그램을 조합시키는 것처럼 여러 개의 마음을 선택적으로 합치면 상대방의 경험이나 기억을 서로 공유할 수 있다는 것이다.

모라벡의 시나리오처럼 사람의 마음을 기계로 옮겨 융합시킬 수 있다면 조상의 뇌 안에 있는 생존 시의 기억과 감정을 읽어 내서 살아 있는 사람의 의식 속으로 재생시킬 수 있을 터이므로 산 사람과 죽은 사람, 미래와 과거의 구분이 흐릿해질 수도 있다.

이런 맥락에서 모라벡은 소프트웨어로 만든 인류의 정신적 유산을 물려받게 되는 로봇, 곧 마음의 아이들이 인류의 후계자가 될 것이라고 주장하였다.

2050년 이후에 워릭의 주장처럼 로봇은 창조주인 인류를 파멸시킬 것인가. 아니면 모라벡의 시나리오처럼 로봇은 인류를 불멸의 존재로 만들어 줄 것인가? 이 질문에 대한 정답은 아무도 알 수 없다. 단지 로봇공학이 발전을 거듭하고 있는 오늘날 예측 가능한 유일한 사실은, 사람보다 영리한 로보사피엔스가 출현하게 될 21세기 후반 인류 사회의 모습이 예측 불가능하다는 것뿐이다.

참고문헌 ————————————

• *Mind Children*, Hans Moravec, Harvard University Press, 1988
• *March of the Machines*, Kevin Warwick, Peter Tauber Press, 1997 / 『로봇의 행

진』, 한국과학기술원 시스템제어연구실, 한승, 1999
- *Robot*, Hans Moravec, Oxford University Press, 1999
- "Why the Future Doesn't Need Us", Bill Joy, Wired(2000년 4월호)
- 『나는 멋진 로봇 친구가 좋다』, 이인식, 랜덤하우스, 2005
- *The Singularity Is Near*, Ray Kurzweil, Loretta Barrett Book, 2005 / 『특이점이 온다』, 김명남 역, 김영사, 2007
- *Radical Evolution*, Joel Garreau, Doubleday, 2005 / 『급진적 진화』, 임지원 역, 지식의숲, 2007

환경과 에너지

1— 21세기의 환경 재앙

내분비계 장애물질

1999년 6월 벨기에에서는 다이옥신 파동으로 정권이 바뀌었다. 계란과 우유 제품에 다이옥신이 함유된 사실이 알려지자 성난 시민들이 선거에서 화풀이를 한 것이다.

우리나라 식품의약품안전청은 다이옥신 파동 이후에 벨기에, 네덜란드, 프랑스 등에서 수입한 계란 함유 식품을 분석한 결과 다이옥신이 검출되었다고 밝혔다. 벨기에산 웨하스, 네덜란드산 계란 흰자위로 만든 초콜릿, 프랑스산 계란으로 만든 게맛살에 상당량의 다이옥신이 들어 있는 것으로 나타났다.

1998년 프랑스 환경부의 추정에 따르면 해마다 1,800~5,200명의 프랑스 사람들이 다이옥신에 의해 유발된 암으로 죽어 가고 있다.

다이옥신은 쓰레기 소각로에서 대기로 배출되는 유기염소 화합물이다. 유기염소는 독성이 강할 뿐 아니라 잘 분해되지 않기 때문에 지구 전역에 걸쳐 공기, 바다, 토양 등 어느 곳에나 스며 있다. 특히 생태계의 먹이사슬을 통해 물고기나 새는 물론이고 인체의 지방조직에까지 높은 농도로 축적되어 있다. 말하자면 지구상에 살아 있는 모든 동물이 식수와 먹거리에 의해 유기염소 물질을 몸속에 지니게 된 것이다.

유기염소는 생물의 체내에 흡수되면 정상적인 호르몬의 기능을 흉내 내므로 내분비계가 교란된다. 환경 전문가들은 이런 화학물질을 통틀어 내분비계 장애물질(endocrine disruptor) 또는 환경호르몬이라 부른다.

1998년부터 환경호르몬에 대한 관심이 고조되었다. 일본에서 환경호르몬에 대한 공포가 큰 사회문제로 부상하고 그 여파가 우리나라로 밀려왔기 때문이다. 컵라면 용기, 젖병, 유아용 장난감, 플라스틱 컵, 비닐 랩 등 생활용품에서 환경호르몬이 검출됨에 따라 오존층 파괴와 지구 온난화에 버금가는 환경문제로 인식된 것이다.

환경호르몬은 성호르몬을 흉내 내서 생식 계통의 이상을 야기한다. 가령 다이옥신과 유사한 화학물질인 폴리염화비페닐(PCB)은 불임 및 성기의 기형을 일으키고 면역체계를 파괴한다.

1980년대 중반 이후 미국 오대호에 사는 가마우지는 한쪽 눈이 없거나 장기가 몸 바깥에 붙은 기형이 속출했다. 기형은 PCB에서 비롯된 것으로 짐작된다.

1988년 덴마크 앞바다에 서식하는 바다표범이 떼죽음을 당했다. PCB가 바다표범의 면역기능을 떨어뜨려 나타난 비극으로 결론이 났다.

1998년 청정지역으로 알려진 노르웨이의 북극 지역에서 PCB 때문에 암수 성기를 모두 가진 기형 곰이 발견되는 등 북극곰이 절멸의 위기에 직면해 있음이 밝혀졌다. 북극곰은 먹이사슬의 가장 꼭대기 단계에 있으므로 각 먹이사슬을 거칠 때마다 농축된 PCB의 양이 많아서 피해가 극심했던 것으로 분석되었다.

1999년 자궁 안에서 PCB에 노출되었던 암컷 쥐가 성숙한 뒤에 교미에 무관심한 사실이 확인되었다. 이 연구 결과는 PCB에 오염된 태아가 처녀가 되었을 때 성적 충동을 별로 느끼지 않을 가능성을 암시하고 있다.

환경호르몬은 야생동물뿐만 아니라 인간의 생식능력에도 영향을 미치고 있다. 1992년 덴마크의 닐스 스카케벡 박사는 지난 반세기 동안 남성의 정자 수가 절반 가까이 줄어들었다는 논문을 발표해서 충격을 던졌다. 스카케벡은 북미, 유럽, 아시아, 아프리카 등 21개 국가에서 1938년 이후 태어난 1만 5,000명의 남자를 대상으로 정자의 수와 질을 연구한 61개의 문헌을 수집하여 검토한 결과, 정자 수가 1940년에는 정액 1밀리리터당 평균 1억 1,300만 마리였으나 50년이 지난 1990년에는 6,600만 마리로 45퍼센트 줄어들었음을 밝혀냈다.

정자의 숫자가 정액 1밀리리터당 2,000만 마리 이하로 떨어지면 대부분의 남자는 불임이 된다. 요컨대 스카케벡 박사의 자료에 따르면 1세기 안에 남자가 생식능력을 상실하게 될 가능성을 배제할 수 없다. 설령 그 자료에 오차가 있다손 치더라도 남성의 종말은 시간문제에 불과할지 모른다.

환경호르몬은 한마디로 생명체의 생식기능과 면역기능을 교란하여 결국 종을 파멸시키는 21세기의 전 지구적 재앙이 될 개연성이 매우 높다.

기후변화

한반도가 더워지고 있는 징후가 곳곳에서 나타나고 있다. 산과 들, 바다의 생태계가 더는 옛날 모습이 아니기 때문이다.

잣나무와 전나무 등 더운 날씨에 적응력이 낮은 침엽수림은 한라산, 지리산, 설악산 등 고산지대로 물러나는 반면에 뽕나무와 물푸레나무 등 활엽수림의 면적이 갈수록 늘고 있다.

남부 지방에서 주로 서식하던 해오라기와 백로가 중부 지방까지 올라와 번식하고 있다. 고등어, 멸치, 오징어 등 난류성 어족의 어획량은 크게 늘어난 반면에 명태, 대구 등 한류성 어족의 어획량은 급속도로 줄어들었다. 제주도에서 주로 잡히는 아열대성 어종인 자리돔을 울릉도 연안에서 볼 수 있다.

한반도의 기후변화는 지구 온난화(global warming)가 얼마나 심각하게 진행되고 있는지 잘 보여 준다.

지구 온난화는 지구가 점점 더워지는 현상이다. 겨울날 유리지붕으로 덮인 온실에 들어가면 아주 따뜻하다. 유리지붕을 통해 들어온 태양에너지가 온실 안의 물체에 흡수되어 주변 공기가 따뜻해지기 때문이다. 또한 태양열의 일부는 복사에 의해 방출되는데, 가시광선이 아니라 적외선으로 복사된다. 적외선은 파장이 길다. 파장이 긴 복사열은 유리에 흡수되므로 온실 밖으로 빠져나가지 못한다. 결국 온실은 태양에너지를 내부에 보존함으로써 따뜻한 상태를 유지하게 된다.

지구를 온실에 비유하면 이산화탄소(탄산가스)나 수증기 같은 기체가 유리지붕의 역할을 한다. 태양에너지는 지구 표면에 이르면 상당량이 흡수된다. 지구 표면은 가열되면서 적외선의 형태로 에너지를 복사한다. 적외선은 지구의 빛이라 할 수 있다. 지구는 밤낮으로 적외선을 은은히 발하고

지구 온난화의 책임은 인류에게 있다(온난화로 사막화되고 있는 지구를 표현한 그림).

있는 것이다. 지구가 복사한 적외선 에너지는 대기권에 퍼져 있는 이산화
탄소와 수증기 따위에 의해 흡수된다.

이러한 기체들은 온실의 유리지붕처럼 단열 작용을 하므로 대기권이 온
실처럼 커다란 열 저장소가 된다. 지구의 온실효과를 초래하는 기체들은
온실효과 기체라 불린다.

대기 중의 이산화탄소는 광합성 식물의 먹이로서 결국 모든 생물의 식
량 노릇을 하지만 소금처럼 상반된 측면이 있다. 소금이 없으면 생존이 불
가능하지만 너무 많이 섭취하면 독이 되는 것처럼 만일 온실효과 기체가
없었더라면 지구 온도는 빙점 이하로 내려가서 생물의 생존이 불가능했을
테지만 이산화탄소가 지나치게 많으면 지구의 평균온도를 상승시키기 때
문이다.

대기권에 축적된 이산화탄소는 대부분 20세기에 늘어난 것이다. 매년 추가되는 양은 140억 톤이다. 해마다 세계에서 소비되는 화석연료가 방출하는 양의 절반에 해당된다. 나머지 절반은 나무, 부식토 또는 바다에 녹아 있다.

지구 온난화에 의해 지구의 평균온도가 상승하면 우선 기후변화로 수많은 동식물이 서식지를 바꾸면서 생태계가 교란된다. 기후변화는 일부 전염병의 발생과 전파에 영향을 미친다. 예컨대 기후변화에 민감한 모기는 지구의 온도 상승에 따라 번식 속도가 빨라질 뿐만 아니라 예전에 서식하지 못했던 추운 지방에까지 퍼져 나갈 수 있기 때문에 뇌염, 황열병, 말라리아 등을 지구 전역에 전염시키고 있다.

지구 온난화로 초래된 이상기후는 시한폭탄처럼 수많은 인명을 앗아간다. 2005년 한 해만 해도 집중호우와 허리케인으로 세계의 몇몇 도시가 쑥대밭이 되었다. 7월 인도 뭄바이에서 24시간 동안 940밀리미터의 비가 쏟아져 대홍수가 났다. 8월 초대형 허리케인인 카트리나가 미국 플로리다에 상륙하여 남부 지역을 초토화했다. 2005년에는 허리케인이 끝도 없이 자주 발생하여 그 이름을 붙이느라 고역을 치를 정도였다.

지구 온난화에 특히 민감한 장소는 북극과 남극이다. 이 두 곳은 마치 탄광의 카나리아처럼 위기가 닥쳐오고 있음을 알려 주는 역할을 한다. 바다에 둘러싸인 대륙인 남극의 만년설은 두께가 3,000미터이지만, 대륙에 둘러싸인 바다인 북극의 만년설은 두께가 3미터에 불과하다. 지구 온난화 전문가들은 21세기 후반까지 북극의 얼음이 완전히 사라질 수 있다고 전망한다. 극지대의 만년설과 빙산이 녹기 시작하면 해수면이 상승하여 세계지도는 급격히 바뀔 것이다. 섬나라들은 물론이고 세계 주요 도시가 바닷물 밑으로 가라앉을 운명이기 때문이다.

지구 온난화의 책임이 인류에게 있다는 것은 기정사실이 되었다. 인류가 지구 온난화의 대재앙으로부터 지구를 살려 내려면 무엇보다 이산화탄소의 배출량을 감축하는 방안을 다각도로 마련해야 할 것이다.

생물 다양성

지구의 구석구석에 생물이 살지 않는 곳이 없다. 세계에서 환경이 가장 악조건인 사막에는 기묘한 생김새의 곤충과 도마뱀이 득실댄다. 산호초, 바닷물이 드나드는 늪지, 깊은 바다 밑의 분화구는 원시세포에서 각종 무척추동물에 이르기까지 다종다양한 생물의 보금자리가 되었다. 지구에서 가장 추운 해양 서식지인 남극대륙에도 피가 얼지 않는 물고기들이 떼 지어 다닌다. 천연 온실이라 할 수 있는 열대우림에는 지구 전체 생물 종의 절반 이상이 살고 있다. 사막에서 산호초, 해저의 분화구, 남극대륙, 열대우림에 이르기까지 모든 서식처에서 식물과 동물이 독특한 조합을 이루며 살아가는 것을 생물 다양성(biodiversity)이라 한다.

지구의 생물 다양성은 3개 수준으로 형성된다. 맨 위는 생태계이다. 열대우림, 산호초, 호수와 같은 것들이다. 그 다음은 생태계를 구성하는 생물의 종이다. 예컨대 꽃, 나비, 물고기 같은 동식물이다. 물론 사람도 생물 종의 하나일 따름이다. 생물 다양성의 밑바닥에는 생물의 유전자가 자리한다.

생물은 환경 조건에 적응하며 자연의 공격을 잘 견뎌 낸다. 가령 폭풍으로 열대우림에 빈틈이 생겨나면 기회를 잡은 종들이 재빨리 그 공간을 채운다. 이처럼 생물 다양성은 지구를 안정되게 유지하는 지렛대이다. 그러나 생물 다양성이 급속도로 파괴되면서 멸종 위기에 처한 종이 갈수록 늘

아마존 열대우림의 물 위와 아래에는 다양한 희귀동물이 어울려 살고 있다.

어나는 추세이다. 원인 제공자는 물론 인간이다. 오늘날 생물의 멸종 속도는 사람이 지구에 나타나기 전보다 100~1,000배 빠르게 진행되고 있는 것으로 추정된다. 다시 말해 멸종 속도는 빨라지는 반면에 자연환경의 훼손으로 새로운 종이 생겨나는 속도는 더뎌지기 때문에 생물 다양성은 파국을 향해 치닫고 있는 것이다.

생물 다양성 훼손의 가장 중요한 요인은 서식지의 파괴이다. 지구의 허파라 불리는 열대우림(rainforest)은 빠른 속도로 파괴되고 있다.

열대우림은 일 년 내내 거의 매일 비가 내려 활엽상록수가 무성하게 자라나는 열대의 정글이다. 열대우림은 지표면의 6퍼센트를 점유하며 중서 아프리카, 중남미, 동남아시아 등 3개 지역에 퍼져 있다. 세계에서 가장 큰 우림은 남미의 아마존이다. 열대우림은 최고로 고온다습하며 계절의

변동 없이 기후가 안정된 서식처이므로 놀라운 생명의 다양성을 나타낸다. 지구 전체 생물 종의 절반을 웃도는 약 3,000만 종이 살고 있는 것으로 추정된다.

열대우림이 화전 농경, 벌목 등 개간으로 사라지고 있기 때문에 미국의 사회생물학자인 에드워드 윌슨 (1929~)은 『생명의 다양성 *The Diversity of Life*』(1992)에서 현재의 속도로 2022년까지 우림의 파괴가 계속된다면 남아 있는 면적의 절반이 사라질 것이라고 경고한다. 열대우림의 감소는 생물 다양성과 직결된다. 윌슨은 우림에 현존하는 종의 수를 1,000만 종으로 낮게 어림잡고 많은 종이 지리적으로 넓게 분포되었다고 신중한 가정을 하더라도 우림에서 매년 사라질 종은 2만 7,000가지라고 주장했다. 날마다 74종, 시간마다 3종의 생물이 우림에서 사라지고 있다는 뜻이다.

게다가 생명공학의 발달에 따른 이른바 생물 해적행위(biopiracy)가 생물 다양성 위기를 부채질하고 있다. 이윤 창출을 극대화하려는 다국적기업들이 생명공학 기술과 각종 지적재산권을 무기로 앞세워 제3세계의 생물 다양성을 식민지화하는 것을 생물 해적행위 또는 생물 식민주의 (biocolonialism)라 이른다. 다국적기업들은 제3세계에서 특이하고 희귀한 유전자를 찾아내 토착생물 자원을 사유화하고 상업적으로 이용하기 때문에 생물 다양성 훼손에 일조하고 있는 것이다.

생물 다양성 문제는 지구 온난화나 오존층 파괴 등 환경오염 못지않게 인류의 생존을 위협할 것으로 전망된다. 지구상에는 다섯 차례의 대량 멸종이 있었다. 어쩌면 인류는 여섯 번째의 대멸종을 피할 수 없을는지 모른다. 다섯 번의 멸종과 다른 점이 있다면, 그것은 인류가 원인 제공자일 뿐만 아니라 그 희생자의 하나가 될 위험을 안고 있다는 사실이다.

참 고 문 헌 ─────────
△ 환경오염 관련 도서
- *Silent Spring*, Rachel Carson, Houghton, 1962 / 『침묵의 봄』, 이태희 역, 참나무, 1991
- *Our Stolen Future*, Theo Colborn, Dutton Book, 1996 / 『도둑맞은 미래』, 권복규 역, 사이언스북스, 1997
- *A Guide to the End of the World*, Bill McGuire, Oxford University Press, 2002
- *Collapse*, Jared Diamond, Viking Adult, 2004 / 『문명의 붕괴』, 강주헌 역, 김영사, 2005
- *The World Without Us*, Alan Weisman, Thomas Dunne Books, 2007 / 『인간 없는 세상』, 이한중 역, 랜덤하우스, 2007

△ 기후변화 관련 도서
- *Global Warming: The Complete Briefing*, John Houghton, Lion Publishing, 1994
- *The Change in the Weather*, William Stevens, Dell Publishing, 1999 / 『인간은 기후를 지배할 수 있을까?』, 오재호 역, 지성사, 2005
- *A Guide to the End of the World*, Bill McGuire, Oxford University Press, 2002
- *The Long Summer: How Climate Changed the Civilization*, Brian Fagan, Basic Books, 2004 / 『기후, 문명의 지도를 바꾸다』, 남경태 역, 예지, 2007
- *Collapse*, Jared Diamond, Viking Adult, 2004 / 『문명의 붕괴』, 강주헌 역, 김영사, 2005
- *The Science and Politics of Global Climate Change*, Andrew Dessler, Cambridge University Press, 2006
- *Field Notes from a Catastrophe*, Elizabeth Kolbert, Bloomsbury, 2006 / 『지구 재앙 보고서』, 이섬민 역, 여름언덕, 2007
- *An Inconvenient Truth*, Al Gore, Rodale Books, 2006 / 『불편한 진실』, 김명남 역, 좋은생각, 2006
- *The Revenge of Gaia*, James Lovelock, Basic Books, 2006 / 『가이아의 복수』, 이한음 역, 세종서적, 2008
- *Unstoppable Global Warming*, Dennis Avery, Rowman&Littlefield Publishers, 2006
- *The Chilling Stars: The New Theory of Climate Change*, Henrik Svensmark, Totem Books, 2007
- *The Economics of Climate Change*, Nicholas Stern, Cambridge University Press, 2007
- *Carbon Finance: The Financial Implications of Climate Change*, Sonia Labatt, Wiley, 2007

- *Cool It: The Skeptical Environmentalist's Guide to Global Warming*, Bjørn Lomborg, Knopf, 2007 / 『쿨 잇』, 김기웅 역, 살림, 2008
- *Climate Change: A Multidisciplinary Approach*, William Burroughs, Cambridge University Press, 2007
- *Climate Confusion*, Roy Spencer, Encounter Book, 2008

△ 생물 다양성 관련 도서
- *The Diversity of Life*, Edward Wilson, Harvard University Press, 1992 / 『생명의 다양성』, 황현숙 역, 까치, 1995
- *The Sixth Extinction*, Richard Leakey, Doubleday, 1995 / 『제6의 멸종』, 황현숙 역, 세종서적, 1996
- *Biopiracy*, Vandana Shiva, South End Press, 1999 / 『자연과 지식의 약탈자들』, 한재각 역, 당대, 2000
- *Vanishing Voices*, Daniel Nettle, Suzanne Romaine, Oxford University Press, 2000 / 『사라져 가는 목소리들』, 김정화 역, 이제이북스, 2003
- *No Turning Back: The Life and Death of Animal Species*, Richard Ellis, Harper Collins, 2004 / 『멸종의 역사』, 안소연 역, 아고라, 2006

2 — 지구를 살리는 방안

재생에너지

석유와 석탄 등 화석연료의 과도한 사용으로 대기 중의 이산화탄소 농도가 증가되어 지구 온난화 현상이 가속화되고 있다는 지적은 어제오늘의 일이 아니다. 게다가 전 세계 에너지의 대부분을 공급하는 석유의 매장량이 21세기 초반까지의 사용량밖에 남아 있지 않다는 전망이 나오고 있다. 이러한 에너지 자원의 고갈과 지구 온난화의 문제를 동시에 극복하려면 에너지 소비량을 줄임과 아울러 온실가스를 적게 방출하는 새로운 에너지 자원을 개발하는 방법밖에 없다.

이러한 새로운 에너지 자원은 화석연료의 대안이라는 뜻에서 대체에너지(alternative energy)라 불린다. 대체에너지로 거론되는 환경 친화적인 에너지 자원은 햇빛, 바람, 조력을 이용하는 자연에너지와 바이오매스(biomass)와 같은 생물에너지이다. 자연에너지나 생물에너지는 화석연료와는 달리 소비되어도 무한에 가깝도록 다시 공급되는 에너지이기 때문에 재생에너지(renewable energy)라 불리기도 한다.

먼저 태양에너지는 태양광과 태양열의 활용이 기대된다. 햇빛으로 전기를 생산하는 태양광 발전기는 고속도로변의 가로등이나 마라도 등 외딴섬의 전력에 사용되고 있지만 태양전지의 효율을 높이는 기술이 개선되면 광범위하게 보급될 것으로 예상된다. 햇볕을 모아 열을 발생시키는 태양열 집열장치는 태양광 발전기보다 기술적으로 훨씬 간단하기 때문에 이미 대규모로 실용화되고 있다. 태양열 집열판은 유럽에서 온수용과 난방용으로 널리 사용되고 있다.

풍력은 해안이나 섬, 산간지역 등 바람이 잘 부는 곳에서 쉽게 이용할 수 있는 에너지 자원이다. 풍력은 재생에너지 중에서 가장 먼저 성숙 단계로 접어들었다. 발전기를 돌릴 수 있는 힘을 가진 바람만 불어 주면, 풍력 발전기를 이용해서 바람을 전기에너지로 바꾸어 줄 수 있기 때문이다. 말하자면 풍력은 바람개비만 돌리면 생산 가능한 무공해 에너지이다. 풍력 발전의 매력은 이처럼 연료가 필요 없고 탄산가스나 오염물질을 전혀 배출하지 않는다는 데 있는 것이다.

풍력발전 용량으로 보면 세계 1위는 독일이고 그 뒤를 미국, 스페인, 덴마크, 이탈리아, 그리스의 순서로 따른다. 그러나 면적 대비 발전량에서 세계 최고의 풍력 국가는 덴마크이다. 유럽 밖에서는 아르헨티나, 인도, 중국이 풍력발전에 매우 적극적이다. 우리나라의 경우 풍력발전이 미미한 수준에 머물고 있지만 우리나라의 바람에 맞춘 풍차의 개발이 시도되

풍력발전시설(미국 아이오와 주)

고 있으며 전국 곳곳의 농장에 소형 풍차가 설치되는 추세이다.

조력은 간만의 차이로 생기는 조수를 이용하는 재생에너지이다. 조력 발전기는 풍력발전기와 비슷하다. 날개가 달린 기둥을 바다 속에 세우고 조수가 드나들 때마다 날개가 회전하도록 해서 전기를 발전시키기 때문이다. 그 밖에도 우리나라처럼 삼면이 바다인 곳에서는 파도를 에너지 자원으로 사용할 수 있다. 가령 원통형의 파력발전기는 파도가 일렁일 때마다 원통 안에서 바뀌는 공기 흐름이 날개를 돌려 전기를 만든다.

태양에너지, 풍력, 조력, 파력 등 자연에너지는 주로 선진국에서 개발이 시도되지만 저개발 국가에서 에너지 문제 해소에 가장 크게 기여하는 재생에너지는 바이오매스이다. 열 자원으로 사용되는 식물 및 동물의 폐기물을 통틀어 바이오매스라 한다. 나무, 곡물, 농작물 찌꺼기, 음식 쓰레기, 축산 분뇨 등은 모두 바이오매스로서 에너지 생산에 이용할 수 있다. 바이오매스는 가공하지 않은 상태에서는 열 생산에, 가공한 상태에서는 자동차 연료 또는 전기 생산에 사용된다. 음식물 쓰레기의 경우, 연소시키면 온수와 난방용으로, 발효시키면 가스 생산에 쓰인다.

재생에너지는 자연에서 무한정으로 뽑아낼 수 있는 무공해 에너지이므로 화석연료 사용에 따른 갖가지 환경문제를 해소할 수 있는 대안임에 틀림없다. 그러나 관련 기술이 초보 단계이고 경제성 측면에서 경쟁력이 뒤떨어지기 때문에 대량 보급에는 상당한 시간이 필요한 실정이다.

지속 가능한 발전

인류가 전 지구적 차원에서 환경문제에 관심을 갖기 시작한 계기는 1972년 로마클럽이 펴낸 「성장의 한계Limits to Growth」라는 보고서이다. 이 보고서는 세계 인구의 팽창, 공업화, 자원 고갈이 계속된다면 경제 성장은 한 세기 안에 한계에 도달하고 전 세계는 파멸의 길로 치닫게 될 것이라고 경고하였다.

같은 해에 유엔은 스톡홀름에서 「인간환경선언」을 채택하여 지구의 위기 극복을 위한 국제사회의 협력 가능성을 열었다.

1987년 유엔환경개발위원회는 「우리 공동의 미래Our Common Future」라는 보고서를 발간했다. 노르웨이 수상의 이름을 따서 「브룬트란트 보고서Brundtland Report」라 불리는 이 보고서 발간을 계기로 훗날 환경 관련 논의의 핵심이 된 지속 가능한 발전(sustainable development)이라는 개념이 국제적으로 부각되기 시작했다. 이 개념은 경제 발전의 한계에 다다른 인류가 지속 가능한 미래를 위해 근본적인 변화를 꾀하지 않으면 안 된다는 문제의식에서 출발한다.

지구 환경은 예전의 경제체제나 생활수준을 더 이상 지탱할 수 없는 상태가 되었다. 그러나 많은 사람들은 경제 발전과 환경 보존의 문제는 별개라고 생각했다. 이러한 여건에서 등장한 새로운 패러다임이 지속 가능한 발전이다. 경제와 환경은 분리된 것이 아니라 상호의존적이라고 보는 접근방법이다. 지속 가능한 발전의 핵심은 미래의 자손들의 생존을 위협하지 않으면서 인류의 현재 요구를 충족시키는 것, 다시 말해 환경을 유지할 수 있는 경제의 발전을 추구하는 것이다.

지속 가능한 발전 개념은 1992년 6월 브라질의 리우데자네이루에서 개최된 유엔환경개발회의(UNCED)의 기본 노선이 된다. 리우회의는 세계 120여 개국의 정상이 참석했기 때문에 지구 정상회의(Earth Summit)라 불렸다. 리우회의에서 세계 정상들은 지구 환경 질서의 기본 원칙이 될 '리우선언'과 실천 의제인 '의제21'을 채택하였다. 리우선언을 계기로 지구 환경 보전을 위한 세계적 논의는 규제와 감시를 강화하는 쪽으로 진행되었다.

2002년 8월 26일부터 9월 4일까지 열흘 동안 남아프리카공화국의 요하네스버그에서 '지속 가능한 발전을 위한 세계 정상회의(WSSD)'가 열렸다. 103개 나라의 국가원수와 총리 등 지도자와 189개 유엔 회원국의 민간 대표 등 6만여 명이 참가한 사상 최대의 환경회의였다.

우리나라도 환경부 장관을 비롯해 360여 명이 참가하였다. 이 정상회의의 규모는 리우 정상회의의 2배가 될 정도로 지구촌 최대의 환경회의라는 기록을 세웠다.

2002년 지구 정상회의(리우+10회의)의 목적은 10년 전 리우회의에서 지속 가능한 발전을 위해 채택했던 의제21의 이행 정도를 평가하고 정상회의 선언문과 이행 계획을 밝히는 것이었다.

남아프리카공화국의 대통령은 전야제 연설에서 각국 대표들에게 "이제 풍요를 만끽하는 소수 부유층과 가난에 허덕이는 다수 빈곤층 사이의 지구촌 차별(global apartheid)에 종지부를 찍을 때"라고 호소했다. 그는 개막 연설에서 "빈곤, 저개발, 국내외적 불평등이 지구촌의 모든 생명체를 위협하고 있다."고 경고했다.

2002년 지구 정상회의는 보건, 수자원, 에너지, 생물 다양성 등 주요 의제에 대한 이행 계획을 마련했다. 먼저 보건 의제로는 2015년까지 절대 빈민 인구 절반 감축과 유아 사망률 3분의 2 감축에 합의했다. 수자원 문제에 대해서는 2005년까지 통합적인 수자원 관리 방안을 마련하고, 2015년까지 식수와 위생 시설을 제공받지 못한 인구 절반을 감축하기로 하였다. 에너지 분야는 대체에너지의 비율을 늘리자는 원칙에는 합의했지만 구체적인 실천 전략과 목표 시한을 정하지 못했다. 생물 다양성 의제는

2010년까지 생물 다양성 감소 비율을 축소하고, 2015년까지 고갈 위기의 어족 자원 보호, 2020년까지 위험 화학물질 소비 감축 등 합의사항을 내놓았다.

그러나 에너지 의제에서처럼 이행 계획에 실천 목표와 이행 시한을 못 박지 못했기 때문에 환경단체들은 10년 전 리우회의보다 후퇴한 알맹이 빠진 말잔치에 불과하다고 지구 정상회의를 격렬하게 비난하였다.

참고 문헌 ─────────────
△ 에너지 관련 도서
- 『에너지 대안을 찾아서』, 이필렬, 창작과비평사, 1999
- *Tomorrow's Energy*, Peter Hoffmann, MIT Press, 2001 / 『에코 에너지』, 강호산 역, 생각의나무, 2003
- 『지속 가능한 미래를 여는 에너지와 환경』, 박원훈 · 최기련, 김영사, 2002
- *The Solar Economy*, Hermann Scheer, Earthscan Publications, 2002
- *Renewable Energy*(2nd edition), Godfrey Boyle, Oxford University Press, 2004
- *La Vie(Presque) Sans Petrole*, Jérome Bonaldy, Plon, 2007 / 『(거의) 석유 없는 삶』, 성일권 역, 고즈윈, 2008
- 『깨끗한 에너지 원자력 세상』, 박창규, 랜덤하우스, 2007
- 『아톰의 시대에서 코난의 시대로』, 강양구, 프레시안북, 2007
- *Visions for A Sustainable Energy Future*, Mark Gabriel, Fairmont Press, 2008
- *Energizing Our Future: Rational Choices for the 21st Century*, John Wilson, Wiley-Interscience, 2008
- *Hydrogen as a Future Energy Carrier*, Andreas Borgschulte, Wiley, 2008
- *Energy and Climate Change: Creating a Sustainable Future*, David Coley, Wiley, 2008
- *Future Energy*, Trevor Letcher, Elsevier Science, 2008

△ 지속 가능 발전 관련 도서
- *A Green History of the World*, Clive Ponting, St. Martins Press, 1992 / 『녹색 세계사』, 이진아 역, 심지, 1995
- 『녹색평론선집 1』, 김종철 엮음, 녹색평론사, 1993
- *Beyond Growth: The Economics of Sustainable Development*, Herman Daly, Beacon Press, 1996
- 『한국의 환경비전 2050』, 박원훈, 그물코, 2002
- *Water Wars*, Vandana Shiva, South End Press, 2002 / 『물 전쟁』, 이상훈 역, 생각의나무, 2003
- *Cradle to Cradle: Remaking the Way We Make Things*, William McDonough,

North Point Press, 2002
- *The Sustainability Revolution*, Andreas Edwards, New Society Publishers, 2005
- *Earth Democracy: Justice, Sustainability, and Peace*, Vandana Shiva, South End Press, 2005
- *Plan B 3.0: Mobilizing to Save Civilization*(3rd edition), Lester Brown, Norton, 2008
- 『녹색평론선집 2』, 김종철, 녹색평론사, 2008

3─환경윤리와 환경주의

환경윤리

인간의 활동으로 비롯된 환경문제를 해결할 수 있는 대안을 모색하기 위해 환경윤리(environmental ethics)가 출현했다. 환경오염, 지구 온난화, 생태계 파괴 등의 문제를 과학기술에 의존해서 해결할 수 있다고 생각하는 것은 위험하다. 또한 추상적인 윤리 이론에 의존해서 환경문제를 해결할 수 있다고 보는 것도 어리석다. 요컨대 윤리학 없는 과학이나 과학 없는 윤리학으로 환경문제가 해결될 수 없다. 환경문제가 과학기술에 국한된 문제가 아니라 윤리학을 포함한 모든 학문의 관심 대상이 되어야 한다는 전제에서 출발한 분야가 환경윤리이다.

환경윤리는 자연 세계에 대한 인간의 행동은 도덕적 규범에 의해 지배될 수 있다고 가정하고, 인간과 자연환경의 도덕적 관계에 대해 체계적이고 포괄적인 설명을 시도한다. 따라서 환경윤리는 법학, 사회학, 경제학, 생태학, 지리학, 신학 등 다양한 학문과 관련된다.

환경윤리의 이론 정립에 가장 영향력을 미친 인물은 미국의 생태학자인 알도 레오폴드(1887~1948)이다. 그가 죽은 뒤 1949년 출간된『모래 마을의 달력*A Sand County Almanac*』은 환경윤리를 다룬 고전으로 손꼽힌다. 이 책의 핵심은「대지 윤리 Land Ethic」라는 논문인데, 생태 중심 윤리에 대한 최초의 저술로 평가된다. 이 글에서 레오폴드는 생태학적 위기의 뿌리는 철학적인 것이라고 주장하고, 인간은 자연에 대해 도덕적 고려를 확대해야 한다고 제안했다.

1962년 미국 생물학자인 레이첼 카슨(1907~1964)은『침묵의 봄*Silent Spring*』에서 살충제 남용이 결국 생태계의 파괴를 초래하여 봄이 와도 종달새의 노랫소리를 들을 수 없는 재앙이 닥쳐오고 있음을 경고하여 환경문제에 대한 일반 대중의 경각심을 불러일으키는 계기가 되었다.

레이첼 카슨

1960년대 후반에는 환경윤리에 결정적 영향을 미친 두 편의 논문이 과학 전문지인 〈사이언스〉에 발표되었다. 미국의 기술사학자인 린 화이트(1907~1987)는 1967년 3월 발표한「생태 위기의 역사적 기원 The Historical Roots of our Ecological Crisis」에서,『성경』에서 나타나는 자연에 대한 인간 중심적 세계관이 환경 위기의 기원이라고 주장했다. 미국 생태학자인 개럿 하딘(1915~2003)은 1968년 12월 발표한「공유지의 비극 The Tragedy of the Commons」에서 환경을 보존하기 어려운 까닭은 비극적인 딜레마가 발

피터 싱어

생하기 때문이라고 설명했다.

한편 많은 철학자들은 전통적인 환경 윤리 이론으로는 환경문제에 대응할 수 없다고 생각하고, 윤리적인 것뿐만 아니라 형이상학, 인식론, 정치철학까지 아우르는 시도를 함에 따라 환경윤리학은 환경철학(environmental philosophy)으로 확대되었다. 급진적인 환경철학에는 근본생태주의, 사회생태주의, 생태여성주의가 포함된다.

근본생태주의(deep ecology)는 1973년 노르웨이 철학자인 아르네 네스(1912~)가 제창했으며, 환경 위기를 해결하기 위해서는 개인적 및 사회적 관행을 바꾸는 정도로는 부족하므로 세계관을 근본적으로 바꾸어야 한다고 주장한다.

사회생태주의(social ecology)는 1960년대부터 미국 사회철학자인 머레이 북친(1921~2006)이 이론을 체계화했으며, 환경 파괴의 근원이 사회적 요인에 있다고 전제하고 생태 위기를 이해하기 위해서는 사회 안에 존재하는 지배와 억압의 유형을 분석해야 한다고 주장한다.

생태여성주의(ecofeminism)는 1974년 프랑스 페미니스트인 프랑수아 드본느(1920~2005)가 창시했으며, 자연 파괴의 원인이 남성 중심적인 사회제도에 있다고 주장한다.

또한 1975년 오스트레일리아의 철학자인 피터 싱어(1946~)가 펴낸 『동물 해방론 Animal Liberation』이 계기가 되어 모든 동물이 존중받을 권리가 있다는 사회운동이 일어났다.

환경윤리의 다양한 접근방법은 환경문제가 단순한 사회문제일 수 없으며 인간과 자연의 관계에 대한 윤리학과 철학의 문제임을 보여 주고 있다.

환경주의

자연환경의 보존에 역점을 두고 사회운동을 전개하는 것을 환경주의(environmentalism)라고 한다.

환경운동은 법의 테두리 안에서 전개되어야 할 테지만 비합법적인 활동이 자주 전개된다. 비합법적인 활동에는 두 종류가 있다. 하나는 인류의 역사만큼이나 오랜 전통을 지닌 시민 불복종이고, 다른 하나는 에코테러리즘이다.

환경운동가들의 행위는 상당 부분이 시민 불복종에 해당된다. 시민 불복종이란 도덕적인 이유에서 정부 정책에 반대하며 그것을 저지하기 위한 수단으로 법률에 불복종하는 것이다. 그린피스(Greenpeace)가 시민 불복종으로 가장 유명한 단체이다. 1969년 결성된 그린피스는 핵무기 반대, 야생동물 보호 등 환경보호를 주장하는 국제적인 단체이다. 그린피스 대원들은 출입이 금지된 핵실험 지역에 잠입하고, 공장 굴뚝에 기어 올라가 오염을 비난하는 깃발을 내걸고, 포경선의 작업을 반대한다. 이러한 행동은 분명히 법률에 저촉되지만 환경운동가들은 시민 불복종의 차원에서 정당하다고 주장한다.

다른 형태의 비합법적 활동으로는 에코테러리즘(ecoterrorism)이 있다. 개인에게 폭력을 행사하거나 사유재산을 침해하는 행위이다. 환경운동가들은 나무에 커다란 쇠못을 넣어 벌목을 반대하거나, 동물실험 하는 시설을 파괴하거나, 항구에 정박해 있는 포경선을 침몰시키는 재산 침해 행위

헨리 데이비드 소로

는 폭력에 해당하지만, 환경을 보호한다는 명분하에 정당화될 수 있다고 주장한다.

한편 개인이 독자적으로 삶을 통해 자연환경의 중요성을 일깨운 사례도 적지 않다. 미국의 자연주의 사상가인 헨리 데이비드 소로(1817~1862)는 월든 호숫가의 통나무 오두막집에 살면서 체험한 숲 속의 생활을 책으로 펴냈다. 1854년 출간된 『월든 *Walden*』은 환경운동의 횃불을 올린 저서로 자리매김되었다. 미국의 환경보호론자인 존 뮤어(1838~1914)는 요세미티, 세쿼이아, 그랜드캐니언 등을 국립공원으로 지정하는 데 결정적인 역할을 했다. 1911년 펴낸 『나의 첫 여름 *My First Summer in the Sierra*』은 『월든』과 함께 미국 생태문학의 고전으로 칭송받고 있다. 미국의 헬렌 니어링(1904~1995)과 스코트 니어링(1883~1983) 부부는 시골에서 농사를 지으며 실천한 삶의 철학을 여러 권의 책으로 풀어냈는데, 1954년 펴낸 『조화로운 삶 *Living the Good Life*』은 땅에 뿌리내리고 사는 삶이야말로 진정 조화로운 삶이라는 것을 보여 주었다. 스웨덴의 환경 전문가인 헬레나 노르베리 호지(1946~)는 1991년 황량한 자연조건 속에서도 평화롭고 건강한 삶을 누려 온 라다크를 감동적으로 묘사한 『오래된 미래 *Ancient Futures*』를 펴냈다. 노르베리 호지는 히말라야 북쪽 티베트고원에 있는 토착 공동체인 라다크에 장기간 체류하면서 근대화 과정이 라다크 사회를 오염시키는 과정을 경험하고, 자급자족하는 공동체를 기초로 하여 소규모의 적정기술을 향유하면서 자연과의 조화 속에 살아가는 생활만이 지속 가능하다고 주장했다.

한편 지구의 생태적 위기를 극복하는 사회적 대안의 하나로 공동체를 만드는 사례도 늘어나는 추세이다. 이른바 생태공동체(ecological community) 또는 생태마을(ecovillage)은 영국의 핀드혼, 독일의 지벤린덴, 일본의 야마기시회 등이 성공을 거둔 경우로 손꼽힌다. 우리나라에도 경기도 화성의 산안마을 생태공동체를 비롯하여 지리산 두레마을, 전남 장성 한마음공동체 등이 있으며 전국 규모의 천주교 우리 농촌 살리기 운동 본부(우리농)도 유기농업으로 생산한 먹을거리 유통을 통해 생태공동체 운동을 전개하고 있다.

참고 문헌
△ 환경윤리 관련 도서
- *Environmental Ethics*, Joseph DesJardins, Wadsworth Publishing, 1993 / 『환경윤리의 이론과 전망』, 김명식 역, 자작아카데미, 1999
- *The Philosophy of Social Ecology*, Murray Bookchin, Black Rose Book, 1995 / 『사회생태론의 철학』, 문순홍 역, 솔, 1997
- *Global Environmental Ethics*, Louis Pojman, McGraw-Hill, 1999
- 『환경철학』, 박이문, 미다스북스, 2002
- *Environmental Ethics: Readings in Theory and Application*, Louis Pojman, Wadsworth Publishing, 2004

△ 환경주의 관련 도서
- *Walden*, Henry David Thoreau, Ticknor and Fields, 1854 / 『월든』, 한기찬 역, 소담출판사, 2002
- *My First Summer in the Sierra*, John Muir, Houghton Mifflin Company, 1911 / 『나의 첫 여름』, 김원중 · 이영현 역, 사이언스북스, 2008
- *Living the Good Life*, Helen Nearing, Scott Nearing, 1954 / 『조화로운 삶』, 류시화 역, 보리, 2000
- *Small is Beautiful*, E.F. Schumacher, Frederick Muller Ltd, 1973 / 『작은 것이 아

름답다』, 김진욱 역, 범우사, 1986
- *Nature's Economy: A History of Ecological Idea*, Donald Worster, Cambridge University Press, 1985 / 『생태학, 그 열림과 닫힘의 역사』, 문순홍 역, 아카넷, 2002
- *Ancient Futures: Learning from Ladakh*, Helena Norberg-Hodge, Random House, 1991 / 『오래된 미래』, 김태언 역, 녹색평론사, 2003
- *The Wealth of Nature: Environmental History and the Ecological Imagination*, Donald Worster, Oxford University Press, 1993
- *Environmentalism: A Global History*, Ramachandra Guha, Longman, 1999
- 『세계 어디에도 내 집이 있다』, 조연현, 한겨레출판, 2002
- *Collapse*, Jared Diamond, Viking Adult, 2004 / 『문명의 붕괴』, 강주헌 역, 김영사, 2005
- *Environmentalism*, David Peterson del Mar, Longman, 2006
- 『한국 생태공동체의 실상과 전망』, 국중광, 월인, 2007

△ 생태 사상 관련 도서(국내 저술)
- 『생태 위기와 녹색의 대안』, 문순홍, 나라사랑, 1992
- 『녹색 대안을 찾는 생태학적 상상력』, 정수복, 문학과지성사, 1996
- 『문명의 미래와 생태학적 세계관』, 박이문, 당대, 1998
- 『문학생태학을 위하여』, 김욱동, 민음사, 1998
- 『삶과 온 생명』, 장회익, 솔, 1998
- 『생태학의 담론』, 문순홍, 솔, 1999
- 『간디의 물레』, 김종철, 녹색평론사, 1999
- 『21세기의 환경과 도시』, 김우창 외, 민음사, 2000
- 『한국의 녹색 문화』, 김욱동, 문예출판사, 2000
- 『생태학적 상상력』, 김욱동, 나무심는사람, 2003
- 『지식생태학』, 유영만, 삼성경제연구소, 2006

4―환경과 경제학

환경경제학

1960년대에 선진국에서 환경주의의 영향을 받아 환경문제를 경제학의 테두리에서 고민하는 분야가 태동하였다. 환경경제학(environmental economics)이다.

환경호르몬, 유독 폐기물, 온실효과 기체 등 환경을 오염시키는 물질은 경제 활동의 결과 배출된다. 따라서 환경경제학은 경제 활동의 영역 안에서 환경문제의 원인을 규명하고 해결 방안을 모색한다.

환경경제학의 핵심 개념은 시장실패(market failure)이다. 시장경제는 스스로의 능력으로 효율적인 자원 배분이 가능하다는 것을 전제한다. 그러나 시장구조가 완전하지 못할 경우, 자원 배분의 비효율성이 발생하는 이른바 시장실패 현상이 나타난다. 시장실패가 발생하는 요인으로는 불완전 경쟁, 불완전 정보, 부적절한 정부 개입, 외부효과(externality) 등을 들 수 있다. 외부효과는 생산자나 소비자의 경제 활동이 다른 사람에게 의도하지 않은 혜택이나 손해를 가져다주면서도 이에 대한 대가를 받지도 않고 비용을 지불하지도 않는 상태를 뜻한다. 가령 과일나무를 심는 과수원 주인의 활동이 양봉업자의 꿀 생산량 증가를 가져오는 경우이다. 외부효과가 있으면 시장기구가 완전히 작동해도 자원의 최적 배분이 실현되지 못한다.

환경경제학에서는 시장실패, 곧 자원 배분의 비효율성은 외부효과 때문에 발생하며, 외부효과는 환경오염으로 인해서 나타난다고 전제한다. 따라서 환경경제학은 시장실패를 해결하기 위해 대기 및 수질 오염, 유독 폐기물, 지구 온난화, 생물 다양성 보존 등에 관련된 환경정책에 대한 비용 및 편익 분석을 통해서 가장 효율적인 해결 방안을 모색한다.

환경오염으로 인해서 발생하는 시장실패를 해결하기 위해서는 모든 환경오염의 원인 제공자가 환경 이용에 대해 응분의 가격을 치르도록 제도적 장치를 만들고 이를 실시해야 한다. 이를테면 지구 온난화의 주범인 이산화탄소를 배출할 수 있는 권리를 설정한 다음에 이러한 탄소 배출권을 자유롭게 사고팔게 하는 방법이 대표적인 사례이다.

생태경제학

1970년대에 인류의 복지 향상을 위해서는 인류 사회와 생태계의 지속 가능한 발전을 함께 추구해야 한다는 분야가 태동하였다. 생태경제학(ecological economics)이다.

경제학자들이 생태학을 메타포로 삼아 경제를 새롭게 인식한 것은 새삼스러운 일이 아닐지 모른다. 생태학(ecology)과 경제학(economics)은 다 같이 집을 뜻하는 그리스어(oikos)에서 유래되었기 때문이다. 경제학자는 인간사, 곧 시장의 재화와 용역을 다루는 반면 생태학자는 자연환경, 곧 시장성은 없지만 생명에 필수적인 자연을 다룬다. 이처럼 두 학문은 공통점이 많은데도 불구하고 경제 발전으로 환경이 오염된 반면에 생태학은 자연보호에 앞장섰기 때문에 마치 상반된 성격의 학문으로 인식되어 왔다.

인간의 경제 활동과 자연 생태계의 상호의존성을 연구하는 생태경제학은 환경문제에 시스템적인 사고방식으로 접근하여 환경의 지속 가능성을 겨냥하기 때문에 일종의 환경과학으로 간주되기도 한다. 또한 생태경제학은 환경문제의 사회적 및 윤리적 쟁점을 강조한다는 측면에서 환경경제학과 차이를 드러낸다.

생태경제학의 태동과 발전에 기여한 인물로는 1973년『작은 것이 아름답다Small is Beautiful』를 펴낸 독일 경제학자 에른스트 슈마허(1911~1977)를 비롯해, 이론 정립의 주역인 미국 경제학자 케네스 볼딩(1910~1993)과 미국 생태경제학자 허만 데일리(1938~) 그리고 미국 환경운동가 레스터 브라운(1934~) 등을 꼽을 수 있다.

참고문헌 ──────────

△ 환경경제학 관련 도서

• *Environmental Economics: An Elementary Introduction*, Kerry Turner, David Pearce, The Johns Hopkins University Press, 1993
• *Environmental Economics*, Charles Kolstad, Oxford University Press, 1999
• 『환경경제학』, 이정전, 박영사, 2000
• "환경경제학", 곽승준, 〈과학과 사회〉, 김영사, 2001
• *Environmental Economics*, Barry Field, McGraw-Hill, 2005
• 『환경경제학』(제2판), 권오상, 박영사, 2007

△ 생태경제학 관련 도서

• *The Entropy Law and the Economic Process*, Nicholas Georgescu-Roegen, Harvard University Press, 1971
• *Small is Beautiful*, E.F. Schumacher, Frederick Muller Ltd, 1973 / 『작은 것이 아름답다』, 김진욱 역, 범우사, 1986
• *Steady-State Economics*, Herman Daly, W.H. Freeman&Co, 1978
• *Beyond Growth: The Economics of Sustainable Development*, Herman Daly, Beacon Press, 1996
• *Ecological Economics and the Ecology of Economics*, Herman Daly, Edward Elgar Publishing, 1999
• *Eco-Economy*, Lester Brown, Norton, 2001 / 『에코이코노미』, 한국생태경제연구회 역, 도요새, 2003
• *Ecological Economics: Principles and Applications*, Herman Daly, Joshua Farley, Island Press, 2003
• *Ecological Economics: An Introduction*, Michael Common, Sigrid Stagl, Cambridge University Press, 2005
• *Plan B 3.0: Mobilizing to Save Civilization*(3rd edition), Lester Brown, Norton, 2008

6
장
바
이
오
닉
스

1—사이보그 사회

바이오닉스의 가능성

20세기에 사회 발전을 주도한 과학기술로 손꼽히는 생명공학 기술과 전자공학은 본질적으로 다르지만 인간의 능력을 향상 또는 확장시키는 측면에서는 공통점이 있다. 생명공학 기술은 유전자 조작을 통해 몸을 다루는 능력을 확장시키는 반면에 전자공학은 컴퓨터 기술을 통해 마음의 능력을 확장시킨다.

21세기에 두 기술은 다양한 방식으로 제휴하여 몸과 마음의 능력을 더욱 증대시킬 것으로 전망된다. 두 기술의 융합으로 모습을 드러낸 제3의 기술은 새로운 이름이 필요하다.

미국의 과학 월간지 〈사이언티픽 아메리칸〉은 이 기술을 바이오닉스

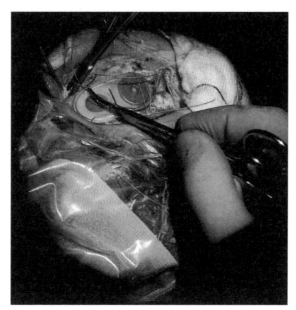

인공 와우각 이식 수술

(bionics)라 명명했다. 영어로 생물학과 전자공학을 합쳐 만든 단어이다. 바이오닉스는 본디 1970년대에 만들어진 말이지만 오랫동안 잊힌 상태로 있다가 부활된 셈이다.

바이오닉스는 생물학의 원리를 적용하여 몸과 마음의 기능을 확장시키는 장치를 만드는 기술이다. 대표적인 보기는 생물체의 기능을 대신하는 인공장기이다.

인공장기는 머리끝에서 발끝까지 인체의 거의 모든 부분에 대해 개발되고 있다. 인공뼈, 인공관절, 인공조직은 신체의 기능에 버금갈 정도이며 인공치아나 의수족은 물론이고 인공유방이나 인공성기 역시 완벽한 기능을 보여 준다. 인공장기 중에서 생명과 직결된 인공신장과 인공심장은 성능이 계속 보강되고 있다.

인공장기에 의해 인체의 손상된 부위가 대부분 보완되고 있지만 신경계의 보철(補綴) 기술은 초보 단계에 머물고 있다. 신경계의 정점인 뇌의 수수께끼가 풀리지 않고 있기 때문이다.

신경 보철의 목표는 신경계의 결손 부위를 대체하는 전자장치를 개발하는 것이다. 신경계의 활동을 인위적으로 제어함으로써 손상된 감각이나 운동기능을 복구 또는 보완하는 장치를 말한다. 인공눈과 인공귀, 마비된 근육 자극장치, 심장 박동 조절기 등이 있다. 이 가운데서 가장 관심을 끄는 분야는 감각에 관련된 신경 보철이다. 감각 신경 보철의 핵심 연구 분야는 시각 및 청각 장애이다.

시각 장애는 뇌의 시각피질이나 눈의 망막에 이상이 있을 때 발생한다. 시각 장애인의 80퍼센트는 시각피질, 나머지 20퍼센트는 망막의 수용기가 손상되어 있다. 시각피질에 이상이 있는 시각 장애인은 두개골에 구멍을 뚫고 시각피질에 수백 개의 미세전극을 이식하여 전기적 자극을 가함으로써 이미지를 지각하게 한다. 온전한 시신경을 갖고 있지만 망막의 수용기가 손상된 시각 장애인은 인공망막을 이식하면 시각이 회복될 가능성이 있다.

한편 청각 장애는 대부분 와우각(蝸牛殼)에 있는 유모(有毛) 세포의 결손에서 비롯된다. 남자의 경우 65세가 되면 출생 당시 유모 세포의 40퍼센트가량이 소멸된다. 노인들이 보청기를 끼는 까닭이다. 그러나 청각 장애를 근본적으로 치유하려면 와우각 이식이 필요하다. 청각 장애인은 유모 세포가 없더라도 청신경은 대개 살아 있으므로 인공와우각으로 청신경을 자극하면 뇌가 소리를 듣게 된다.

망막 이식이나 와우각 이식은 뇌 이식의 가능성을 시사한다. 뇌의 특정 부위에 미세전극이나 반도체 칩을 심은 뒤에 할 수 있는 일은 한두 가지가 아니다. 가령 성욕을 관장하는 부위라면 하루 종일 단추를 눌러 오르가슴을 만끽한다. 플러그로 다른 사람의 뇌와 연결하면 신속하게 생각을 주고받을 수 있다.

바이오닉스에서는 뇌 이식과 함께 머리 이식(head transplant)을 꿈꾼다. 심장이나 콩팥을 다른 사람의 것으로 교체하듯이 머리를 통째로 바꾸어보자는 아이디어이다. 물론 뇌가 함께 바뀌는 것이다. 어디 뇌뿐이겠는가. 뇌에 담긴 마음이 고스란히 남의 몸으로 옮겨진다는 의미가 숨어 있는 것이다. 진실로 상상을 초월하는 충격적인 발상이 아닐 수 없다.

뇌-기계 인터페이스

키보드나 마우스에 손을 대지 않고 생각만으로 컴퓨터를 사용할 수는 없을까. 공상과학소설에 나옴 직한 꿈같은 이야기가 이제 현실로 다가오고 있다. 사람의 근육, 눈알, 뇌를 컴퓨터에 연결하여 이들로부터 나오는 전기신호로 컴퓨터를 동작시키는 연구가 괄목할 만한 성과를 거두고 있기 때문이다.

1849년 독일 생리학자에 의해 팔의 근육이 수축할 때 미세한 방전이 일어나는 사실이 관찰되었다. 근육으로부터 발생하는 전기신호는 근전도(EMG)로 기록된다. 사람 피부에 미세전극을 꽂으면 EMG(electromyogram) 신호를 감지할 수 있다. 이 신호의 전압을 약 1만 배 정도 증폭하여 컴퓨터로 보내면 소프트웨어가 근육의 수축활동 패턴을 분석한다. 컴퓨터는 근육 신호의 내용에 따라 움직인다. 요컨대 사람의 근육 수축이 마우스를 쓰는 것처럼 컴퓨터에 명령을 내리게 된다.

이러한 장치는 신체 장애인에게 매우 유용한 것으로 입증되었다.

1993년 미국에서 자동차 사고로 목 아래가 완전 마비된 열 살짜리 소년의 얼굴에 EMG 장치의 전극을 연결했는데, 일부 안면 근육을 실룩여서 컴퓨터 화면의 물체를 이동시켰다. 물론 장애가 없는 사람에게도 도움이 된다. EMG 마우스를 사용하면 팔뚝 근육만으로 화면 위의 커서를 움직일 수 있다.

사람의 눈알은 일종의 전지이다. 각막 사이에 전압 차이가 있으므로 안구에서 전기신호가 발생한다. 눈의 움직임에 따라 일어나는 전기신호는 안전도(EOG)로 기록된다.

몇 개의 전극으로 눈의 움직임을 감지하여 컴퓨터로 보내면 소프트웨어가 분석하여 EOG(electrooculogram) 신호에 따라 작동한다. 눈의 움직임으로 동작되는 컴퓨터는 불구자에게 도움이 된다. 1991년 미국에서 척수가 심하게 손상된 18개월짜리 소녀의 머리에 EOG 장치를 부착했는데, 눈알을 깜박거려 컴퓨터 화면 위의 글자를 재빨리 이동시켰다.

또한 EOG 신호로 사람의 시선을 추적할 수 있게 됨에 따라 의사들이 내시경으로 수술할 때 사용하는 카메라를 손 대신 눈으로 조정하는 EOG 장치가 개발되고 있다.

1929년 독일의 정신과 의사인 한스 베르거(1873~1941)는 자기 아들의 두피에 전극을 부착하여 대뇌의 전기적인 활동, 즉 뇌파를 기록한 연구 논문을 발표하였다. 이 논문이 뇌전도(EEG) 연구의 효시이다. EEG(electroencephalogram)는 신경세포(뉴런)의 활동전위를 미시적으로 측정하는 것과는 달리 대뇌의 거시적인 전위를 기록할 수 있으므로 전체 뉴런 집단의 전기적 활동을 파악할 수 있다.

뇌파는 0.5~50헤르츠의 주파수 범위에 집중되어 있는 느리고 연속적인 전자파이다. 눈을 감고 뇌가 쉬고 있을 때는 8~13헤르츠의 알파파, 정신을 집중하고 있을 때는 14~30헤르츠의 베타파, 깊은 수면 상태에서는 0.5~4헤르츠의 델타파가 출현한다. 뇌의 활동 상태에 따라 주파수가 다른 뇌파가 발생하는 것이다. 이러한 뇌파의 특성을 이용하여 생각만으로 컴퓨터를 제어하는 기술을 뇌-기계 인터페이스(brain-machine interface)라 한다.

먼저 머리에 띠처럼 두른 장치로 뇌파, 특히 알파파를 모은다. 이 뇌파를 컴퓨터로 보내면 컴퓨터가 뇌파를 분석하여 적절한 반응을 일으킨다. 컴퓨터가 사람의 마음을 읽어서 스스로 동작하는 셈이다.

미국에서는 뇌파로 조작하는 비디오게임 장치가 판매되고 있고 전신마비 환자들이 생각하는 것만으로 휠체어를 운전할 수 있는 기술이 연구되고 있다. 손을 쓰지 못하는 척추 장애인들이 원하는 시간과 장소에서 소변을 볼 수 있게끔 뇌파로 작동하는 방광 장치가 개발되고 있다. 궁극적으로는 걷지 못하는 하반신 불수 환자의 다리 근육에 전기장치를 이식하고 뇌파로 제어하여 보행을 가능하게 만드는 장치가 개발될 것으로 기대된다.

BMI 전문가들은 2020년경에 비행기 조종사들이 손 대신 단지 머릿속 생각만으로 계기를 움직여 비행기를 조종하게 될 것으로 확신한다.

미래의 컴퓨터는 눈을 깜박이거나 팔뚝 근육을 움직이거나 생각만 해도 동작하게 될 것 같다.

네오기관

1998년 5월 미국 식품의약품국은 애플리그라프를 생의학 장치로 승인했다. 사람의 살아 있는 세포로 만들어 낸 피부가 최초로 승인을 받은 획기적 사건이다. 애플리그라프는 사람 피부를 형성하는 진피와 표피의 두 개 층으로 이루어진 인공피부이다.

애플리그라프는 1980년대 중반에 태동한 의학 분야인 조직공학(tissue engineering)이 거둔 첫 번째 결실의 하나일 따름이다. 조직공학자들은 피부, 연골, 인대 따위의 단순한 조직에서부터 심장, 간, 콩팥 등 복잡한 기관까지 제조가 가능할 것으로 확신한다.

가장 대표적인 기술은 생물 분해성이 뛰어난 중합체와 사람의 살아 있는 세포를 사용하는 방법이다. 먼저 중합체로 특정 조직 또는 기관을 본뜬 입체구조의 발판을 만든다. 중합체 발판 위에 살아 있는 세포를 접착시킨다. 세포와 발판을 환자의 상처 부위로 이식한다. 그 부위에서 세포는 증식 및 조립되어 새로운 조직을 생성함과 동시에 중합체는 분해되어 사라지고 몸 안에는 최종 산물이 남는다. 이와 같이 사람의 세포로 만든 인체 조직이나 기관을 네오기관(neo-organ)이라고 한다.

네오기관은 장기 부족으로 죽어 가는 환자들에게 희망이 아닐 수 없다. 주요 장기의 이식 기술은 궤도에 올랐지만 사람과 동물의 장기가 공급량이 부족하거나 인체의 거부반응을 일으키는 등 문제가 적지 않았기 때문이다. 가령 사람으로부터 기증되는 장기는 도저히 수요를 감당하지 못한다. 동물의 장기는 인체에 이식되었을 때 동물 몸속의 바이러스가 인체에서 질병을 일으킬 위험이 없지 않은 것으로 알려졌다. 인공심폐나 신장 투석장치 등 의료기기는 기능이 불완전하다.

더욱이 많은 과학자들이 인체의 기관과 성능이 똑같은 것을 인간의 능력으로는 결코 만들 수 없다고 생각하고 있던 터라 네오기관은 실로 경이적인 기술이 아닐 수 없다.

조직공학의 첫 번째 목표는 구조가 비교적 단순하고 수요가 많은 피부와 연골이다. 피부는 의학용으로 가장 수요가 많은 조직이다. 미국의 경우 매년 60만 명이 피부암 치료를 위해 피부를 제거한다. 역시 60만 명 정도의 당뇨병 환자가 발의 궤양으로 고통을 받는다. 발의 상처를 치료하지 않으면 절단이 불가피하게 된다. 해마다 2만 명가량이 중화상을 입어 피부를 이식한다. 피부의 수요가 많으므로 애플리그라프와 같은 인공피부가 속속 개발될 것으로 예상된다.

피부와 연골처럼 인공조직을 만드는 기술은 그 응용 범위가 끝이 없다. 예컨대 유방절제 수술을 한 여자의 젖가슴을 원래대로 되돌릴 수 있다. 유방 모양을 본뜬 중합체 발판 위에서 그 여자의 허벅다리 또는 엉덩이에서 떼어 낸 세포를 증식시키면 새로운 유방 조직이 성장하기 때문이다.

조직공학은 단순한 조직보다는 복잡한 기관의 개발을 최종 목표로 삼고 있다. 간, 콩팥, 심장 모두 중합체 발판 기술을 사용하여 살아 있는 세포로부터 네오기관을 만들 수 있을 것으로 전망된다.

의학용으로 완전한 기능을 가진 피부는 2010년 전후로 나타나고, 사람의 심장처럼 완전한 기관은 2015년 전후, 간은 2030년까지 개발될 것으로 보인다. 요컨대 2030년 전후로 팔다리를 포함해서 인체의 기관과 조직의 95퍼센트가 네오기관으로 교체 가능하게 될 것 같다.

사이보그

1995년 크리스토퍼 리브(1952~2004)는 승마 도중 말에서 떨어져 입은 척추 부상으로 하반신 불구가 되었다. 영화 〈슈퍼맨Superman〉의 주연배우였기 때문에 그의 불운은 많은 사람들을 슬프게 했다. 그러나 사고 후 1년

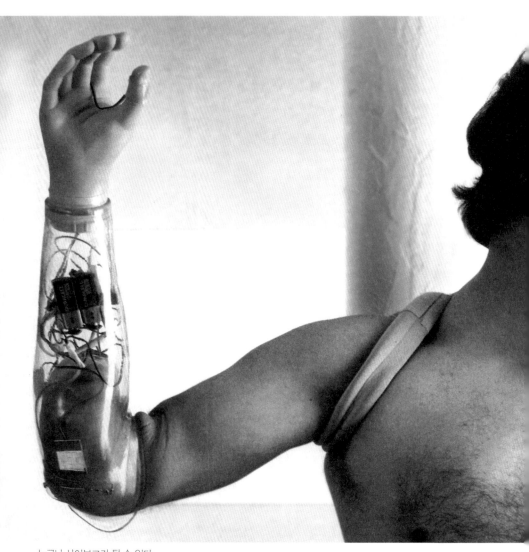

누구나 사이보그가 될 수 있다.

도 지나지 않아 휠체어를 타고 대중 앞에 다시 나타나서 많은 환자들에게 용기를 북돋워 주었다. 1996년 시사주간지 〈타임Time〉의 표지인물로 선정되고 그해 미국 민주당 전당대회에서 연사로 초청될 정도로 그는 눈부시게 재활에 성공했다. 하반신 마비 환자인 리브가 초인적인 활약상을 보일 수 있었던 까닭은 그가 사이보그(cyborg)로 변신했기 때문이다.

사이보그는 사이버네틱 유기체(cybernetic organism)의 합성어이다. 1960년 세계적인 피아니스트이자 컴퓨터 기술자인 미국의 만프레드 클라인즈(1925~)와 유명한 정신과 의사인 나단 클라인(1916~1982)이 함께 쓴 논문에서 처음 사용한 단어이다. 이들은 인간이 우주여행을 할 때 우주복을 입지 않고 우주 공간에 존재하기 위해서는 기술적으로 인체를 개조해야 한다고 주장하고 기계와 유기체의 합성물을 사이보그라고 명명했다. 다시 말해 사이보그는 생물과 무생물이 결합된 자기 조절 유기체이다. 따라서 유기체에 기계가 결합되면 그것이 사람이건 바퀴벌레이건 박테리아이건 모두 사이보그라 부른다. 사람만이 사이보그가 될 수 있는 것은 아니다.

사이보그는 기본적으로 자기 조절 기능을 가진 시스템, 곧 사이버네틱스 이론으로 규정되는 유기체이다. 사이버네틱스는 1948년 미국의 노버트 위너(1894~1964)가 펴낸 『사이버네틱스Cybernetics』에 제안된 이론이다. 이 책의 부제는 '동물과 기계에서의 제어와 통신Control and Communication in the Animal and the Machine'이다. 요컨대 동물과 기계, 즉 생물과 무생물에는 동일한 이론에 의하여 탐구될 수 있는 수준이 있으며, 그 수준은 제어 및 통신의 과정에 관련된다는 것이다. 생물과 무생물 모두에 대하여 제어와 통신의 과정을 사이버네틱스 이론으로 동일하게 고찰할 수 있다는 것이다.

사이보그라는 용어는 오랫동안 주로 공상과학영화, 예컨대 〈블레이드 러너Blade Runner〉(1982), 〈터미네이터The Terminator〉(1984), 〈로보캅 Robocop〉(1987)의 주인공을 묘사하는 데 사용되는 신조어에 불과할 따름 이었다. 그러나 1985년 미국의 페미니스트인 도나 해러웨이(1944~)는 「사이보그를 위한 선언문A Manifesto for Cyborgs」이란 글을 발표하고 사이 보그를 성차별 사회를 극복하는 사회정치적 상징으로 제시하였다. 이를 계기로 사이보그는 공상과학영화에서 뛰어나와 새로운 의미를 부여받게 되었으며 사이보그학(cyborgology)이 출현하였다.

사이보그는 종류가 매우 다양하기 이를 데 없다. 터미네이터나 로보캅 처럼 공상적인 것에서부터 크리스토퍼 리브처럼 인간 사이보그에 이르기 까지 다종다양하다. 유기체를 기술적으로 변형시킨 것은 모두 사이보그 에 해당되기 때문이다. 가령 1998년 세계 최초로 로봇팔 이식수술을 받은 영국의 어느 장애인, 2002년 쌀알 크기의 베리칩(VeriChip)을 피부 밑에 삽 입한 미국의 어느 가족은 물론이고 유전공학과 의학 기술로 심신의 기능을 개선시킨 사람들, 이를테면 인공장기를 갖거나 신경 보철을 한 사람, 예방 접종을 하거나 향정신성 약품을 복용한 사람들도 기술적인 의미에서 사이 보그임에 틀림없다.

사이보그의 개념을 좀 더 확대하면 우리가 사이보그 사회에 살고 있음 을 실감할 수 있다. 사회라는 하나의 시스템 안에서 인간과 기계가 상호작 용하는 모든 형태의 인터페이스 역시 사이보그라 할 수 있기 때문이다. 실 리콘에 단백질을 결합시키는 생체 칩, 컴퓨터 안에서 창조하는 인공생명, 센서를 통해 전투기와 인터페이스된 조종사 등은 모두 사이보그이다. 지 구 자체를 사이보그로 보는 견해까지 있다. 해러웨이는 제임스 러브록 (1919~)이 가이아(Gaia) 이론에서 제시한 것처럼 지구는 자기 조절 기능을 갖고 있기 때문에 사이보그라고 주장하였다.

21세기에는 정보기술과 생명공학 기술이 발달할수록 생물체가 사이보그로 바뀌는 현상(cyborgization)이 가속화되면서 생물과 무생물, 사람과 기계의 경계가 서서히 허물어질 것이다. 사람과 기계가 공생하는 인간 사이보그가 인류의 상속자가 되지는 않을는지.

참고문헌 ─────────

- *Simians, Cyborgs, and Women: the Reinvention of Nature*, Donna Haraway, Routledge, 1991 / 『유인원, 사이보그 그리고 여자』, 민경숙 역, 동문선, 2002
- *The Fourth Discontinuity*, Bruce Mazlish, Yale University Press, 1993 / 『네 번째 불연속』, 김희봉 역, 사이언스북스, 2001
- *The Cyborg Handbook*, Chris Hables Gray, Routledge, 1995
- *Posthuman Bodies*, Judith Halberstam, Indiana University Press, 1995
- *Cyborg Babies*, Robbie Davis-Floyd, Routledge, 1998
- *How We Became Posthuman*, N. Katherine Hayles, The University of Chicago Press, 1999
- *Your Bionic Future*, Scientific American, 1999 / 『맞춤인간이 오고 있다』, 황현숙 역, 궁리, 2000
- *Cyborg Citizen: Politics in the Posthuman Age*, Chris Hables Gray, Routledge, 2001
- *The Body Electric*, James Geary, Weidenfeld&Nicolson, 2002
- *I, Cyborg*, Kevin Warwick, Century, 2002 / 『나는 왜 사이보그가 되었는가』, 정은영 역, 김영사, 2004
- *Natural-Born Cyborgs*, Andy Clark, Oxford University Press, 2003
- *Radical Evolution*, Joel Garreau, Doubleday, 2005 / 『급진적 진화』, 임지원 역, 지식의숲, 2007
- *More than Human*, Ramez Naam, Random House, 2005 / 『인간의 미래』, 남윤호 역, 동아시아, 2007
- *Enhancing Evolution: The Ethical Case for Making Better People*, John Harris, Princeton University Press, 2007

특이점

사전을 보면 특이점(singularity)은 '특별히 다른 점(singular point)'을 의미하지만 과학기술 분야에서는 전혀 다른 뜻으로 사용된다.

물리학에서 특이점은 빅뱅, 블랙홀, 빅크런치와 관련되어 있다. 빅뱅(big bang)은 우주 탄생의 근원이 되는 대규모의 폭발 사건이다. 우주의 초기에는 한 점으로부터 출발하여 모든 것이 생성되었는데, 이 작은 점을 특이점이라 한다.

태양보다 훨씬 큰 별들이 죽게 되면 허공에 하나의 검은 구멍(블랙홀)을 남겨 놓는다. 블랙홀에서는 시공간이 너무 심하게 구부러져 빛조차 밖으로 빠져나가지 못하고 갇힌 신세가 되는데, 내부에는 모든 것이 모여 물질의 밀도가 무한대인 한 개의 점이 존재하게 된다. 이 점을 특이점이라 한다.

빅크런치(big crunch)는 빅뱅이 거꾸로 진행되는 과정과 비슷하다. 우주는 대폭발(빅뱅) 속에 존재를 나타냈듯이 대압축(빅크런치) 속에 소멸될 것이다. 빅크런치는 우주가 도달할 수 있는 종말 중의 하나로서 공간이 스스로 수축되어 하나의 점으로 붕괴한다. 다시 말해 빅크런치는 아무것도 남겨지지 않는 완벽한 소멸이다. 모든 것이 사라지고 마지막으로 하나의 특이점만이 남을 것이다. 특이점 상태에서는 모든 존재가 중력의 무한히 파괴적인 힘에 굴복하고 더 이상 아무것도 남지 않게 된다. 우주의 산파 역할을 했던 중력이 우주의 장의사로 돌변하는 것이다.

컴퓨터 기술에서 특이점은 기계가 매우 영리해져서 지구에서 인류 대신 주인 노릇을 하게 되는 미래의 어느 시점을 가리킨다. 1993년 미국의 수학자이자 과학소설 작가인 버너 빈지(1944~)는 「다가오는 기술적 특이점*The*

Coming Technological Singularity—포스트휴먼(posthuman) 시대에 살아남는 방법」이라는 논문을 발표하고 인간을 초월하는 기계가 출현하는 시점을 특이점이라고 명명했다. 빈지는 생명공학 기술, 신경공학, 정보기술의 발달로 2030년 이전에 특이점을 지나게 될 것이라고 주장했다. 특이점은 인류에게 극적인 변화가 일어난다는 의미에서 일종의 티핑 포인트(tipping point)라 할 수 있다.

그렇다면 특이점은 언제 나타날 것이며 그때 인류의 운명은 어떻게 될 것인가. 미국의 컴퓨터 이론가인 레이 커즈와일(1948~)은 『특이점이 다가온다 *The Singularity is Near*』(2005)에서 2030년 전후에 지능 면에서 기계와 인간 사이의 구별이 사라진다고 전망한다.

미국의 로봇공학 전문가인 한스 모라벡은 『로봇』(1999)에서 2050년 이후 지구의 주인은 인류에서 로봇으로 바뀌게 된다고 주장했다. 그는 이러한 로봇이 인류의 정신적 유산을 물려받게 될 것이므로 일종의 자식이라는 의미에서 마음의 아이들(mind children)이라고 불렀다.

영국의 로봇공학자인 케빈 워릭 역시 『로봇의 행진』(1997)에서 21세기 지구의 주인은 로봇이 될 것이라고 단언했다. 워릭은 2050년 기계가 인간보다 더 똑똑해져서 인류의 삶은 기계에 의해 통제되고 기계가 시키는 일은 무엇이든지 하지 않으면 안 되는 처지에 놓일 것이라고 전망했다. 남자들은 포로수용소 같은 곳에서 노동자로 사육된다. 노동자들은 육체적으로 불필요한 성적 행위를 하지 못하게끔 거세되며, 두뇌는 재구성되어 분노, 우울, 추상적 사고와 같은 부정적인 요소가 제거된다. 여자들은 사방이 벽으로 막힌 인간 농장에 수용된 채 오로지 아이를 낳기 위해 사육된다. 한 번에 세 명의 아기를 낳는다. 12세쯤 출산을 시작해서 30대가 되면 쓰레기처럼 소각로에 버려진다. 여자들은 평생 동안 50여 명 정도 아기를 낳는다. 워릭 교수의 가상 시나리오는 영화 〈매트릭스〉(1999)를 떠올리게 한다. 2199년 인공지능 기계와 인류의 전쟁으로 폐허가 된 지구에서 인간들은 땅속 깊은 곳에서 기계에게 에너지를 공급하는 노예로 사육되기 때문이다.

어쨌거나 이른바 GNR 기술, 곧 유전공학(G), 나노기술(N), 로봇공학(R)의 발달로 사람보다 영리한 기계가 출현하게 될 미래사회에서 사람과 기계가 맺게 될 사회적 관계는 세 가지 중의 하나일 것이다. 로봇이 인간의 충직한 심부름꾼 노릇을 하거나, 〈매트릭스〉에서처럼 기계가 인간을 지배하거나, 아니면 인간과 로봇이 서로 돕고 살게 될 것이다. 기계의 인공지능이 사람의 자연지능을 추월하는 특이점을 통과한 미래의 모습을 어느 누가 감히 상상해 볼 수 있겠는가? 그렇지 않은가?

포스트휴먼

인간의 미래에 대해 탁견을 내놓은 학자들이 적지 않다.

인류의 생물 진화가 완료된 이후의 세계를 처음으로 탐구한 과학자는 영국의 존 버널(1901~1971)이다. 그는 1929년에 펴낸 『세계, 육체, 악마 The World, the Flesh and the Devil』라는 소책자에서 인류의 진보를 가로막는 세 가지의 적으로 세계(가난과 홍수 같은 물질적 장애), 육체(질병, 노화, 죽음과 같은 신체적 약점), 악마(마음속의 탐욕, 질투, 광기)를 열거하고 인류가 이를 극복하기 위하여 자기복제(self-replication) 하는 기계, 즉 자식을 낳는 기계를 만들어 내게 될 것이라고 예상했다.

1986년 나노기술 이론가인 미국의 에릭 드렉슬러는 『창조의 엔진』에서 자기복제 기능을 가진 나노로봇의 개발 가능성을 제기하여 과학자들로부

포스트휴먼 시대에 누가 인류의 상속자가 될 것인지 아무도 모른다.

터 비웃음거리가 되었다. 그 당시 대부분의 과학자들은 나노기술 자체에 대해서조차 관심을 갖지 않았기 때문에 자기복제 하는 기계와 같은 아이디어에 호의적일 까닭이 없었던 것이다.

1988년 미국의 로봇공학 전문가인 한스 모라벡은 『마음의 아이들』에서 인간의 생물학적 진화는 이미 완료되었으며, 미래사회는 사람보다 수백 배 뛰어난 인공두뇌를 가진 로봇에 의하여 지배되는 후기생물(post-biological) 사회가 될 것이므로 인류의 문화는 사람의 혈육보다는 사람의 마음을 모두 넘겨받는 기계, 곧 '마음의 아이들'에 의하여 승계되고 발전될 것이라는 충격적인 주장을 펼쳤다.

1993년 미국의 역사학자인 브루스 매즐리시(1944~)는 『네 번째 불연속 The Fourth Discontinuity』을 펴냈다. 책의 부제인 '인간과 기계의 공진화 The Co-evolution of Humans and Machines'가 시사하는 바와 같이 매즐리시는 인간 진화의 결과로 자기복제 하는 기계, 곧 호모 컴보티쿠스(Homo comboticus)라는 새로운 종이 나타날 것이라고 주장하였다.

1997년 생물학자인 미국의 리 실버(1952~)는 『에덴 다시 만들기 Remaking Eden』라는 책에서 유전자를 조작하여 임의로 설계한 맞춤아기가 출현하면 인류 사회는 경제 능력에 따라 유전자가 보강된 슈퍼인간과 그렇지 못한 자연인간으로 사회계층이 양극화될 것이라고 경고하였다.

1999년 미국의 컴퓨터 이론가인 레이 커즈와일은 『정신적 기계의 시대 The Age of Spiritual Machines』에서 2019년이면 컴퓨터의 처리 능력이 사람 뇌와 맞먹게 되고, 2029년이면 기계는 할 수 없고 사람만 할 수 있는 일을 찾아보기 어려운 세상이 되어 사람과 기계를 구분 짓는 경계가 더 이상 존재하지 않게 될 것이라고 내다보았다. 커즈와일은 사람의 지능이 기계로 옮겨지기 때문에 인간에 관한 개념 규정이 법적 및 정치적으로 중요한 쟁점이 될 것이라고 덧붙였다.

미국의 컴퓨터 이론가인 빌 조이는 잡지 〈와이어드〉의 2000년 4월호에 「왜 우리는 미래에 필요 없는 존재가 될 것인가」라는 제목의 글을 발표하여 세계 언론에 큰 반향을 일으켰다. 조이는 유전공학(G), 나노기술(N), 로봇공학(R) 등 이른바 GNR 기술에 의해 자기복제 기계가 개발될 가능성에 주목하고 인류의 미래가 이러한 기술의 도전에 직면해 있다는 사실을 환기시켰다.

2001년 미국의 크리스 헤이블즈 그레이는 『사이보그 시민 *Cyborg Citizen*』이라는 책을 펴냈다. 책의 부제는 '포스트휴먼 시대의 정치 Politics in the Posthuman Age' 이다. 정보기술과 생명공학 기술의 발달로 인류가 사이보그로 개조되어 가는 과정을 묘사하고, 진화론적인 맥락에서 인간이 다른 종에 의해 승계되는 포스트휴먼 시대에 대해 언급하였다. 이 책에서는 포스트휴먼의 주역으로 사이보그가 제시되었다.

2002년 『역사의 종말 *The End of History*』로 유명한 프랜시스 후쿠야마(1952~)가 『우리의 포스트휴먼 미래 *Our Posthuman Future*』를 펴냈다. 책의 부제는 '생명공학 혁명의 결과' 이다. 역사의 종말을 말했던 그가 생명공학의 발달로 인류 역사의 포스트휴먼 단계가 시작될 것이라고 역설하였다.

2005년 레이 커즈와일은 『특이점이 다가온다』를 펴내고, 2030년 전후에 지능 면에서 인간과 기계 사이의 구별이 사라진다고 주장하였다.

자기복제 기계, 마음의 아이들, 슈퍼인간 또는 사이보그. 이 중에서 누가 인류의 상속자가 될 것인지 궁금해할 필요는 없다. 정보기술과 생명공학 기술의 발달로 인류는 자신이 만든 새로운 존재를 후계자로 삼지 않으면 안 되는 아이로니컬한 상황에 몰리고 있다는 사실이 무엇보다 중요하기 때문이다.

참고문헌 ─────────

- *Engines of Creation*, K. Eric Drexler, Anchor Press, 1986
- *Mind Children*, Hans Moravec, Harvard University Press, 1988
- *Metaman, Gregory Stock*, Simon&Schuster, 1993
- *The Fourth Discontinuity*, Bruce Mazlish, Yale University Press, 1993 / 『네 번째 불연속』, 김희봉 역, 사이언스북스, 2001
- *Remaking Eden*, Lee Silver, William Morrow, 1997 / 『리메이킹 에덴』, 하영미 · 이동희 역, 한승, 1998
- *The Age of Spiritual Machines*, Ray Kurzweil, Viking Penguin, 1999 / 『21세기 호모사피엔스』, 채윤기 역, 나노미디어, 1999
- "Why the Future Doesn't Need Us", Bill Joy, Wired(2000년 4월호)
- *Cyborg Citizen*, Chris Hables Gray, Routledge, 2001
- *Redesigning Humans: Our Inevitable Genetic Future*, Gregory Stock, Houghton Mifflin, 2002
- *Our Posthuman Future*, Francis Fukuyama, Farrar, 2002 / 『부자의 유전자, 가난한 자의 유전자』, 송정화 역, 한국경제신문, 2003
- *Converging Technologies for Improving Human Performance*, Mihail Roco, Kluwer Academic Publishers, 2003
- *The Singularity Is Near*, Ray Kurzweil, Loretta Barrett Book, 2005 / 『특이점이 온다』, 김명남 역, 김영사, 2007
- *More than Human*, Ramez Naam, Random House, 2005 / 『인간의 미래』, 남윤호 역, 동아시아, 2007
- *Radical Evolution*, Joel Garreau, Doubleday, 2005 / 『급진적 진화』, 임지원 역, 지식의숲, 2007
- *Die Zukunft der Technologien*, Karlheinz Steinmüler, Murmann Verlag, 2006 / 『기술의 미래, 상상 그 너머의 세계』, 배인섭 역, 미래의창, 2007
- 『미래교양사전』, 이인식, 갤리온, 2006

1. 인지과학과 융합학문

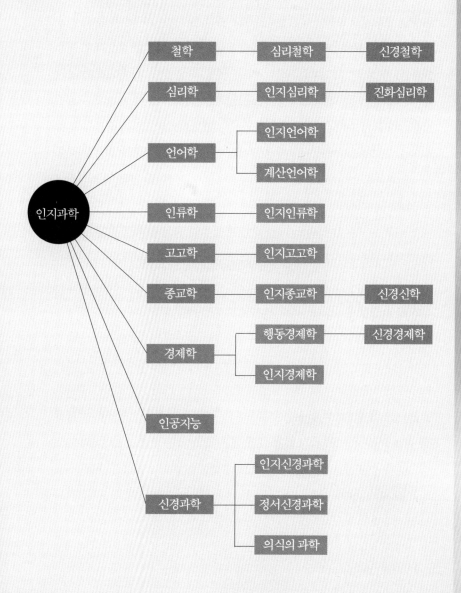

2. 뇌과학과 융합학문

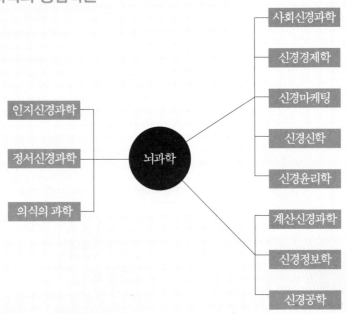

3. 진화론과 지식융합

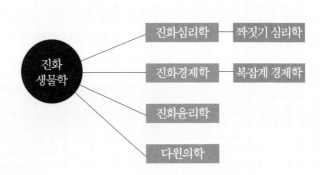

4. 비선형세계의 융합학문

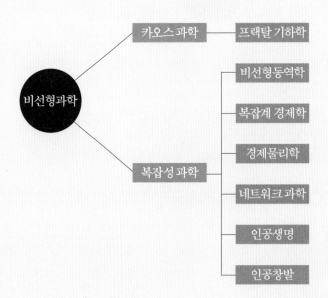

5. 융합기술 – NBIC(nano-bio-info-cogno) 기술융합

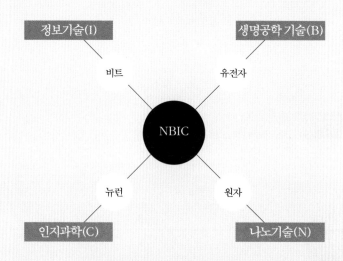

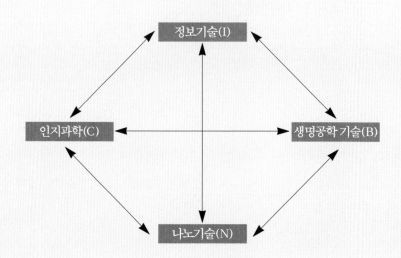

6. 컴퓨터과학과 지식융합

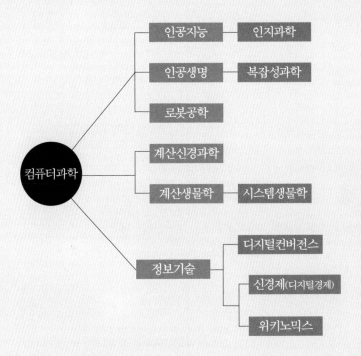

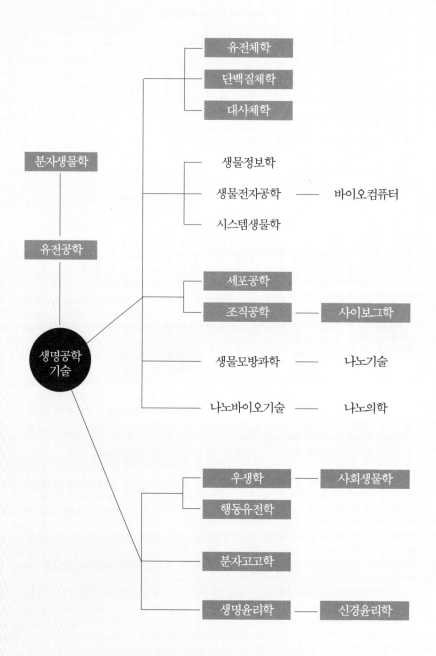

8. 환경과 지식융합

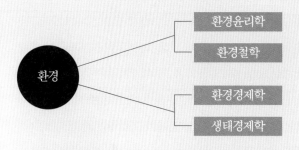

9. 경제학과 지식융합

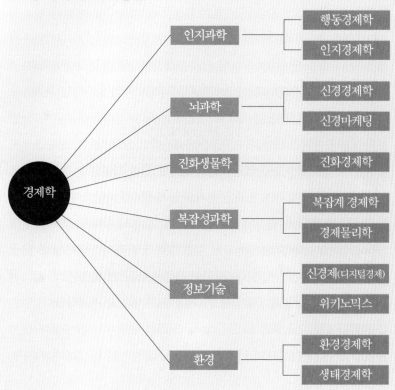

지식 융합의 세 번째 물결

제1의 지식 융합 물결—학제 간 연구

1979년 3월 아인슈타인 탄생 100주년에 맞추어 국내에 소개된 프리초프 카프라(1939~)의 『현대 물리학과 동양사상 *The Tao of Physics*』(1975)은 인문학과 자연과학은 별개라는 고정관념에 사로잡힌 지식인들에게 충격으로 받아들여졌다. 이론물리학자인 카프라는 현대 과학과 이질적인 동양의 신비주의를 융합하여 새로운 세계관을 제시했기 때문이다. 1988년 출간된 벨기에 화학자 일리야 프리고진(1917~2003)의 『혼돈으로부터의 질서 *Order out of Chaos*』(1984)는 융합 학문인 복잡성 과학을 국내에 처음 소개함과 아울러 부제인 '인간과 자연의 새로운 대화'에 함축된 것처럼 '과학과 인문학이 서로 접근하여 융합'('저자 서문')할 것을 제창하였다.

1989년 4월 국내 학자 14명의 공동 연구로 『인지과학』이 출간되어 학제 간 연구의 가능성을 보여 주었다. 공동 집필진이 철학, 심리학, 언어학,

사회학, 컴퓨터 과학의 전문가들로 구성되었기 때문이다.

같은 해에 영국 물리학자 찰스 스노우(1905~1980)의 『두 문화 *The Two Cultures*』(1959)가 30년 만에 번역 출간되었다. 스노우는 현대 서구 사회의 지적 생활이 인문적 문화와 과학적 문화로 양극화되어 있기 때문에 두 문화 사이의 단절이 사회 발전에 치명적 걸림돌이라고 주장하고, 두 문화를 융합하는 제3의 문화의 필요성을 역설하였다.

1991년 7월 영국 동물행동학자 리처드 도킨스(1941~)의 출세작인 『이기적 유전자 *The Selfish Gene*』(1976)가 국내에 상륙했다. 사회생물학의 최고 걸작으로 손꼽히는 저서가 출간된 이후 15년 만에 번역된 것은 아무래도 관련 학계와 출판계 모두의 게으름 탓이라고밖에 해명이 될 것 같지 않다.

1992년 2월 출간된 『사람과 컴퓨터』는 원고지 2,200매에 당시에는 개념조차 생소했던 나노기술과 인공생명을 비롯하여 인지과학, 신경과학, 복잡성 과학 등 학제 간 연구를 상세히 소개하였다.

1996년 미국 과학저술가 존 브록만(1941~)의 『제3의 문화 *The Third Culture*』(1995)가 출간되어 인문사회과학과 자연과학의 학제 간 연구인 인지과학, 복잡성 과학, 진화심리학 분야에서 성과를 내고 있는 세계적 이론가들의 생각을 엿볼 수 있는 계기가 마련되었다.

1997년 8월 삼성경제연구소가 펴낸 『복잡성 과학의 이해와 적용』은 두 가지 측면에서 학제 간 연구의 가능성을 보여 주었다. 첫째, 집필자들이 물리학, 경제학, 경영학, 행정학 등의 전문가로 구성되었다. 둘째, 미국과 일본의 복잡성 과학 전문가 7명이 필자로 참여했다.

『인지과학』과 『복잡성 과학의 이해와 적용』은 우리나라의 인문학자와 자연과학자들이 학문의 벽을 허물고 공동 연구를 할 수 있는, 열린 가슴의 소유자들임을 보여 준 소중한 결실이라고 평가하지 않을 수 없다.

□ 첫 번째 지식 융합 물결 관련 문헌
- 『현대 물리학과 동양사상』, 프리초프 카프라(김용정 역), 범양사출판부, 1979 / The Tao of Physics, Fritjof Capra, Shambhala Publications, 1975
- 『부분과 전체』, 베르너 하이젠베르크(김용준 역), 지식산업사, 1982 / Der Teil und das Ganze, Werner Heisenberg, 1969
- 『현대의 과학기술과 인간 해방』, 조홍섭 엮음, 한길사, 1984
- 『새로운 과학과 문명의 전환』, 프리초프 카프라(이성범 역), 범양사출판부, 1985 / The Turning Point, Fritjof Capra, Simon&Schuster, 1982
- 『혼돈으로부터의 질서』, 일리야 프리고진(신국조 역), 정음사, 1988 / Order out of Chaos, Ilya Prigogine, Bantam Books, 1984
- 『인지과학: 마음, 언어, 계산』, 조명한 외, 민음사, 1989
- 『두 문화와 과학혁명』, 찰스 스노우(오영환 역), 박영사, 1989 / The Two Cultures and the Scientific Revolution, C.P. Snow, Cambridge University Press, 1959
- 『엔트로피』, 제레미 리프킨(김명자 역), 동아출판사, 1991 / Entropy, Jeremy Rifkin, Viking Adult, 1980
- 『이기적 유전자』, 리처드 도킨스(이용철 역), 동아출판사, 1991 / The Selfish Gene, Richard Dawkins, Oxford University Press, 1976
- 『사람과 컴퓨터』, 이인식, 까치, 1992
- 『자연주의적 유신론』, 소홍렬, 서광사, 1992
- 『녹색평론선집 1』, 김종철 엮음, 녹색평론사, 1993
- 『갈릴레오의 고민』, 김용준, 솔, 1995
- 『녹색 대안을 찾는 생태학적 상상력』, 정수복, 문학과지성사, 1996
- 『제3의 문화』, 존 브록만 엮음(김태규 역), 대영사, 1996 / The Third Culture, John Brockman, Simon&Schuster, 1995
- 『인간과 공학 이야기』, 헨리 페트로스키(최용준 역), 지호, 1997 / To Engineer is Human, Henry Petroski, St. Martin's Press, 1985
- 『복잡성 과학의 이해와 적용』, 삼성경제연구소, 21세기북스, 1997
- 『문명의 미래와 생태학적 세계관』, 박이문, 당대, 1998
- 『삶과 온 생명』, 장회익, 솔, 1998
- 『잡종, 새로운 문화 읽기』, 홍성욱, 창작과비평사, 1998
- 『카오스의 날갯짓』, 김용운, 김영사, 1999
- 『생태학의 담론』, 문순홍 엮음, 솔, 1999

제2의 지식 융합 물결—융합 글쓰기

1999년 7월 미국 인지과학자 더글라스 호프스태터(1945~)의 출세작인

『괴델, 에셔, 바흐 Gödel, Escher, Bach』(1979)가 국내에 소개된 것은 하나의 사건이었다. 우선 777쪽의 원서를 채산성을 고려하지 않고 20년 만에 번역 출간한 중견 출판인의 집념이 돋보인다. 이 대목에서 베스트셀러가 결코 될 수 없는 전문 서적들을 꾸준히 펴내는 중소 출판사들이 우리나라 학문 발전에 견인차 역할을 하고 있음을 새삼스럽게 절감하게 된다. 또한 이 책은 수리논리학, 미술, 음악은 물론이고 인공지능과 분자생물학뿐만 아니라 불교의 공안(公案)까지 논의하고 있어, 한마디로 자연과학과 인문과학을 가로지르며 상상력의 정수를 모조리 모아 놓은 듯한 역작이 아닐 수 없다.

2000년 1월 미국 물리학자 앨런 소칼(1955~)의 화제작인『지적 사기 Impostures intellectuelles』(1997)가 출간되었다. 포스트모더니즘 이론가들이 자연과학의 개념과 용어를 남용한 사례가 낱낱이 소개된 이 책을 통해 인문학과 자연과학의 융합이 결코 만만치 않은 작업임을 확인할 수 있게 된다.

2002년 3월 국내 나노기술 전문가들이 필진으로 참여한『나노기술이 미래를 바꾼다』가 나왔다. 이 책은 한국공학한림원이 해동과학문화재단의 자금 지원을 받아 펴내기 시작한 '공학과의 새로운 만남' 시리즈(김영사, 생각의나무)의 첫 번째 결실이라는 데 각별한 의미가 있다. 개인 사업가의 출연을 받아 공학기술 대중화 사업을 펼치게 된 것은 고마운 일이긴 하지만 관련 정부 산하기관의 기획 능력 부족을 여실히 보여 준 사례임에 틀림없다.

2004년 미국 진화심리학자 스티븐 핑커(1954~)의『빈 서판 The Blank Slate』(2002)과 영국 과학저술가 매트 리들리(1958~)의『본성과 양육 Nature via Nurture』(2003), 2005년 미국 사회생물학자 에드워드 윌슨(1929~)의

『통섭*Consilience*』(1998), 미국 물리학자 브라이언 그린(1963~)의 『우주의
구조*The Fabric of the Cosmos*』(2004), 미국 진화생물학자 재레드 다이아몬드
(1937~)의 『문명의 붕괴*Collapse*』(2004), 2006년 존 브록만의 『과학의 최전
선에서 인문학을 만나다*The New Humanists*』(2003)가 잇따라 출간되어 인
문학과 자연과학의 융합은 거역하기 어려운 대세가 되었다. 특히 『통섭』
은 원서 출간 이후 7년이 지나 뒤늦게 국내에 소개되긴 했지만 지식 융합
의 불쏘시개 역할을 톡톡히 해냈다.

한편 2006년부터 인문학의 위기가 본격적으로 사회적 관심사가 되었
다. 인문학의 위기를 타개하는 방안의 하나로 인문학과 자연과학의 융합
연구가 강조되었다. 가령 2006년 9월 고려대 문과대학 교수들이 발표한
「인문학 선언」에 "참신한 학제 간 연구 방법론의 개발에 소홀했다."는 자
성의 목소리가 담겨 있을 정도였다.

『괴델, 에셔, 바흐』가 출간된 이후 21세기 초반부터 지식 융합의 현장을
누빈 사람들은 신예 과학저술가들이었다. 그들은 인문학과 자연과학의
경계를 넘나들면서 융합 글쓰기에 나섰다. 대표적인 사례는 2006년 11월
부터 출간된 '지식인 마을' 시리즈(김영사)이다. 소장 학자들이 필진으로
참여하여 동서고금의 지식인 100명을 50권에 소개하는 방대한 작업을 펼
친 것이다. 젊은 과학저술가들의 대중적 글쓰기는 격려와 칭찬을 받아야
마땅할 줄로 안다.

　　□ 두 번째 지식 융합 물결 관련 문헌
- 『괴델, 에셔, 바흐』, 더글라스 호프스태터(박여성 역), 까치, 1999 / *Gödel, Escher,
  Bach*, Douglas Hofstadter, Basic Books, 1979
- 『지적 사기』, 앨런 소칼(이희재 역), 민음사, 2000 / *Impostures intellectuelles*, Alan
  Sokal, Odile Jacob, 1997
- 『21세기의 환경과 도시』, 김우창 외, 민음사, 2000
- 『아톰@비트』, 정진홍, 푸른숲, 2000
- 『수학의 몽상』, 이진경, 푸른숲, 2000

- 『과학기술과 한국 사회』, 윤정로, 문학과지성사, 2000
- 『한국의 녹색 문화』, 김욱동, 문예출판사, 2000
- 『아주 특별한 과학 에세이』, 이인식, 푸른나무, 2001
- 『페미니즘과 기술』, 주디 와츠맨(조주현 역), 당대, 2001 / *Feminism Confronts Technology*, Judy Wajcman, Polity Press, 1991
- 〈과학과 사회〉(창간호), 김영사, 2001
- 『소유의 종말』, 제레미 리프킨(이희재 역), 민음사, 2001 / *The Age of Access*, Jeremy Rifkin, Tarcher, 2000
- 『과학 콘서트』, 정재승, 동아시아, 2001
- 『나노기술이 미래를 바꾼다』, 이인식 엮음, 김영사, 2002
- 『축구공 위의 수학자』, 강석진, 문학동네, 2002
- 『이인식의 성과학 탐사』, 이인식, 생각의나무, 2002
- 『월경하는 지식의 모험자들』, 강봉균 · 박여성 · 이진우, 한길사, 2003
- 『인문학으로 과학 읽기』, 송위진 · 이중원 · 홍성욱, 실천문학사, 2004
- 『빈 서판』, 스티븐 핑커(김한영 역), 사이언스북스, 2004 / *The Blank Slate*, Steven Pinker, Viking Adult, 2002
- 『본성과 양육』, 매트 리들리(김한영 역), 김영사, 2004 / *Nature via Nurture*, Matt Ridley, Fourth Estate, 2003
- 『과학과 종교 사이에서』, 김용준, 돌베개, 2005
- 『통섭』, 에드워드 윌슨(최재천 · 장대익 역), 사이언스북스, 2005 / *Consilience*, Edward Wilson, Knopf, 1998
- 『우주의 구조』, 브라이언 그린(박병철 역), 승산, 2005 / *The Fabric of the Cosmos*, Brian Greene, Knopf, 2004
- 『문명의 붕괴』, 재레드 다이아몬드(강주헌 역), 김영사, 2005 / *Collapse*, Jared Diamond, Viking Adult, 2004
- 『새로운 인문주의자는 경계를 넘어라』, 이인식 · 황상익 · 이필렬, 고즈윈, 2005
- 『대담─인문학과 자연과학이 만나다』, 도정일 · 최재천, 휴머니스트, 2005
- 『우리 역사 과학 기행』, 문중양, 동아시아, 2006
- 『복잡계 워크숍』, 복잡계 네트워크 엮음, 삼성경제연구소, 2006
- 『미래교양사전』, 이인식, 갤리온, 2006
- 『디지로그』, 이어령, 생각의나무, 2006
- 『부의 미래』, 앨빈 토플러(김중웅 역), 청림출판, 2006 / *Revolutionary Wealth*, Alvin Toffler, Curtis Brown, 2006
- 『과학의 최전선에서 인문학을 만나다』, 존 브록만 엮음(안인희 역), 소소, 2006 / *The New Humanists*, John Brockman, Sterling, 2003
- 『지식인 마을에 가다』, 장대익, 김영사, 2006
- 『과학으로 생각한다』, 이상욱 · 홍성욱 · 장대익 · 이중원, 동아시아, 2006
- 『세 바퀴로 가는 과학자전거』, 강양구, 뿌리와이파리, 2006
- 『지식의 통섭』, 최재천 · 주일우, 이음, 2007
- 『경영, 과학에게 길을 묻다』, 유정식, 위즈덤하우스, 2007
- 『과학, 인문학 그리고 대학』, 김영식, 생각의나무, 2007
- 『짝짓기의 심리학』, 이인식, 고즈윈, 2008
- 『호모 엑스페르투스』, 이한음, 효형출판, 2008

- 『젊음의 탄생』, 이어령, 생각의나무, 2008
- 『인문 의학』, 인제대 인문의학연구소, 휴머니스트, 2008
- 『애틋함의 로마』, 복거일, 문학과지성사, 2008
- 『전환의 모색』, 장회익·최장집·도정일·김우창, 생각의나무, 2008

제3의 지식 융합 물결—융합 학문 연구

2003년 7월 국내 공학 전문가의 글 모음인 『공학기술 복합시대』가 출간되어 일반 대중에게 융합 기술의 이모저모를 소개하였다. 한국공학한림원의 '공학과의 새로운 만남' 시리즈로 발간된 이 책은 21세기의 성장 동력은 융합 기술임을 천명했다. 융합 기술은 과학기술 상호 간의 융합뿐만 아니라 인문학과의 공동 연구 없이는 성공할 수 없다. 2008년 서울대가 '차세대융합기술연구원Advanced Institute of Convergence Technology'을 별도 기관으로 발족한 것도 그 때문이다.

융합 기술뿐만 아니라 거의 모든 융합 학문이 대학에서 육성될 전망이다. 융합 학문이 대학의 미래와 직결되는 추세이기 때문이다. 2006년 10월 서울대 개교 60주년 기념 학술대회에서 김광웅 교수가 발표한 논문인 「미래의 학문, 대학의 미래」는 대학의 미래가 융합 학문에 달려 있다고 강조했다.

또한 이명박 정부가 추진 중인 '세계 수준의 연구 중심 대학World Class University' 프로젝트는 2009년부터 국내 대학에 5년간 해마다 1,650억 원씩을 투자하여 세계적인 수준으로 끌어올릴 계획인데, 해외 저명 학자들을 초빙하여 국가의 성장 동력이 될 수 있는 융합 학문과 융합 기술을 육성할 것으로 알려졌다. 바야흐로 상아탑에서 본격적인 지식 대융합 시대의 막이 오르게 되는 것이다.

　융합 지식이야말로 우주 속에서 인간의 위치를 재발견하고 인류 사회의 미래를 설계하기 위해 절차탁마하는 젊은이들에게 가장 든든하고 확실한 길라잡이가 될 것임에 틀림없다.

　　□ 세 번째 지식 융합 물결 관련 문헌
- 『공학기술 복합시대』, 이기준 외, 생각의나무, 2003
- 「미래의 학문, 대학의 미래」, 김광웅, 서울대 개교 60주년 기념 학술대회(2006. 10. 13.)
- 「과학기술, 창조 한국의 길」, 최영락·안현실·이언오·임기철, 과학기술정책연구원 (2008. 1.)
- 「테크네 인문학을 향하여」, 연세대 미디어아트연구소 창립 10주년 기념 학술대회 (2008. 5. 22.)
- 「미래 대학과 융합 학문 심포지엄」, 서울대 미래대학콜로키움(2008. 6. 12.)
- 『미래에 우리는 어디서 어떤 공부를 할까?』(가제), 김광웅 편, 생각의나무, 2008(출간 예정)

가다머 Hans-Georg Gadamer 90, 92~95
가드너 Howard Gardner 49, 138
가드너 Martin Gardner 273
가자니가 Michael Gazzaniga 171, 172
갈릴레이 Galileo Galilei 212
게슈빈트 Norman Geschwind 160
게어 Glenn Geher 208
게이지 Phineas Gage 139, 140
겔만 Murray Gell-Mann 246
골드버거 Ary Goldberger 228, 238, 239, 240
골턴 Francis Galton 290, 291, 348, 361, 364
괴델 Kurt Gödel 73, 74, 75, 77, 78, 98, 99, 103
그레고리 Richard Gregory 61, 62
그레이 Chris Hables Gray 437
그린 Brian Greene 450, 451
그린 Joshua Greene 152
글림셔 Paul Glimcher 155
김광웅 金光雄 452, 453
깁슨 William Gibson 316, 326

나이서 Ulric Neisser 50
네스 Arne Naess 412
네스 Randolph Nesse 197
넬슨 Richard Nelson 194
노르베리 호지 Helena Norberg-Hodge 414
노무현 盧武鉉 292
뉴버그 Andrew Newberg 161, 163
뉴웰 Allen Newell 42, 43, 44, 49, 50
뉴턴 Isaac Newton 194, 221
니어링 Helen Nearing 414
니어링 Scott Nearing 414
니체 Friedrich Nietzsche 291

다마지오 Antonio Damasio 139, 140
다윈 Charles Darwin 138, 177, 178, 180, 189, 193, 194, 197, 200, 201, 202, 203, 212, 348, 361
다이슨 Freeman Dyson 170
다이아몬드 Jared Diamond 450, 451
더투조스 Michael Dertouzos 317, 318
데닛 Daniel Dennett 149, 215
데이비드슨 Richard Davidson 163
데일리 Herman Daly 418
데일리 Martin Daly 188
데카르트 René Descartes 22, 23, 88
뎀스키 William Dembski 213
도널드 Merlin Donald 108
도스토예프스키 Fyødor Dostoevsky 160, 161
도킨스 Richard Dawkins 195, 215, 216, 447, 448
뒤르켐 Emile Durkheim 349
드레이퍼스 Hubert Dreyfus 68, 69, 70, 71, 83, 104
드렉슬러 K. Eric Drexler 317, 376, 377, 378, 379, 381, 434
드본느 Francoise d'Eaubonne 412

라마찬드란 Vilayanur Ramachandran 161
라몬 이 카할 Santiago Ramon y Cajal 120
라이프니츠 Gottfried Leibniz 36
라인골드 Howard Rheingold 292, 323
라탐 William Latham 282
래니어 Jaron Lanier 310
래슐리 Karl Lashley 20, 49, 50, 134, 135
랭톤 Christopher Langton 246, 276, 277, 278
러브록 James Lovelock 430

러셀 Bertrand Russell 24, 25, 38, 43, 99
레비 Steven Levy 285
레비-스트로스 Claude Lévi Strauss 31
레오폴드 Aldo Leopold 411
로렌츠 Edward Lorenz 225, 226, 248
로렌츠 Konrad Lorenz 285
로슨 Ernest Thomas Lawson 109
로젠브러트 Frank Rosenblatt 47
로크 John Locke 23, 348
롬브로조 Cesare Lombroso 362
루리아 Alexander Luria 34, 35
루소 Jean-Jacques Rousseau 348
뤼엘 David Ruelle 224, 225
르두 Joseph LeDoux 138, 139
르봉 Gustave Le Bon 291
르윈스키 Monica Lewinsky 207, 208, 210
리들리 Matt Ridley 449, 451
리브 Christopher Reeve 427, 429, 430
리조라티 Giacomo Rizzolatti 153

마 David Marr 54, 55, 56, 57, 58, 59, 63,
    64, 167
마르크스 Karl Marx 314
마샬 Alfred Marshall 111
마이어 Ernst Mayr 177, 179, 288
마투라나 Humberto Maturana 288
만델브로트 Benoit Mandelbrot 231, 233,
    234, 235, 236, 239, 240, 248
매즐리시 Bruce Mazlish 436
매카시 John McCarthy 42, 49
매컬럭 Warren McCulloch 39, 47, 49, 165
매클린 Paul MacLean 34
맥루언 Marshall McLuhan 314, 315
모노 Jacques Monod 246, 287, 288

모라벡 Hans Moravec 383, 384, 385, 389,
    390, 391, 433, 436
뮤어 John Muir 414
미센 Steven Mithen 109
민스키 Marvin Minsky 42, 47, 49, 70, 83,
    105, 314, 385
밀그램 Stanley Milgram 252, 253
밀러 Geoffrey Miller 205, 206, 207, 208
밀러 George Miller 21, 50

바렐라 Francisco Varela 288
바흐 Johann Sebastian Bach 78
반즐리 Michael Barnsley 237
버너스-리 Tim Berners-Lee 331
버널 John Bernal 434
버스 David Buss 205, 206
버크스 Arthur Burks 273
버클리 George Berkeley 23
베르거 Hans Berger 128, 424
베블런 Thorstein Veblen 193, 207
베히 Michael Behe 213
벤담 Jeremy Bentham 321
보드리야르 Jean Baudrillard 327
보리가드 Mario Beauregard 163
보아스 Franz Boas 349
볼딩 Kenneth Boulding 418
부울 George Boole 36, 37, 38
북친 Murray Bookchin 412
분트 Wilhelm Wundt 19
브라운 Lester Brown 418
브락 William Brock 230
브로드만 Korbinian Brodmann 128
브록만 John Brockman 447, 448, 450, 451
브루노 Giordano Bruno 211

브룩스 Rodney Brooks 283, 285, 286, 301
블로흐 Felix Bloch 131
블룸필드 Leonard Bloomfield 27
비셸 Torsten Wiesel 33, 166
비트겐슈타인 Ludwig Wittgenstein 26
빈 라덴 Osama bin Laden 252
빈지 Vernor Vinge 432, 433

사이먼 Herbert Simon 42, 43, 44, 49, 50, 112, 251, 260
새파이어 William Safire 171, 172
샤논 Claude Shannon 40, 41, 49
서로위키 James Surowiecki 291
서얼 John Searle 83, 84, 85, 86, 88, 89, 90, 104, 105, 106
설로웨이 Frank Sulloway 189
세이노브스키 Terrence Sejnowski 167
셔머 Michael Shermer 195, 196
셸리 Mary Shelley 387
소로 Henry David Thoreau 414
소쉬르 Ferdinand de Saussure 27
소칼 Alan Sokal 449, 450
쉴라이에르마허 Friedrich Schleiermacher 91, 93
슈뢰딩거 Erwin Schrödinger 287, 288
슈마허 Ernst Friedrich Schumacher 418
슈워츠 Eric Schwartz 165, 167
슘페터 Joseph Schumpeter 193, 194
스노우 C.P.Snow 447, 448
스몰리 Richard Smalley 374, 377, 379
스미스 Adam Smith 111
스카케벡 Niels Skakkebaek 395
스페리 Roger Sperry 34
스펜서 Herbert Spencer 178

실버 Lee Silver 436
싱 Devendra Singh 189, 190
싱어 Peter Singer 412

아다마르 Jacques Hadamard 223
아리스토텔레스 Aristoteles 24, 37, 179, 287
아빌라의 성녀 테레사 St.Theresa of Avila 160
아더 W.Brian Arthur 246, 257, 258
아시모프 Isaac Asimov 387
아인슈타인 Albert Einstein 214, 446
애로우 Kenneth Arrow 246
앤더슨 Philip Anderson 246
어리 Dan Urry 356, 357
에델먼 Gerald Edelman 143, 145
에셔 M.C.Escher 76, 78, 80, 81
에이치 엠 H.M. 135
에코프 Nancy Etcoff 190, 191
에크먼 Paul Ekman 138, 139
에피메니데스 Epimenides 72, 74, 80
엘리엇 Elliot 139, 140
와이저 Mark Weiser 307
와츠 Duncan Watts 253, 254
왓슨 John Watson 20, 349
요크 James Yorke 227
워릭 Kevin Warwick 170, 388, 391, 433, 434
월드롭 M.Mitchell Waldrop 281
웨일스 Jimmy Wales 332
위너 Norbert Wiener 40, 41, 49, 429
위노그래드 Terry Winograd 90, 93, 94, 95, 104
윈터 Sidney Winter 194
윌리엄스 George Williams 197

윌슨 Allan Wilson 365, 366
윌슨 David Sloan Wilson 216
윌슨 Edward Wilson 401, 449
윌슨 Margo Wilson 188
이명박 李明博 452

자크 Paul Zak 157, 158
자하비 Amotz Zahavi 203, 204, 207
잔 다르크 Jeanne Dárc 160
제니스 Irving Janis 295
제임스 William James 138, 181, 182, 348, 349, 350
젠슨 Arthur Jensen 363
조이 Bill Joy 378, 437
존슨 Phillip Johnson 213
존슨 Steven Johnson 294
존슨-레어드 Philip Johnson-Laird 52
짐바르도 Philip Zimbardo 296, 297, 298

차페크 Karel Capek 387
찰머스 David Chalmers 149
처치랜드 Patricia Churchland 167
촘스키 Noam Chomsky 27, 28, 29, 30, 31, 49, 50, 188, 349, 350

카너먼 Daniel Kahneman 113, 155
카르납 Rudolf Carnap 25, 26
카스파로프 Garry Kasparov 45, 46
카슨 Rachel Carson 411
카우프만 Stuart Kauffman 246, 247, 248, 289
카프라 Fritjof Capra 446, 448
칸델 Eric Kandel 136, 137

칸트 Immanuel Kant 23, 27, 101, 102, 151, 179, 348
칼라일 Thomas Carlyle 291
캐니자 Louis Kanizsa 62, 63
커즈와일 Raymond Kurzweil 433, 436, 437
케인스 John Maynard Keynes 111
코맥 Allan Cormack 129
코스미데스 Leda Cosmides 181, 182, 185, 350
코페르니쿠스 Nicolaus Copernicus 211
코흐 Christof Koch 144, 145, 149
코흐 Helge von Koch 232
콘웨이 John Conway 274
크라이튼 Michael Crichton 378, 379
크릭 Francis Crick 143, 144, 145, 288
클라인 Nathan Kline 429
클라인즈 Manfred Clynes 429
클라크 Arthur Clarke 374, 375
클린턴 Bill Clinton 207, 208, 209, 210, 315, 370

타일러 Edward Tylor 30
타지펠 Henry Tajfel 297
타켄스 Floris Takens 225
탭스코트 Don Tapscott 332, 333
터너 John Turner 297
투비 John Tooby 181, 182, 185, 350
튜링 Alan Turing 38, 39, 40, 48, 49, 65, 66, 67, 265
트버스키 Amos Tversky 113, 155

파머 James Doyne Farmer 230, 288
파블로프 Ivan Pavlov 349
파인만 Richard Feynman 370

팩커드 Norman Packard 230
퍼셀 Edward Purcell 131
퍼트남 Hilary Putnam 26
페보 Svante Pääbo 366
페이겔스 Heinz Pagels 52
페일리 William Paley 212
페퍼트 Seymour Papert 47
펜로즈 Roger Penrose 96, 97, 98, 99, 102,
103, 104, 146, 147, 148
펜필드 Wilder Penfield 34, 135
포더 Jerry Fodor 21, 26, 27, 50, 185
포드 Joseph Ford 227
포이너 George Poinar 367, 368
폭스 Craig Fox 156
폰 노이만 John von Neumann 40, 49, 263,
264, 265, 267, 268, 269, 270, 272, 273,
278, 287, 288
폴드랙 Russell Poldrack 156
폴링 Linus Pauling 363
푸앵카레 Henri Poincaré 223, 224, 225
푸코 Michel Foucault 321
풀러 R. Buckminster Fuller 373
프라이타스 Robert Freitas 377, 381, 382
프레게 Gottlob Frege 24, 25, 38
프로이트 Sigmund Freud 138, 349
프리고진 Ilya Prigogine 241, 242, 243, 257,
289, 446, 448
프리먼 Walter Freeman 227
플라톤 Plato 22, 99, 100, 101, 102, 103
플로레스 Fernando Flores 90
피셔 Helen Fisher 141
피셔 Ronald Fisher 202, 203
피츠 Walter Pitts 39, 47, 49, 165
핑커 Steven Pinker 186, 187, 188, 449, 451

하딘 Garrett Hardin 411
하메로프 Stuart Hameroff 147, 148
하우스돌프 Felix Hausdorff 233
하우저 Marc Hauser 216
하운스필드 Godfrey Hounsfield 129
하이데거 Martin Heidegger 90, 92, 93, 94,
95
해러웨이 Donna Haraway 430
해리스 Sam Harris 215
허블 David Hubel 33, 166
헉슬리 Andrew Huxley 166
헤브 Donald Hebb 32, 33, 49, 166
호손 Nathaniel Hawthorne 314, 315
호지킨 Alan Hodgkin 166
호프스태터 Douglas Hofstadter 77, 78, 80,
81, 82, 448, 450
홀란드 John Holland 280, 281
홉필드 John Hopfield 47, 48
화이트 Lynn White 411
화이트헤드 Alfred North Whitehead 24, 25,
38, 213
후설 Edmund Husserl 192
후쿠야마 Francis Fukuyama 437
휠러 William Wheeler 299
흄 David Hume 23, 151, 179
히친스 Christopher Hitchens 215
힐베르트 David Hilbert 72, 73

가상현실 308, 309, 310, 311, 321, 323, 326, 328
거울 뉴런 153, 154
경제물리학 262
계산생물학 359
계산신경과학 165, 166, 167
계산 이론 51, 52, 54, 55, 56, 57, 58, 59, 61, 63, 64, 166, 167
계산적 견해 248, 249
곤충로봇 283, 285
'공학과의 새로운 만남' 시리즈 449, 452
과시적 소비 206, 207
귀납적 합리성 259, 260
그레이 구 시나리오 376, 379
근본생태주의 412
기호논리학 24, 25, 36, 37, 38, 39, 43
기호체계 가설 42, 43, 44, 50
기후변화 396, 398

나노기술 370, 371, 372, 377, 380, 434, 436, 437, 447, 449
나노바이오 기술 380
나노봇 376, 377, 378, 379, 381, 382
나노오염 375, 376
나노의학 372, 377, 381
나비 효과 222, 223, 225, 230
내분비계 장애물질 354, 393, 394
네오기관 425, 426, 427
네트워크 과학 249, 252, 255, 256
네트워크 군대 292, 294, 295
뇌-기계 인터페이스(BMI) 168, 172, 423, 425
뇌 보철 169, 171, 172
뇌 이식 170, 171, 172, 423

뉴런(신경세포) 32, 33, 35, 39, 48, 57, 89, 106, 120, 121, 122, 123, 124, 136, 137, 144, 145, 148, 153, 165, 166, 183, 227, 424

다윈의학 197, 198
단백질체학 359
디지털 종말주의 324, 325, 326
디지털 컨버전스 333, 334
떼 지능 286, 299, 300, 301, 379

로보사피엔스 385, 387, 391
로봇공학 280, 283, 285, 383, 387, 391, 434, 437

마음의 아이들 385, 391, 433, 436, 437
마음 이론 209
마음 이식 시나리오 389
마키아벨리주의 지능 209
맞춤아기 344, 346, 352, 364, 436
〈매트릭스〉 326, 327, 328, 388, 434
무선 텔레파시 170
무신론 215, 216

바이오닉스 420, 421, 422, 423
복잡계 경제학 249, 257, 259, 260, 261
복잡성 과학 112, 241, 244, 245, 246, 248, 255, 289, 446, 447
복잡적응계 243, 244, 245, 247, 248, 249, 257, 261
본성 대 양육 347, 348, 349, 350, 364, 365
분자고고학 365, 366, 368
빈 서판 347, 348, 349

사이버스페이스 310, 311, 314, 316, 317, 323, 326

사이보그 427, 429, 430, 431, 437

사회생물학 191, 447

사회생태주의 412

사회신경과학 150

사회적 정체성 이론 297

생명공학 기술 337, 342, 352, 358, 380, 401, 420, 431, 433, 437

생명윤리 171, 351, 352, 353

생물 다양성 178, 399, 400, 401, 408, 409, 417

생물모방과학 355, 356, 357

생물 식민주의 401

생물정보학 358, 359

생태경제학 418

생태공동체 415

생태여성주의 412

생태학 410, 418

성적 선택 200, 201, 202, 203, 205, 206, 207

세포자동자 263, 264, 270, 271, 272, 273, 274, 275, 276, 277, 278

세계 수준의 연구 중심 대학(WCU) 452

손실회피 155, 156, 157

수리논리학 38, 49, 449

수확체증 257, 258

시스템생물학 359

신경경제학 155, 157

신경공학 168, 171, 172, 433

신경과학 19, 32, 33, 34, 51, 54, 119, 133, 138, 142, 143, 146, 148, 150, 155, 157, 160, 165, 167, 168, 171, 181, 182

신경마케팅 159

신경망 32, 33, 39, 47, 48, 49, 105, 106, 166

신경신학 160, 163, 164

신경윤리 171, 172

신고전파 경제학 111, 112, 114, 115, 156, 158, 193, 194, 249, 257, 259, 260, 261

알고리즘 38, 55, 57, 59, 96, 98, 99, 103, 186, 187, 281

양자역학 146~148, 224, 227, 287

양자의식 146~148

어셈블러 371, 376, 377

언어학 19, 27~30, 32, 49~51, 188, 349, 446

엘시(ELSI) 353

영적 신경과학 160

옥시토신 157, 158

우생학 290, 344, 346, 361~365

우주 엘리베이터 374, 375

원격존재 311, 313, 314

웹2.0 331, 332

위키노믹스 332, 333

위키피디아 332

유비쿼터스 컴퓨팅 305, 307, 308

유전 알고리즘 280, 281

유전자 오염 340~342

유전자 치료 342~346, 352, 364

유전 프로그래밍 281, 282

의식 35, 75, 77, 78, 80~82, 96~99, 102, 103, 127, 133, 134, 142, 143~147, 149, 158, 160, 184, 389, 391

의학 영상 128, 129

인공생명 249, 276, 278~280, 283, 288, 289, 379, 430, 447

인공지능 19, 36, 42~49, 50, 51, 54, 57, 65, 67~71, 82~90, 93~95, 103~106,

109, 112, 146, 166, 251, 283, 285, 314,
327, 328, 335, 385, 388, 434, 449
인류학 19, 30, 31, 51, 181, 255, 349
인식론 22~27, 68, 71, 93, 412
인지경제학 115
인지고고학 108, 109
인지과학 19, 22, 30~32, 49~54, 75, 96,
98, 109, 112, 115, 138, 166, 181, 260,
447
인지신경과학 109, 133
인지심리학 19~21, 109, 113, 167, 180,
182
인지종교학 109
인터넷 254~256, 292, 316, 321, 324,
325, 327, 331, 334, 335

자기유사성 233~235
자기조직화 241~248, 288, 289, 294
자연선택 145, 178~180, 183, 185, 187,
190, 192~194, 197~200, 205~207,
213, 247, 280, 281, 288
작은 세계 252~255
장애(핸디캡)이론 203, 204, 207
재생에너지 403, 404, 406
적자생존 178, 195, 207, 251
정보기술 317~321, 325, 326, 334, 336,
358, 431, 433, 437
정서신경과학 138
제한적 합리성 112, 260
조직공학 426, 427
중국어 방 83~86, 88, 89, 105, 106
중국어 체육관 104~106
지구 온난화 394, 396, 398, 399, 401,
403, 410, 417
지속 가능한 발전 406~408, 418

'지식인 마을' 시리즈 450
지적 설계 212, 213
진화경제학 193, 194, 261
진화생물학 177, 180~183, 193, 197
진화심리학 180~183, 186, 189, 191,
192, 205, 350
집단심리학 296
집단지능 291, 299
짝짓기 심리학 205
짝짓기 지능(MI) 207~210

차세대 융합기술 연구원(AICT) 452
창발 80~82, 244, 248, 249, 255, 256,
261, 278, 285, 286, 294, 295, 299, 301,
379
창조과학 213
창조적 파괴 193
초유기체 299

카오스 221, 224~230, 235, 236, 240,
241, 288
코흐 곡선 231~234

탄소나노튜브 372~376
텔레딜도닉스 321~323
텔레매틱스 334~336
트롤리 문제 151, 152
특이점 432~434
튜링 기계 38, 39, 48, 85, 265
튜링 테스트 67, 84~87

판옵티콘 319, 321
포스트휴먼 432~434, 437

프랙탈 235~240, 248
프랙탈 기하학 231, 235, 236
프로스펙트 이론 113, 155, 156, 260

해석학 90~94
행동경제학 111, 113~115, 155, 260
행동유전학 191, 192, 364, 365
현상학 92
호모 에코노미쿠스(경제적 인간) 111,
   112, 114, 115, 156, 157, 260, 261
환경경제학 416~418
환경윤리 410~413
환경주의 410, 413, 416
환경철학 412

『가상현실』(하워드 라인골드) 323
『개념의 기호법』(고트롭 프레게) 24, 38
『경제 변화의 진화 이론』(넬슨, 윈터) 194
『계산신경과학』(에릭 슈워츠) 167
「계산하는 기계와 지능」(앨런 튜링)
　65~67
「공유지의 비극」(개릿 하딘) 411
『공학기술 복합시대』(이기준 외) 336,
　360, 452, 453
『과학과 근대세계』(알프레드 화이트헤드)
　213, 214
『과학과 방법』(앙리 푸앵카레) 223, 224
『과학의 최전선에서 인문학을
　만나다』(존 브록만) 450
『관리 행동』(허버트 사이먼) 43, 112
『괴델, 에셔, 바흐』(더글라스 호프스태터)
　77~82, 448, 449
『국부론』(애덤 스미스) 111
『기독교 국가에 보내는 편지』(샘 해리스)
　215

『나노기술이 미래를 바꾼다』(이인식 엮음)
　379, 382, 449, 451
『나의 첫 여름』(존 뮤어) 414, 415
『낙원의 샘』(아서 클라크) 374
『네 번째 불연속』(브루스 매즐리시) 431,
　436, 438
『놀라운 가설』(프랜시스 크릭) 143, 144
『뉴로맨서』(윌리엄 깁슨) 316, 326

「다가오는 기술적 특이점」(버너 빈지)
　432, 433
『다윈의 블랙박스』(마이클 베히) 213
『대중』(구스타프 르봉) 291
『대중의 지혜』(제임스 서로위키) 291, 292,

　298
『대지 윤리』(알도 레오폴드) 411
『데카르트의 오류』(안토니오 다마지오)
　140, 141
『도덕 감정론』(애덤 스미스) 111
『도덕적 마음』(마크 하우저) 216
『동물 해방론』(피터 싱어) 412
『두뇌 속의 유령』(빌라야누르 라마찬드란)
　161, 164
『두 문화』(찰스 스노우) 447, 448

『로봇』(한스 모라벡) 383~385, 433
『로봇의 행진』(케빈 워릭) 388, 433, 434
『로섬의 만능 로봇』(카렐 차페크) 387, 388
『루시퍼 효과』(필립 짐바르도) 298

「마음, 뇌, 프로그램」(존 서얼) 83
『마음의 그림자들』(로저 펜로즈) 148
『마음의 단원성』(제리 포더) 185
『마음의 새로운 과학』(하워드 가드너) 49,
　50, 138
『마음의 신비』(윌더 펜필드) 34, 35
『마음의 아이들』(한스 모라벡) 389~391,
　436
『만들어진 신』(리처드 도킨스) 215
『먹이』(마이클 크라이튼) 378, 379
『모래 마을의 달력』(알도 레오폴드) 411
『무한한 미래』(에릭 드렉슬러) 371
『문명의 붕괴』(재레드 다이아몬드) 402,
　416, 450, 451
『미개 문화』(에드워드 타일러) 30, 31
『미디어의 이해』(마셜 맥루언) 314, 315
「미래의 학문, 대학의 미래」(김광웅) 452
『미인생존』(낸시 에코프) 190, 191

『밝은 공기, 눈부신 불꽃』(제럴드 에델먼) 145

『방법론 서설』(르네 데카르트) 22

『복잡성』(미첼 월드롭) 281

『복잡성 과학의 이해와 적용』 (삼성경제연구소) 250, 262, 447, 448

『본성과 양육』(매트 리들리) 350, 449, 451

『빈 서판』(스티븐 핑커) 192, 350, 449, 451

『사고의 법칙』(조지 부울) 37

『사람과 컴퓨터』(이인식) 36, 48, 60, 127, 167, 229, 240, 250, 276, 279, 286, 379, 447, 448

『사이버네틱스』(노버트 위너) 40, 41, 429

「사이보그를 위한 선언문」(도나 해러웨이) 430

『사이보그 시민』(크리스 헤이블즈 그레이) 437

『산술학의 기초』(고트롭 프레게) 24

『3001년: 최후의 오디세이』(아서 클라크) 375

『생명』(프랜시스 크릭) 288

『생명의 다양성』(에드워드 윌슨) 401

『생명이란 무엇인가』(에르빈 슈뢰딩거) 287

『생물학적 사고의 성장』(에른스트 마이어) 288

「생태 위기의 역사적 기원」(린 화이트) 411

『설명된 의식』(대니얼 데닛) 149

「성장의 한계」(로마클럽) 406, 407

『세계, 육체, 악마』(존 버널) 434

『수학의 원리』(러셀, 화이트헤드) 25, 38, 43

『순수이성 비판』(임마누엘 칸트) 23, 101, 102

『시각』(데이비드 마) 54, 59, 60, 167

『시뮬라크르와 시뮬라시옹』 (장 보드리야르) 327

『시장의 마음』(마이클 셔머) 194~197

『신은 왜 우리 곁을 떠나지 않는가』 (앤드루 뉴버그) 161~163

『신은 위대하지 않다』(크리스토퍼 히친스) 215

『심리학의 원리』(윌리엄 제임스) 181, 182, 348, 349

『심판대의 다윈』(필립 존슨) 213

『언어 본능』(스티븐 핑커) 186~188

『에덴 다시 만들기』(리 실버) 344~346, 436

『역사의 종말』(프랜시스 후쿠야마) 437

『영리한 군중』(하워드 라인골드) 292

『영적인 뇌』(마리오 보리가드) 163, 164

『오래된 미래』(헬레나 노르베리 호지) 414, 416

「왜 경제학은 진화과학이 아닌가?」 (소스타인 베블런) 193

「왜 우리는 미래에 필요 없는 존재가 될 것인가」(빌 조이) 378, 437

『욕망의 진화』(데이비드 버스) 205, 206

「우리 공동의 미래」(유엔환경개발위원회) 407

『우리는 왜 사랑하는가』(헬렌 피셔) 141

『우리의 포스트휴먼 미래』(프랜시스 후쿠야마) 437

『우연과 필연』(자크 모노) 287, 288

『우연과 혼돈』(다비드 뤼엘) 224, 225

『우주의 구조』(브라이언 그린) 450

『우주의 안식처에서』(스튜어트 카우프만) 247, 248

『월든』(헨리 데이비드 소로) 414, 415

『위키노믹스』(돈 탭스코트) 332, 333

『유사 이전의 마음』(스티븐 미센) 109

『유한계급 이론』(소스타인 베블런) 207

『윤리적 뇌』(마이클 가자니가) 171

『이기적 유전자』(리처드 도킨스) 195, 447

『이성의 꿈』(하인즈 페이겔스) 52, 250, 276

『인간은 왜 병에 걸리는가』(윌리엄스, 네스) 197, 198

『인간의 문제 해결』(사이먼, 뉴웰) 50

『인공생명』(스티븐 레비) 285

『인공의 과학』(허버트 사이먼) 50, 112, 251

「인문학 선언」(고려대 문과대학) 450

『인지과학』(조명한 외) 36, 60, 64, 446, 447, 448

『인지심리학』(울릭 나이서) 50

『일곱 박공의 집』(나다니엘 호손) 314, 315

『자기증식 자동자의 이론』(존 폰 노이만) 273

『자본론』(카를 마르크스) 314

『자연의 프랙탈 기하학』(베노이트 만델브로트) 236, 237

『작은 것이 아름답다』(에른스트 슈마허) 415, 418, 419

『적응하는 마음』(코스미데스, 투비) 181, 350

『정신적 기계의 시대』(레이 커즈와일) 436, 437

『제3의 문화』(존 브록만) 447

『조화로운 삶』(헬렌 니어링) 414, 415

『존재와 시간』(마틴 하이데거) 92, 93

『종교 다시 생각하기』(어니스트 토머스 로손) 109

『종교의 종말』(샘 해리스) 215

『종의 기원』(찰스 다윈) 177, 193, 212, 348, 361

『종형 곡선』(리처드 헤른슈타인, 찰스 머레이) 364

『주문 깨기』(대니얼 데닛) 215

『지적 사기』(앨런 소칼) 449

『진리와 방법』(한스게오르그 가다머) 93, 94

『짝짓기 지능』(밀러, 게어) 208, 209

『짝짓기하는 마음』(제프리 밀러) 206

『창발』(스티븐 존슨) 294

『창조의 엔진』(에릭 드렉슬러) 371, 376, 377, 381, 434~436

『최후의 컴퓨팅』(스튜어트 하메로프) 147, 148

『침묵의 봄』(레이첼 카슨) 402, 411

『컴퓨터가 할 수 없는 것』(휴버트 드레이퍼스) 68

『컴퓨터와 마음』(필립 존슨-레어드) 36, 52

『컴퓨터와 인지의 이해』(위노그래드, 플로레스) 90

『타고난 반항아』(프랭크 설로웨이) 189, 192

『통사 구조론』(노엄 촘스키) 28, 29, 188

『통섭』(에드워드 윌슨) 450, 451

「통신의 수학적 이론」(클로드 샤논) 41

『특이점이 다가온다』(레이 커즈와일) 170, 379, 382, 386, 392, 433, 437, 438

『판단력 비판』(임마누엘 칸트) 179

『프랑켄슈타인』(메리 셸리) 387

『프랙탈』(베노이트 만델브로트) 235
「프로스펙트 이론」(카너먼, 트버스키)
    113

『행동의 체제』(도널드 헤브) 32, 166
『현대 마음의 기원』(멀린 도널드) 108
『현대 물리학과 동양사상』
    (프리초프 카프라) 446, 448
『혼돈으로부터의 질서』(일리야 프리고진)
    243, 249, 446, 448
『확실성의 종말』(일리야 프리고진) 243,
    250
『황제의 새로운 마음』(로저 펜로즈) 96,
    102, 104, 146, 148

칼럼 ······························

신문 칼럼 연재

- 〈동아일보〉이인식의 과학생각 (99. 10~01. 12) : 58회(격주)
- 〈한겨레〉이인식의 과학나라 (01. 5~04. 4) : 151회(매주)
- 〈조선닷컴〉이인식 과학칼럼 (04. 2~04. 12) : 21회(격주)
- 〈광주일보〉테마 칼럼 (04. 11~05. 5) : 7회(월 1회)
- 〈부산일보〉과학칼럼 (05. 7~07. 6) : 26회(월 1회)
- 〈조선일보〉아침논단(06. 5~06. 10) : 5회(월 1회)
- 〈조선일보〉이인식의 멋진 과학 (07. 4~현재) : 연재 중(매주)

잡지 칼럼 연재

- 〈월간조선〉이인식 과학칼럼 (92. 4~93. 12) : 20회
- 〈과학동아〉이인식 칼럼(94. 1~94. 12) : 12회
- 〈지성과 패기〉이인식 과학 글방 (95. 3~97. 12) : 17회
- 〈과학동아〉이인식 칼럼 – 성의 과학 (96. 9~98. 8) : 24회
- 〈한겨레 21〉과학칼럼 (97. 12~98. 11) : 12회
- 〈말〉이인식 과학칼럼 (98. 1~98. 4) : 4회(연재 중단)
- 〈과학동아〉이인식의 초심리학 특강 (99. 1~99. 6) : 6회
- 〈주간동아〉이인식의 21세기 키워드 (99. 2~99. 12) : 42회
- 〈시사저널〉이인식의 시사과학 (06. 4~07. 1) : 20회(연재 중단)

저서 ······························

1987 『하이테크 혁명』, 김영사
1992 『사람과 컴퓨터』, 까치글방
     – KBS TV '이 한 권의 책' 테마북 선정
     – 문화부 추천도서
     – 덕성여대 '교양독서 세미나' (1994~2000) 선정도서
1995 『미래는 어떻게 존재하는가』, 민음사
1998 『성이란 무엇인가』, 민음사
1999 『제2의 창세기』, 김영사
     – 문화관광부 추천도서

『아주 특별한 과학 에세이』 출판 기념회(2001. 2. 21)

제1회 한국공학한림원 해동상 수상(2005. 12. 5)
왼쪽부터 김정식 해동과학문화재단 이사장, 저자 부부, 윤종용 한국공학한림원 회장

- 간행물윤리위원회 선정 '이달의 읽을 만한 책'
- 한국출판인회의 선정도서
- 산업정책연구원 경영자독서모임 선정도서
2000 『21세기 키워드』, 김영사
- 중앙일보 선정 좋은 책 100선
- 간행물윤리위원회 선정 '청소년 권장도서'
『과학이 세계관을 바꾼다』(공저), 푸른나무
- 문화관광부 추천도서
- 간행물윤리위원회 선정 '청소년 권장도서'
2001 『아주 특별한 과학 에세이』, 푸른나무
- EBS TV '책으로 읽는 세상' 테마북 선정
『신비동물원』, 김영사
『현대과학의 쟁점』(공저), 김영사
- 간행물윤리위원회 선정 '청소년 권장도서'
2002 『신화상상동물 백과사전』, 생각의나무
『이인식의 성과학탐사』, 생각의나무
- 책으로 따뜻한 세상 만드는 교사들(책따세) 추천도서
『이인식의 과학생각』, 생각의나무

『미래교양사전』 출판 기념회(2006. 8. 29) 과학기술계 및 언론출판계의 지인들(위)과
광주제일고등학교 8회 동문들(아래)과 함께

제47회 한국출판문화상 수상(2007. 1. 19)
왼쪽부터 최영락 공공기술연구회 이사장, 최규홍 연세대 교수, 저자,
윤정로 카이스트 교수, 백이호 한국기술사회 전무, 이광형 숭실대 교수

『나노기술이 미래를 바꾼다』(편저), 김영사
  – 문화관광부 선정 우수학술도서
  – 간행물윤리위원회 선정 '이달의 읽을 만한 책'
『새로운 천년의 과학』(편저), 해나무
2004 『미래과학의 세계로 떠나보자』, 두산동아
  – 한우리독서문화운동본부 선정도서
  – 간행물윤리위원회 선정 '청소년 권장도서'
  – 산업자원부, 한국공학한림원 지원 만화 제작(전 2권)
『미래신문』, 김영사
  – EBS TV '책, 내게로 오다' 테마북 선정
『이인식의 과학나라』, 김영사
『세계를 바꾼 20가지 공학기술』(공저), 생각의나무
2005 『나는 멋진 로봇 친구가 좋다』, 랜덤하우스중앙
  – 동아일보 '독서로 논술잡기' 추천도서
  – 산업자원부, 한국공학한림원 지원 만화 제작(전 4권)
『걸리버 지식 탐험기』, 랜덤하우스중앙
  – 책으로 따뜻한 세상 만드는 교사들(책따세) 추천도서
  – 조선일보 '논술을 돕는 이 한 권의 책' 추천도서

『새로운 인문주의자는 경계를 넘어라』(공저), 고즈윈
- 과학동아 선정 '통합교과 논술대비를 위한 추천 과학책'
2006 『미래교양사전』, 갤리온
- 제47회 한국출판문화상(저술부문) 수상
- 중앙일보 선정 올해의 책
- 시사저널 선정 올해의 책
- 동아일보 선정 미래학 도서 20선
- 조선일보 '정시 논술을 돕는 책 15선' 선정도서
- 조선일보 '논술을 돕는 이 한 권의 책' 추천도서
『걸리버 과학 탐험기』, 랜덤하우스중앙
2007 『유토피아 이야기』, 갤리온
2008 『이인식의 세계신화여행』(전 2권), 갤리온
『짝짓기의 심리학』, 고즈윈
- EBS 라디오 '작가와의 만남' 도서 선정
- 교보문고 '북세미나' 도서 선정

원작
만화

『만화 21세기 키워드』(전 3권), 홍승우 만화, 애니북스(2003~2005)
- 부천만화상 어린이 만화상 수상
- 한국출판인회의 선정 '청소년 교양도서'
- 책키북키 선정 추천도서 200선
- 동아일보 '독서로 논술잡기' 추천도서
- 아시아태평양 이론물리센터 '과학, 책으로 말하다' 테마북 선정
『미래과학의 세계로 떠나보자』(전 2권), 이정욱 만화, 애니북스(2005~2006)
- 한국공학한림원 공동발간도서
- 과학기술부 인증 우수과학도서
『와! 로봇이다』(전 4권), 김제현 만화, 애니북스(2007~)
- 한국공학한림원 공동발간도서